Le Programme d'Evaluation Rapide
Rapid Assessment Program

Evaluation rapide de la biodiversité du massif du Panié et des Roches de la Ouaième, province Nord, Nouvelle-Calédonie

A Rapid Biological Assessment of the Mt. Panié and Roches de la Ouaième region, province Nord, New Caledonia

RAP
Bulletin
of **Biological Assessment**
65

Editors:
François M. Tron, Romain Franquet,
Trond H. Larsen et Jean-Jérôme Cassan

PROVINCE NORD

DAYU BIIK

CONSERVATION INTERNATIONAL

The RAP Bulletin of Biological Assessment is published by:

Conservation International
2011 Crystal Drive, Suite 500
Arlington, VA USA 22202

Tel : +1 703-341-2400
www.conservation.org

Editors : François M. Tron, Romain Franquet, Trond H. Larsen et Jean-Jérôme Cassan

Légendes des photos et crédit photographique - Photos caption & credit :
Vue sur le Mont Panié depuis le récif de Tao.
Mount Panié from Tao reef.
©TPN –DUCANDAS/www.ethnotracks.net

Pandanus taluucensis a été décrit sur la base d'échantillons collectés pendant le RAP.
Pandanus taluucensis was recently described as a new species, based on samples collected during the RAP survey.
©Pete Lowry/Missouri Botanical Garden

Les connaissances traditionnelles des guides locaux de Dayu Biik sont un atout en matière d'évaluation de la biodiversité.
Traditional knowledge of indigenous people from Dayu Biik is a critical asset for biodiversity assessment.
©CI/Photo by François Tron

ISBN: 978-1-934151-54-9

RAP Bulletin of Biological Assessment was formerly RAP Working Papers. Numbers 1-13 of this series were published under the previous series title.

Référence à citer /Reference to quote :
Pour le bulletin RAP dans son ensemble – For the RAP bulletin as a whole :
Tron, F.M., R. Franquet, T.H. Larsen, & J.J. Cassan (eds.). 2013. Evaluation rapide de la biodiversité du massif du Panié et des Roches de la Ouaième, province Nord, Nouvelle-Calédonie. RAP Bulletin of Biological Assessment 65. Conservation International, Arlington, VA, USA.

Pour un article particulier (exemple)/For a specific article (example) :
Munzinger J. (2013). Inventaire botanique du massif du Panié et des Roches de la Ouaième, province Nord, Nouvelle-Calédonie. In F.M. Tron, R. Franquet, T.H. Larsen & J.J. Cassan (eds.). Evaluation rapide de la biodiversité du massif du Panié et des Roches de la Ouaième, province Nord, Nouvelle-Calédonie. RAP Bulletin of Biological Assessment 65. Conservation International, Arlington, VA, USA.

Table des Matières - Table of Contents

Liste des auteurs - List of authors

Stéphane Astrongatt (Reptiles)
BP 11201
98802 Nouméa Cedex, Nouvelle-Calédonie
steph.astrongatt@gmail.com

Joe Casola (Analyse climatique - Climate analysis)
ICF International
1725 Eye St. NW Suite 1000
Washington, DC, USA 20006
joecasola@gmail.com

Thomas Duval (Oiseaux - Birds)
Société Calédonienne d'Ornithologie
BP 13641
98846 Nouméa, Nouvelle-Calédonie
thomas.duval@sco.asso.nc

Romain Franquet (Mammifères envahissants - Invasive mammals)
Dayu Biik
BP 92
98815 Hienghène, Nouvelle-Calédonie
responsable.dayubiik@lagoon.nc

Philippe Keith (Poissons et crustacés d'eau douce - Freshwater fishes and crustaceans)
Muséum national d'Histoire naturelle
DPMA, UMR BOREA CNRS 7208, IRD 207, UPMC
57 rue Cuvier
75231 Paris Cedex 05, France
keith@mnhn.fr

Milen Marinov (Odonates)
University of Canterbury
Freshwater Ecology Research Group
Private Bag 4800
Christchurch 8140, New Zealand
milen.marinov@canterbury.ac.nz

Gérard Marquet (Poissons et crustacés d'eau douce - Freshwater fishes and crustaceans)
Muséum national d'Histoire naturelle
DPMA, UMR BOREA CNRS 7208, IRD 207, UPMC
57 rue Cuvier
75231 Paris Cedex 05, France
gmarquet@neuf.fr

Jérôme Munzinger (Plantes - Plants)
Herbier NOU
Centre IRD, BPA5
98848 Nouméa cedex, Nouvelle-Calédonie
Adresse actuelle / current adress :
IRD - UMR AMAP, CIRAD
TA A51/PS2
34398 Montpellier cedex 5, France
jerome.munzinger@ird.fr

Stephen J. Richards (Reptiles & Odonates)
Conservation International
RAP Manager, Asia-Pacific Region
Adresse actuelle / current address:
Department of Terrestrial Vertebrates
Museum and Art Gallery of the Northern Territory
P.O. Box 4646
Darwin, NT 0801, Australia
Steve.Richards@samuseum.sa.gov.au

Phillip Skipwith (Reptiles)
Villanova University

Ralf D. Schroers (Evolution du couvert forestier - Forest cover change detection)
Spatial Ventures
415 Gilbert Rd
Melbourne-Preston, 3072, Vic, Australia
ralf@spatialventures.com.au

Laura Taillebois (Poissons et crustacés d'eau douce - Freshwater fishes and crustaceans)
Muséum national d'Histoire naturelle
DPMA, UMR BOREA CNRS 7208, IRD 207, UPMC
57 rue Cuvier
75231 Paris Cedex 05, France
taillebois@mnhn.fr

Jörn Theuerkauf (Mammifères envahissants et Odonates - Invasive mammals and Odonates)
Muséum et Institut de Zoologie
Académie Polonaise des Sciences
45 rue M. Herzog
98800 Nouméa, Nouvelle-Calédonie
jtheuer@miiz.eu

François M. Tron (Mammifères envahissants et Analyse climatique - Invasive mammals and Climate analysis; Evolution du couvert forestier - forest cover change detection)
Conservation International
BP 475
98825 Pouembout, Nouvelle-Calédonie
f.tron@conservation.org

Partenaires principaux - Main partners

DAYU BIIK

Créée en 2004, avec le soutien de Conservation International et de la Province nord, l'association Dayu Biik est gérée par des membres des communautés locales riveraines du Mont Panié. Elle met en œuvre le plan de gestion de la réserve de nature sauvage du Mont Panié et d'autres activités à l'échelle locale, visant à préserver la biodiversité de la région et à promouvoir le développement d'activités économiques en lien avec la conservation de la nature, l'éducation à l'environnement et l'écotourisme.

PROVINCE NORD

Dans l'organisation administrative de la Province nord, la direction du développement économique et de l'environnement (DDEE) a pour mission de structurer et d'accompagner le développement de l'économie de la province Nord, tout en respectant et en valorisant l'environnement, pris en compte dès la conception et le montage des projets.

Au sein de la DDEE, le service de l'impact environnemental et de la conservation (SIEC) est chargé de :

- L'évaluation et l'analyse des impacts environnementaux des activités humaines ; notamment, il propose des mesures visant à éviter, réduire, réparer et compenser ces impacts.
- La coordination des opérations de protection des espèces, des milieux et des zones naturelles remarquables ou sensibles.

Le service milieux et ressources terrestres (SMRT) est en charge de :

- la gestion des ressources terrestres, notamment forestières et cynégétiques
- la gestion des aires terrestres protégées
- la valorisation du patrimoine naturel terrestre

CONSERVATION INTERNATIONAL

Conservation International (CI) est une organisation internationale à but non lucratif dont le siège est basé à Arlington, Virginie (USA). CI œuvre en vue d'un monde sain et prospère dans lequel l'homme apprécie la nature, notre biodiversité dans son ensemble, à sa juste valeur et l'entretient de façon pérenne dans l'intérêt de l'humanité et de toute forme de vie sur Terre. Fondé sur la base solide de la science, des partenariats et des démonstrations sur terrain, CI renforce la capacité des sociétés humaines à prendre soin de la nature, notre biodiversité dans son ensemble, de façon responsable et pérenne pour le bien-être de l'humanité.

Remerciements

La programme d'évaluation rapide de la biodiversité (RAP – Rapid Assesment Program) du Mont Panié d'octobre-novembre 2010 s'inscrit dans le cadre d'un partenariat historique entre les communautés locales, la Province nord et Conservation International autour du projet de conservation en cogestion du Mont Panié, structuré autour de l'association Dayu Biik.

Les relations privilégiées de la Province nord et de Conservation International avec divers instituts de recherche et experts néo-calédoniens et internationaux a également permis le rassemblement de compétences multiples au service de cette mission.

Nous remercions ainsi les autorités coutumières de Haut-Coulna, de Tao, de Bas-Coulna, de Tendo, de Panié, de Ouaième, de Ouenghip et de Pagou pour avoir permis et soutenu cette mission. Nous remercions également les membres du conseil d'administration de Dayu Biik pour avoir facilité ces autorisations coutumières et l'intérêt des populations locales.

Nous remercions l'ensemble des guides qui ont accompagné cette mission : Suzanne Binet, Gillio Farino, Bernard Hatine, Jacob Hiandondimaat, Hervé Poitilinaoute, Mathias Poitily, Elodie Teimpouene, Gabriel Teimpouene, Ghislain Teimpouene, Thomas Teimpouene, Jonas Tein, Ronald Tein, Maurice Wanguene. Nos remerciements vont également à Selvyna Levy et Jean-Jacques Folger de Dayu Biik pour une excellente organisation logistique. Nous remercions également M. Fisdiepas, Maire de Hienghène pour son accueil sur sa commune, ainsi que Joseph Teimpouenne et les habitants de Haut-Coulna, de Bas-Coulna et de Ouenghip pour l'accueil de la mission à Thao et dans leurs tribus respectives.

Nous remercions les instituts de recherche et organisations suivantes, pour avoir permis l'intervention de leurs experts : l'Institut néo Calédonien d'Agronomie (IAC), l'Institut de Recherche pour le Développement (IRD), le Museum National d'Histoire Naturelle (MNHN), le Centre International de Recherche Agronomique pour le Développement (CIRAD), le laboratoire Botanique et Bioinformatique de l'Architecture des Plantes (AMAP), le Missouri Botanical Garden (MO), la Société Calédonienne d'Ornithologique (SCO), l'Académie Polonaise des Sciences , University of South Pacific (USP), University of Canterbury, S. Astrongatt, Villanova University, Texas A&M University-Corpus Christi, Spatial Ventures et ICF International.

Nous remercions également les relecteurs scientifiques :

- Plantes : Gordon McPherson *(Missouri Botanical Garden)* & Philippe Birnbaum *(Institut Agronomique néo-Calédonien)*
- Oiseaux : Vivien Chartendrault *(Société Calédonienne d'Ornithologie)*, Nicolas Barré *(Institut Agronomique néo-Calédonien)* & Jörn Theuerkauf (*Polish Academy of Sciences)*
- Reptiles : Tony Whitaker (*Whitaker Consultants Limited),* Ross A. Sadlier (*Australian Museum) &* Aaron Bauer (*Villanova University)*
- Odonates : Daniel Grand (*Société Linnéenne de Lyon) &* Thomas Donnelly (*State University of New York)*
- Poissons et crustacés d'eau douce : Philippe Gerbeaux (*Department of Conservation)*
- Mammifères envahissants : Deborah Wilson (*Landcare Research),* Fabrice Brescia (*Institut Agronomique néo-Calédonien) &* Nicolas Morellet (*Institut National de Recherche Agronomique)*
- Analyse climatique : Philippe Frayssinet (*Météo-France),* Terry Hills (*Conservation International) &* Karyn Tabor (*Conservation International)*
- Evolution du couvert forestier : Robert Denham *(Remote sensing centre, Queensland governement) &* Marc Steinigger *(Conservation International)*

Nous remercions Ralf-D. Shroers (Spatial Ventures) pour la production de certaines cartes. Nos remerciements particuliers vont à la Province nord et à Leon and Toby Cooperman Family Foundation pour le financement de la mission RAP du Mont Panié.

Acknowledgments

The Mt. Panié RAP survey was led by a partnership between local communities, Province nord (Northern Province), Conservation International (CI) and Biik Dayu, an indigenous conservation non-profit organization. CI and Province nord's relationships with research institutes and experts, both in New Caledonia and internationally, brought together the multiple skills needed for this comprehensive survey.

We are particularly thankful to the indigenous authorities of Haut-Coulna, Tao, Bas-Coulna, Tendo, Panié, Ouaième, Ouenghip and Pagou for allowing and supporting this survey. We are also thankful to the members of the board of Dayu Biik for facilitating the work and involvement of local people.

We are grateful to all the guides who accompanied the expedition : Suzanne Binet, Gillio Farino, Bernard Hatine, Jacob Hiandondimaat, Herve Poitilinaoute, Mathias Poitily, Elodie Teimpouene, Gabriel Teimpouene, Ghislain Teimpouene, Thomas Teimpouene, Jonas Tein, Ronald Tein, Maurice Wanguene. We also thank Jean-Jacques and Selvyna Levy for great logistics and Mr. Fisdiepas, Mayor of Hienghene, for his support to the expedition on his municipality. All of whom helped to make this RAP a success.

We also thank the research institutes and organizations that supported the participation of their experts: the Caledonian Institute of Agronomy (IAC), the French Institute of Research for Development (IRD), the French National Museum of Natural History (MNHN), the International Center for Agricultural Research for Development (CIRAD), the Bioinformatics Laboratory of Botany and Plant Architecture (AMAP), the Missouri Botanical Garden (MO), the Caledonian Society of Ornithology (SCO), the Polish Academy of Sciences, the University of South Pacific (USP), the University of Canterbury, Villanova University, Texas A & M University-Corpus Christi, Spatial Ventures and ICF International.

We are also thankful to the peer-reviewers:

- Plants: Gordon McPherson *(Missouri Botanical Garden)* & Philippe Birnbaum *(Institut Agronomique néo-Calédonien)*
- Birds: Vivien Chartendrault *(Société Calédonienne d'Ornithologie)*, Nicolas Barré *(Institut Agronomique néo-Calédonien)* & Prof. Jörn Theuerkauf *(Polish Academy of Sciences)*
- Reptiles: Tony Whitaker *(Whitaker Consultants Limited),* Dr. Ross A. Sadlier *(Australian Museum)* & Dr. Aaron Bauer *(Villanova University)*
- Odonates: Daniel Grand *(Société Linnéenne de Lyon)* & Prof. Thomas Donnelly *(State University of New York)*
- Freshwater fishes and crustaceans: Dr. Philippe Gerbeaux *(Department of Conservation)*
- Invasive mammals: Dr. Deborah Wilson *(Landcare Research),* Dr. Fabrice Brescia *(Institut Agronomique néo-Calédonien)* & Nicolas Morellet *(Institut National de Recherche Agronomique)*
- Climate analysis: Philippe Frayssinet *(Météo-France)*, Terry Hills *(Conservation International)* & Karyn Tabor *(Conservation International)*
- Forest cover change : Robert Denham *(Remote sensing centre, Queensland governement)* & Marc Steinigger *(Conservation International)*

We are thankful to Ralf-D. Shroers (Spatial Ventures) for the provision of some maps. We are indebted to Province nord and the Leon and Toby Cooperman Family Foundation which provided generous funding for this RAP expedition to Mt. Panié.

Avant-propos / Foreword

Message de Jonas Tein,
Tribu de Bas-Coulna, Hienghène
Président de Dayu Biik (2011-2013)
Participant au RAP Mont Panié en tant que guide.

L'environnement, quel vaste sujet. Aussi immense que la planète elle-même... Et qu'en savons-nous ?

Les connaissances traditionnelles de la nature ont permis à l'Homme de se nourrir, se soigner et se protéger des dangers de son environnement. Dans son évolution, l'Homme a développé ses connaissances et ses techniques pour s'affranchir progressivement d'une relation directe à la nature, lui permettant de ne plus être « naturel » mais « dominateur », anti-naturel, et même destructeur de son environnement, entrainant sa propre perte. Perte de connaissances traditionnelles, perte de connexion, perte d'identité, perte des énergies qui pourvoient à l'équilibre de la Vie.

Dans un sursaut de conscience, l'Homme veut maintenant apprendre de ses erreurs, car l'échec est aussi formateur. Mais encore faut-il être doué d'humilité pour accepter et reconnaitre ses erreurs devant ses proches et le reste de l'humanité. Et puis, surtout, changer : changer de vision, changer de comportement.

Ce changement est une réconciliation avec la nature et passe par la mise en œuvre de « bonnes connaissances », compétences, ressources, potentiels, croyances, médecines, sciences, politiques, traditions, agricultures, artisanats, industries, arts, droits... que ce soit au niveau personnel, clanique, familial, tribal, communal, provincial ou pays...Ce changement signifie se « mettre au service » de la nature, au service de l'Autre qui a besoin de cette nature.

Le Mont Panié : sur ce massif forestier d'un seul tenant, imposant avec ses 35 000 hectares, 4 points culminants parmi les plus hauts sommets de la Nouvelle-Calédonie... les enjeux majeurs de conservation sont à la hauteur du défi posé par le rythme vertigineux de la déforestation (par ses bords) et de la dégradation forestière (par l'intérieur)...

Depuis sa création en réserve botanique jusqu'à nos jours, 62 ans se sont écoulés ; 62 années en point d'interrogation... Bien des scientifiques sont passés ici, mais pour quel retour aux tribus riveraines ? Bien des discours, mais pour quel changement sur le terrain ?

Le RAP 2010 contribue à partager ces nouvelles connaissances ; le plan de gestion de la réserve demandé et concerté est la feuille de route du travail à accomplir.

Le challenge le plus ambitieux sera peut-être le pari de la valorisation des compétences locales, tant au niveau scientifique que pratique et décisionnaire. C'est dans ce sens que Dayu Biik a vu le jour sur le piémont du massif, optant pour une forme de gestion participative (cogestion). Organisation reconnue et soutenue par la Province nord, premier partenaire, mais aussi par Conservation International et -dans leur sillage- toute une flopée de scientifiques.

Leurs expériences et savoirs aident à la mise en mouvement de tous les éléments incombant au plan de gestion.

Mais pas seulement car il ne faut pas oublier que dans cette méthode de travail (cogestion), les acquis traditionnels comptent aussi dans l'équation du développement durable.

Dans notre démarche de réconciliation avec la nature, l'accent sera mis sur plusieurs volets :

Et priorisant, les actions sur les différentes formes de bénéfices que nous procurent la biodiversité et les services écosystémiques: eau, gibier, poisson, énergie, plantes médicinales, bois et pailles de construction...

Mais aussi en visant ces espèces menacées, véritables ambassadeurs du Mont Panié : kaori, palmier Clinosperma, Méliphage noir.

Et enfin, en lien avec ces deux enjeux, en organisant la maitrise des feux et, surtout, en luttant contre les espèces envahissantes. Car ce sont ces espèces : cochon, cerf, rats... qui sont à la source des déséquilibres.

Développer les compétences et capacités locales des chasseurs et des piégeurs est la fondation du travail qui nous attend.

Message d'Edmond Ouillatte Kahoa
Tribu de Panié, Hienghène
Vice-président et ex-président de Dayu Biik

Bonjour à tous ceux qui jetteront un coup d'œil sur les résultats de ce RAP,

Je tiens à vous remercier pour cet intérêt, ainsi que la Province nord, Conservation International et l'équipe de Dayu Biik qui ont permis de découvrir Ô combien notre biodiversité, notre patrimoine naturel, notre environnement est si riche.

Je voudrai aussi adresser une pensée à l'initiateur de Dayu Biik ; c'est grâce à lui -qui a débroussé ce chemin- que nous en sommes là aujourd'hui : Henri Blaffart, hommage à lui.

Amicalement votre, les amis de l'environnement !

Message de François Martel,
Directeur du Programme des îles du Pacifique, Conservation International (2001-2010)

For over 15 years, Mt. Panié wilderness reserve has been the focus of Conservation International's attention in New Caledonia, thanks to an historical relationship between Province nord and local communities.

I would like to dedicate this RAP to Henri Blaffart, who has been a significant conservationist across the Pacific, in particular in Samoa, in Papua New Guinea and then in New Caledonia (2002-2008). His commitment to local communities has been inspiring for many conservationists and officials. This RAP demonstrates his success in engaging local communities in the Mt. Panié region. The local interest and capacity he fostered to be an active part in conservation projects is just remarkable and Dayu Biik remains so far the most pioneering conservation organization throughout New Caledonia, both in the field and in its unique governance.

Co-management of protected areas is not an easy way, but it seems ultimately to be the only effective way. Kanak people –and more generally Melanesian people- are indigenous, they are first nations and they commit after thorough exchanges, genuine discussions and decision-making process. Some may judge it with their own cultural background, but we, at CI, believe that indigenous and traditional people merit our consideration and respect in their traditions and culture. The free, prior and informed consent has been a strategic value in CI's relationship with the tribes, families and communities of this north-east coast of New Caledonia in achieving conservation and better management of local resources.

Decision making in support of conservation needs to be well informed and RAPs bring new information, along with wider traditional knowledge. This is the power of RAPs: bringing experts from around the world, together with local people and sharing their knowledge and discoveries on biodiversity and ecosystem services richness, uniqueness, importance, trends and on pressures affecting them. For the first time, Mt. Panié communities have accessed scientific data and knowledge from those scientists they have been working with; for the first time their appreciation of their natural heritage is taken into account in a scientific publication. We are therefore thankful to the scientists who enthusiastically contributed to the RAP and provided a quick and comprehensive feedback, both at the end of the expedition, in their preliminary report and in this RAP bulletin.

Based on this sound and wide scientific assessment, arose decision-making time. RAP results have been seriously taken into consideration in the management plan, recently approved by Province nord assembly. Mt. Panié reserve is now the first nature reserve in Province nord with an effective and resourced management plan and we believe many other conservation projects across New Caledonia could benefit from this inspiring experience.

CI has long been committed to species conservation and many threatened species were found or confirmed on Mt. Panié; we believe the reserve management plan will address their conservation needs. But this RAP also highlights environmental pressures such as invasive species, bushfires and climate change. These pressures not only affect flagship species such as the critically endangered Crow Honeyeater or the vulnerable Mt. Panié kauri, but also entire ecosystems and the services they deliver to society.

This RAP, its achievements and findings, are the result of this close partnership between the local kanak communities, scientific organizations, the government of Province nord and Conservation International. All scientists and staff, including local contributors should be proud of this achievement. My good friend Henri Blaffart who used to climb this mountain from all directions, would be extremely proud of this RAP. We encourage local leaders, Province nord and other stakeholders to strengthen their commitment to this project and to raise their voice in order to demonstrate in the long run the relevance and effectiveness of co-management of critical protected areas. This is even more important for sites of such global significance for biodiversity as Mt. Panié, and we hope it will generate interest in replicating this work for other critical ecosystems across New Caledonia.

Cartes et photos – Maps & pictures

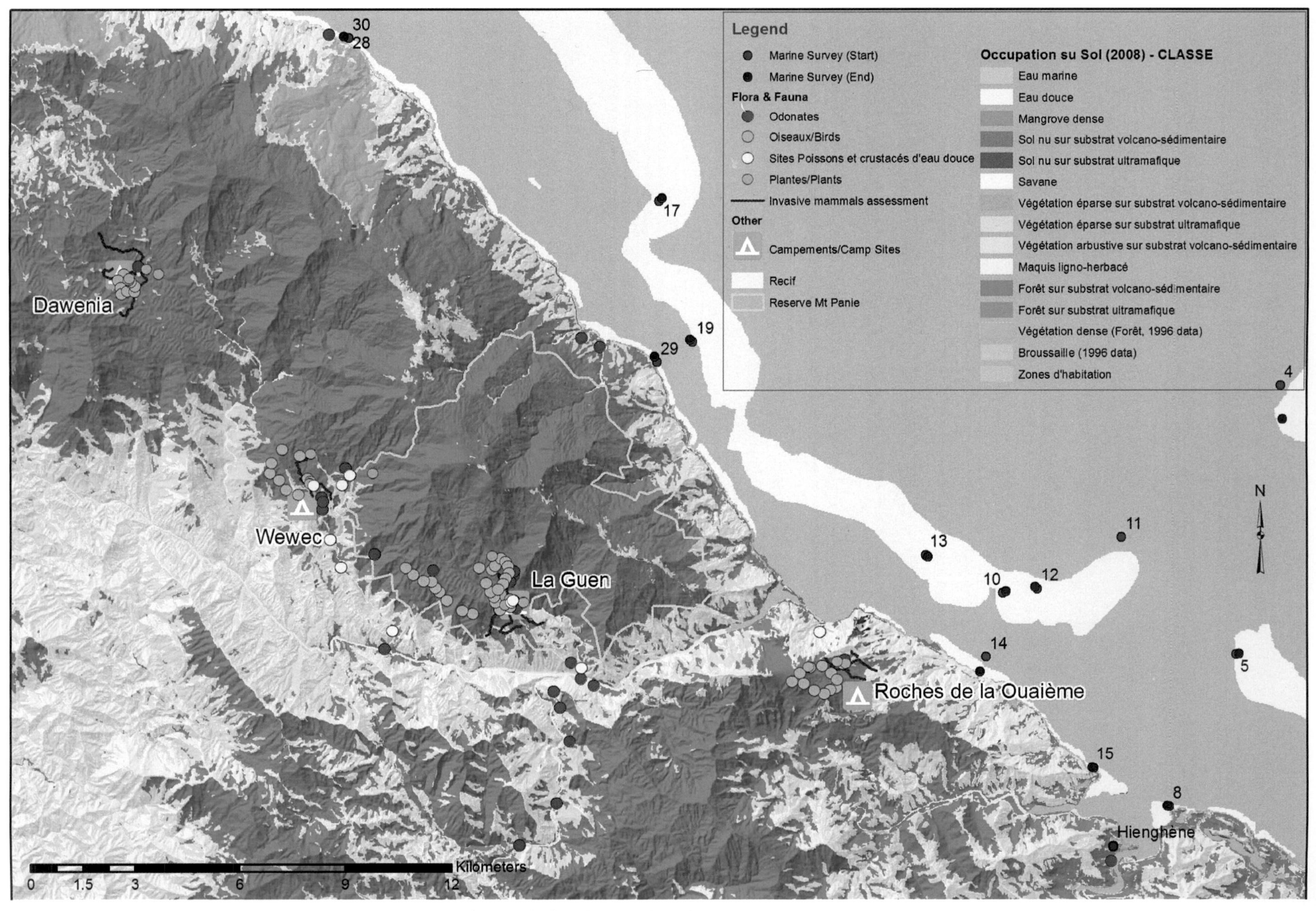

Carte 1: Localisation des sites RAP, du sud-est au nord-ouest : Roches de la Ouaième, La Guen, Wewec et Dawenia.

Map 1: Location of RAP survey sites, from southeast to northwest : Roches de la Ouaième, La Guen, Wewec and Dawenia.

Coutume d'entrée de l'équipe RAP à Bas-Coulna.
Customary gift before RAP team leaves for the field.
©Province nord/Photo by Julien Barraut

Une zone de travail dédiée aux scientifiques est établie au sein du camp à Dawenia.
The research tent for scientists at Dawenia camp site.
©Province nord/Photo by Julien Barraut

Campement RAP aux Roches de la Ouaième.
RAP campsite at Roches de la Ouaième.
©CI/Photo by François Tron

A la Guen, l'équipe RAP a disposé d'un refuge confortable, nommé en l'honneur d'Henri Blaffart, pionnier du projet de conservation du Mont Panié.
At La Guen site, the RAP team enjoyed a comfortable hut named after Henri Blaffart, pioneer of the Mt. Panié conservation project.
©CI/Photo by François Tron

Préparation du bois de feu au camp de Wewec.
Preparing firewood at Wewec campsite.
©Province nord/Photo by Julien Barraut

L'équipe RAP a bénéficié des talents d'Elodie et Suzanne qui nous ont préparé les bonnes choses du pays !
Suzanne and Elodie prepared some excellent traditional local food.
©Province nord/Photo by Julien Barraut

L'usage de l'hélicoptère a permis un déplacement rapide du matériel et des équipes qui ont ainsi pu se concentrer sur le travail scientifique de la mission.

Equipment and team members were transported by helicopter from one site to the next, maximizing time for scientists to concentrate on their research.

©CI/Photo by François Tron

L'équipe des poissons et crustacés d'eau douce et des odonates a parcouru la zone en octobre 2010, avant la mission principale qui s'est déroulée en novembre.

The team studying freshwater fishes and crustaceans and odonates surveyed the area in October 2010, while the main expedition occurred in November.

©Province nord/Photo by Julien Barraut

Vanessa et Isaac identifient un échantillon botanique.

Vanessa and Isaac examine a plant sample.

©Province nord/Photo by Julien Barraut

Jérôme et Martin préparent un échantillon pour l'herbier.

Jérôme and Martin preparing a sample for the herbarium.

©Pete Lowry / Missouri Botanical Garden

Hervé et Maurice inventorient et dénombrent les oiseaux sur un point d'écoute.

Hervé and Maurice surveying birds during a point count.

©Thomas Duval/SCO

Stéphane a capturé un Marmorosphax.
Stéphane captured a Marmorosphax lizard.
©Province nord/Photo by Julien Barraut

Echanges autour des résultats entre scientifiques et guides en fin de journée.
Scientists and local guides sharing results at the end of the day.
©CI/Photo by François Tron

La végétation des bords de rivière, comme ici à la Guen, comporte des espèces originales. Elle est également importante pour la biodiversité aquatique.
Riparian vegetation, shown here at La Guen, is composed of specialized species and is important for aquatic biodiversity.
©Pete Lowry / Missouri Botanical Garden

Lékima, Gérard et David échantillonnent les poissons.
Lekima, Gérard and David sampling freshwater fishes.
©Province nord/Photo by Julien Barraut

Les forêts du Mont Panié sont souvent caractérisées par un sous-bois dense, avec de nombreux palmiers, lianes et fougères.
Mt. Panié forests often have a thick understorey with lots of palm trees, vines and ferns.
©Province nord/Photo by Julien Barraut

Xeronema moorei dans les falaises des Roches de la Ouaième.
Xeronema moorei grows in crags at Roches de la Ouaième.
©CI/Photo by François Tron

Au dessus de 800m d'altitude, la forêt est souvent plongée dans les nuages, l'humidité est importante et la végétation, très différente, est dite oro-néphéliphile.

Above 800m asl, forest is often immersed in clouds; humidity is very high and the specific vegetation is called oro-nepheliphilous.
©CI/Photo by François Tron

Un Araucaria dans la forêt des Roches de la Ouaième.
An Araucaria tree in the forest at Roches de la Ouaième.
©CI/Photo by François Tron

La forêt sommitale du Mont Panié n'a pu être que très brièvement parcourue par un botaniste et un guide dans le cadre du RAP.

The forest around Mt. Panié summit was briefly surveyed by a botanist and a local guide during the RAP.
©CI/Photo by François Tron

Les forêts du Mont Panié jouent un rôle important dans la régulation de l'eau et de l'érosion. La cascade de Tao est une destination touristique réputée en Nouvelle-Calédonie ; elle est issue d'une forêt relativement préservée et son eau est de très bonne qualité.

Mt. Panié forests play an important role in regulating water and preventing erosion. Tao waterfall is a famous touristic destination in New Caledonia, and its pure water flows from a well preserved forest.
©CI/Photo by François Tron

Pandanus taluucensis a été décrit sur la base d'échantillons collectés pendant le RAP.

Pandanus taluucensis was recently described as a new species, based on samples collected during the RAP survey.
©Pete Lowry / Missouri Botanical Garden

L'eau est un élément précieux, bien mis en valeur par les connaissances traditionnelles des guides locaux de Dayu Biik.

Water is a precious resource, highly appreciated in the traditional knowledge of Dayu Biik's guides.
©CI/Photo by François Tron

Meryta rivularis a été décrit sur la base d'échantillons collectés pendant le RAP.

Meryta rivularis is another plant species described based on samples collected during the RAP survey.
©Pete Lowry / Missouri Botanical Garden

Cet *Oxera* sp est potentiellement une nouvelle espèce.

This *Oxera sp.* is potentially a new species to science.

©CI/Photo by François Tron

Freycinetia sp ; les plantes de ce genre répandu et aisément reconnaissable sont régulièrement consommées par les cerfs (feuilles), les roussettes et les rats (fleurs et fruits), constituant ainsi un utile indicateur d'impact de ces espèces envahissantes.

Freycinetia sp. Plants of this conspicuous and widespread genus are regularly eaten by deer (leaves), fruit bats and rats (flowers and fruits), making it a useful indicator of the impact of invasive species.

©Pete Lowry / Missouri Botanical Garden

Méliphage noir, l'oiseau le plus menacée de Nouvelle-Calédonie – pris en photo ici dans le Sud de la Nouvelle-Calédonie.

The Crow Honeyeater is the most threatened bird species in New Caledonia. It was contacted by the RAP team for the first time in twelve years in the region (this photograph was taken in the South of New Caledonia)

© Frédéric Desmoulins

Pétrel de Tahiti survolant la crête des Roches de la Ouaième.

Tahiti Petrel, a Near Threatened species, flying at night near the cliffs of Roches de la Ouaième.

© Thomas Duval / SCO

Eurydactyloides agricolae, une espèce quasi menacé de gecko endémique.

Eurydactyloides agricolae, a Near Threatened species of endemic gecko.

©CI/Photo by Stephen Richards

Dierogekko cf. validiclavis aux Roches de la Ouaième ; une nouvelle localité pour ce taxon, mais aussi potentiellement une espèce nouvelle.

Dierogekko cf. validiclavis from Roches de la Ouaième represents either a new location for this species, or potentially a species new to science.

©CI/Photo by Stephen Richards

Argiolestes ochraceus, l'une des plus belles espèces présentes sur le Mont Panié.

Argiolestes ochraceus, a beautiful damselfly species occuring in Mt. Panié.
©CI/Photo by Stephen Richards

Sicyopus zosterophorum est un poisson lié aux cours d'eau propres, rapides, oxygénés et aux fonds graveleux, en dessous de 200m asl.

Sicyopus zosterophorum inhabits clear, fast flowing and oxygen rich streams with substrate made of pebbles and cobbles, below 200m asl.
©MNHN/Photo by Laura Taillebois

Caledopteryx sarasini, une espèce liée aux cours d'eau torrentueux sur le Mont Panié.

Caledopteryx sarasini, a damselfly species associated with fast flowing streams on Mt. Panié.
©CI/Photo by Stephen Richards

Atyopsis spinipes, une écrevisse liée aux rivières torrentueuses et cascades.

Atyopsis spinipes, a crayfish found in fast-flowing rivers and near waterfalls.
©Province nord/Photo by Julien Barraut

Lentipes kaaea est une espèce endémique de la région ; amphidrome, elle est capable de remonter assez haut dans les bassins versants.

Lentipes kaaea is a regionally endemic fish species that is amphidromous and able to migrate far upstream.
©MNHN/Photo by Laura Taillebois

Rattus exulans, le rat du Pacifique, est un petit rat envahissant, introduit de longue date.

Rattus exulans, the Pacific rat, is a small invasive rat species, introduced to New Caledonia a long time ago.
©Theuerkauf et al, 2010.

Rattus rattus, introduit par les migrants européens est une espèce réputée très envahissante.

Rattus rattus, the Ship Rat, is a notorious invasive species that was introduced by Europeans.
©Theuerkauf et al, 2010.

Le cochon féral *(Sus scrofa)* est une espèce exotique envahissante qui cause des dommages aux écosystèmes et aux cultures ; il est activement chassé et piégé.

Invasive feral pigs *(Sus scrofa)* damage ecosystems and tribal crops, and are therefore trapped and hunted.
©Dayu Biik / Photo by Djaek Folger

Le Cerf rusa *(Rusa timorensis)* est une espèce exotique envahissante qui cause d'importants dégâts aux écosystèmes ; c'est également une délicieuse viande de chasse.

Rusa deer *(Rusa timorensis)* is an invasive species that causes serious ecological damage, but also provides popular bushmeat.
©Dayu Biik / Photo by Djaek Folger

Infructescence de *Freycinetia sp* consommée par les rats, espèces exotiques envahissantes

Fruits of *Freycinetia sp* are eaten by invasive rats
©CI/Photo by François Tron

Forêt dégradée par les cerfs et cochons envahissants ; noter l'absence de strate forestière de régénération et le sol profondément perturbé.

Forests degraded by invasive deer and pig are characterized by highly disturbed soil and the absence of understorey vegetation.
©Dayu Biik/Photo by Jean-Jacques Folger

Les feux de brousse sont une menace importante pour les forêts et l'eau.
Bushfire is a serious threat to forests and freshwater systems.
©CI/Photo by François Tron

L'érosion générée par les espèces envahissantes, les feux et les activités anthropiques induit des apports terrigènes qui dégradent le lagon et les récifs coralliens.
Invasive species, bushfires and some human activities cause erosion that releases sediments into the lagoon and threatens coral reefs.
©CI/Photo by François Tron

Rivière eutrophe et colmatée par les fines et les algues, en aval d'un bassin versant très dégradé par les feux et les espèces envahissantes.
Eutrophic river with silted bottom and algae, downstream of a watershed highly degraded by invasive deer and bushfires.
©CI/Photo by François Tron

L'équipe hydrobio présente ses résultats en tribu.
The RAP hydrobiology team presents results to members of the local tribe.
©Dayu Biik/Photo by Romain Franquet

Coutume d'au revoir des scientifiques lors de la restitution à Ouendjik
The RAP team presents a customary farewell gift in Ouendjik
©CI/Photo by François Tron

Les Roches de la Ouaième, un site reconnu pour son micro-endémisme en Nouvelle-Calédonie.
The Roches de la Ouaième, a famous site for micro-endemism in New Caledonia.
©CI/Photo by François Tron

Chapter 6, Figure 1: Localisation des lignes de piégeage (lignes rouges) et des points d'estimation d'impact de cerfs (points jaunes) dans le massif du Panié

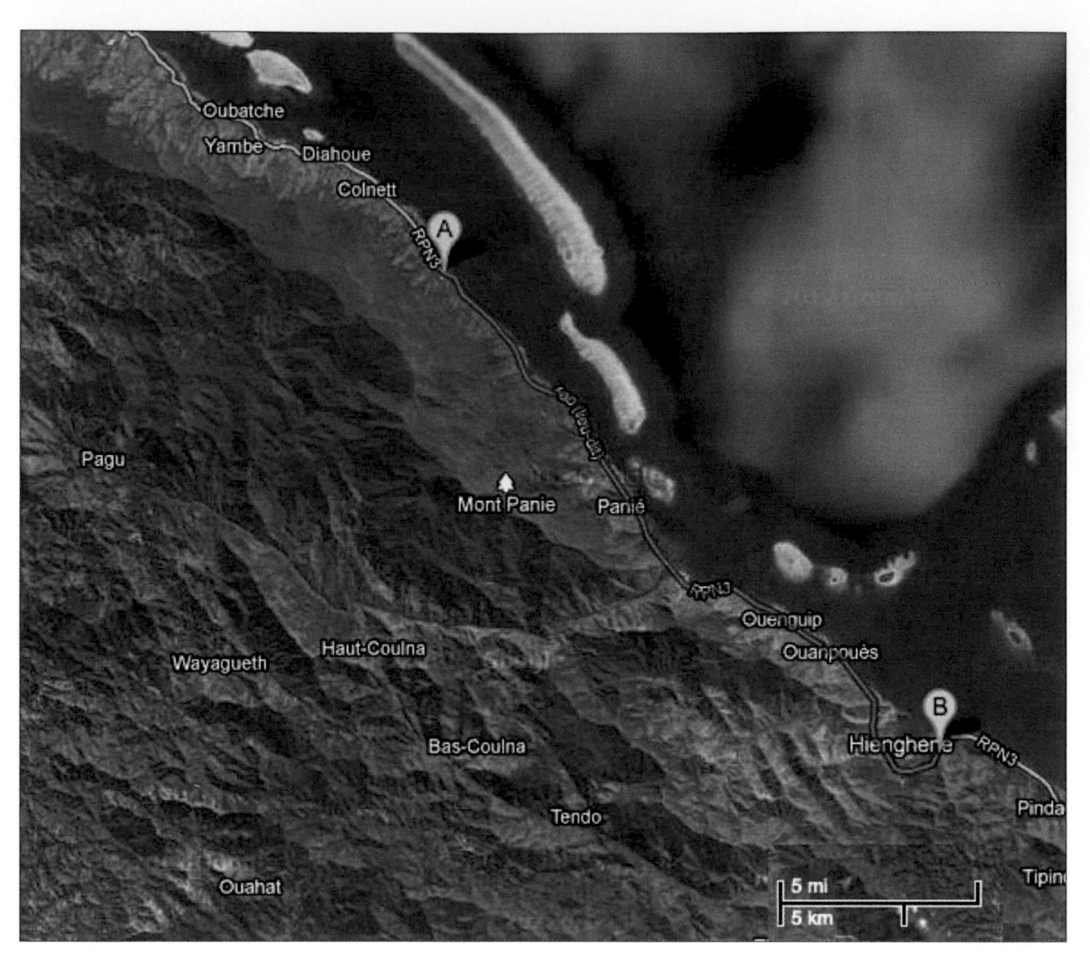

Chapter 7, Figure 1: Map showing the locations of the Galarino (A) and Hienghène (B) meteorological stations. These stations were the source of the precipitation data for the study.

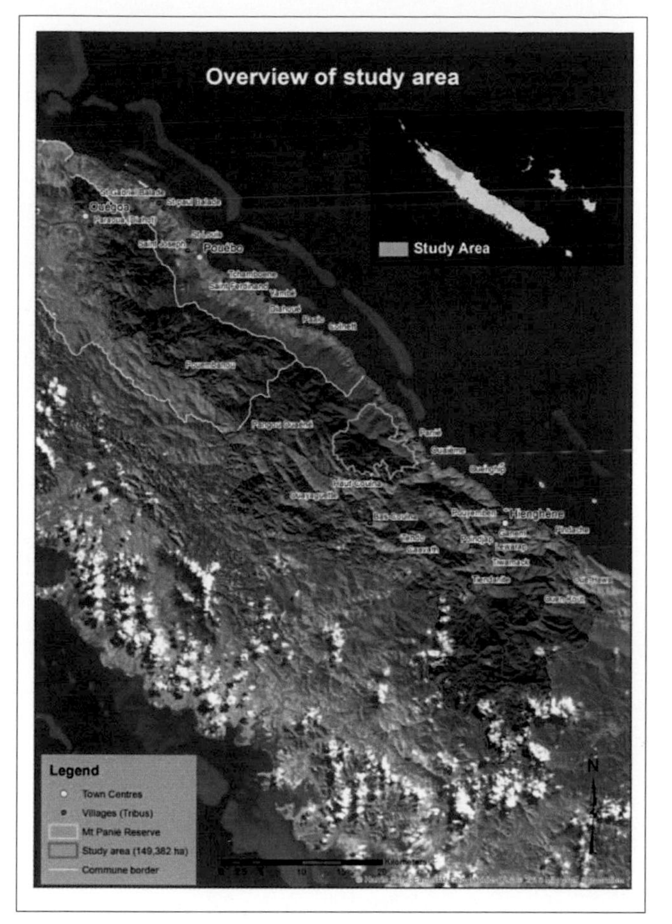

Chapter 8, Figure 1: Overview of study area extent.

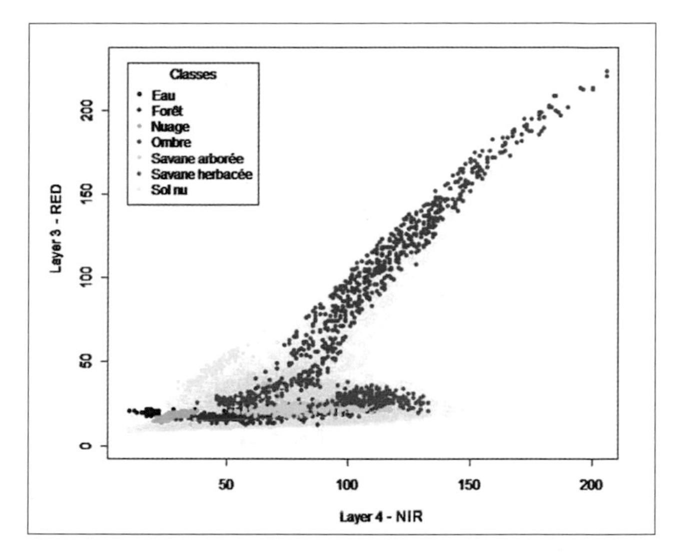

Chapter 8, Figure 2: Spectral feature plot for 1989 image (Landsat TM5)

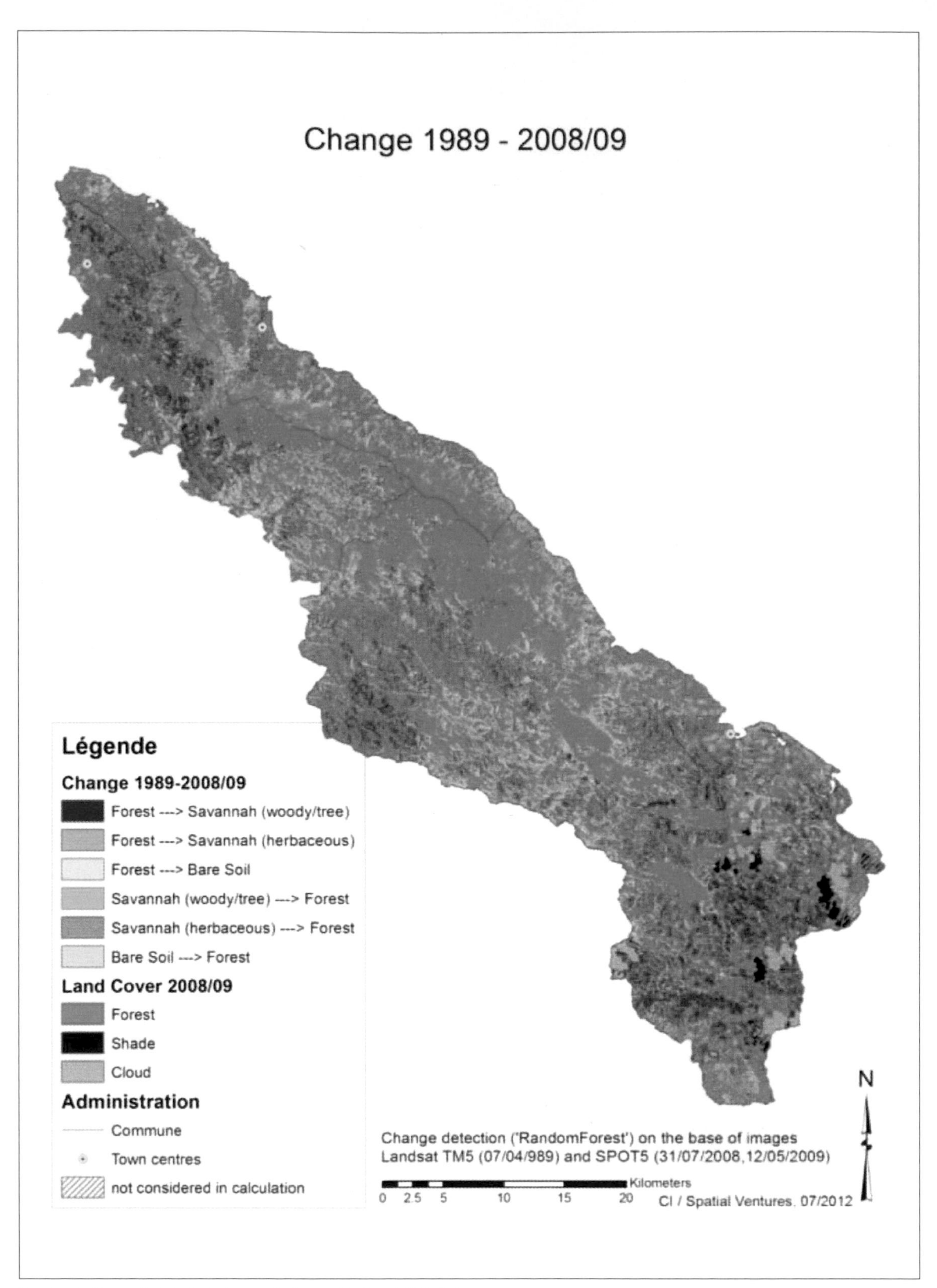

Chapter 8, Figure 3: Detected changes between 1989 and 2008/09.

Synthèse

DATES DE LA MISSION RAP

9–21 Octobre 2010 pour les équipes Poissons et crustacés d'eau douce et Odonates.

1–25 novembre 2010 pour les autres équipes : Plantes, Reptiles, Oiseaux, Insectes, Mammifères envahissants.

DESCRIPTION DES SITES D'ÉTUDE

La mission d'évaluation rapide de la biodiversité du massif du Panié et des Roches de la Ouaième a évalué quatre sites forestiers du Nord-Est de la Nouvelle-Calédonie, en province Nord : deux sur le versant Ouest du Mont Panié (La Guen et Wewec), un sur le versant Ouest du Mont Colnett (Dawenia) et un sur le versant Est des Roches de la Ouaième.

Le massif forestier du Panié est l'un des plus vastes blocs forestiers du pays avec près de 20.000 hectares, situé à l'extrême nord de la Nouvelle-Calédonie, dont les 5.400 hectares de la réserve de nature sauvage du Mont Panié. Les Roches de la Ouaième constituent l'extrémité orientale d'un massif forestier de 8.000 hectares, séparé du massif forestier du Panié par la rivière Ouaième.

Les sites étudiés se situent entre 300 et 900m d'altitude, au sein ou en bordure de blocs forestiers ; ils comprennent des rivières et des forêts d'altitude moyenne, voire de montagne, généralement sur sols volcano-sédimentaires ou parfois sur serpentinites. Chaque site a bénéficié d'au moins quatre jours pleins d'évaluation.

OBJECTIFS DU RAP MONT PANIÉ

Le programme d'évaluation rapide (RAP) du Mont Panié avait pour objectifs initiaux de :

- compléter l'inventaire taxonomique local,
- proposer un état de référence pour un suivi à long terme,
- participer à la formation naturaliste et scientifique des guides locaux,
- évaluer certaines menaces, notamment les espèces envahissantes, la déforestation et le changement, climatique
- appuyer l'identification de sites prioritaires pour la conservation et fournir des recommandations pour la gestion de la réserve de nature sauvage du Mont Panié,
- contribuer à la protection de la biodiversité et des services écosystémiques de la zone.

Une équipe pluridisciplinaire a été constituée pour couvrir les principaux groupes taxonomiques et domaines d'investigation : Plantes, Reptiles, Insectes, Oiseaux, Odonates, Poissons et crustacés d'eau douce, Mammifères envahissants.

Cette évaluation complète le RAP marin de 2004 fournissant ainsi une appréciation de la biodiversité de la côte nord-est de la Nouvelle-Calédonie selon une approche cotière intégrée.

PRINCIPAUX RÉSULTATS

Ce RAP fournit la première évaluation simultanée et pluridisciplinaire de quatre sites jusqu'à présent peu ou pas connus. Les gestionnaires de la réserve du Mont Panié disposent ainsi d'un état de référence et d'une base de données géoréférencée disponible pour la gestion de la réserve.

La richesse spécifique et la diversité biologique de chaque site diffèrent significativement d'un groupe taxonomique à un autre, mais tous présentent des particularités remarquables, y compris la présence de 254 espèces considérées comme menacées par l'UICN.

14 taxons botaniques et trois de reptiles potentiellement nouveaux pour la science ont été découverts et de nouvelles localités ont été découvertes pour de nombreuses autres espèces, y compris pour des espèces menacées ou rares.

La confirmation du Méliphage noir et d'une colonie de Pétrel de Tahiti sur la zone sont deux évènements ornithologiques majeurs.

Les mammifères envahissants -notamment les cerfs- constituent une pression significative et croissante sur l'ensemble des sites, plus particulièrement sur le piémont de La Guen.

Aucune espèce végétale envahissante n'a été identifiée au sein des forêts, mais cinq au moins ont été identifiées dans les savanes et forêts secondarisées.

Le feu a été un facteur historique de dégradation des forêts sur l'ensemble des sites ; il est toujours actif sur les Roches de la Ouaième. Avec un taux de déforestation de 1.9%/an, la pression sur les forêts est importante.

Le changement climatique, notamment l'augmentation des températures, pourrait constituer une menace pour les écosystèmes d'altitude, non évalués dans le cadre du RAP. L'augmentation des températures et les sécheresses cycliques pourraient combiner leurs effets de stress avec les pertubations liées aux espèces envahissantes pour causer des pressions importantes sur les écosystèmes, notamment d'altitude ; le dépérissement du kaori *Agathis montana* pourrait en être un signe précurseur.

Des formations forestières résilientes ont été identifiées, notamment à Wewec, démontrant ainsi la capacité du milieu forestier à se reconstituer en l'absence de perturbation.

Sans avoir fait l'objet d'inventaire spécifique, des vestiges d'occupation humaine ont également été trouvés sur tous les sites RAP.

Plusieurs guides locaux ont pu développer leurs compétences naturalistes à cette occasion et certains ont démontré un savoir-faire qui permet d'envisager de leur confier d'autres travaux d'inventaires et de suivis scientifiques dans le cadre de la gestion de la réserve.

RECOMMANDATIONS

Les résultats du RAP soulignent l'importance biologique de la région. Plusieurs types de recommandations peuvent être formulés pour la conservation de ce patrimoine, en adéquation avec le plan de gestion de la réserve de nature sauvage du Mont Panié.

Etudes complémentaires :
Les résultats des inventaires historiques devraient être capitalisés et ainsi aider à l'identification des sites qui pourraient faire l'objet d'un inventaire complémentaire ; les écosystèmes d'altitude, sous-évalués bien que très originaux, mériteraient un effort particulier dans ce sens.

Certaines espèces remarquables (Méliphage noir, Pétrel de Tahiti, *Nannoscincus exos…)* devraient faire l'objet d'études spécifiques, notamment afin d'évaluer les éventuels besoins de gestion conservatoire.

Les phénomènes d'érosion et de dégradation des rivières devraient être caractérisés, en particulier en lien avec les invasions par le cerf rusa et le cochon féral, et ce dans une approche de gestion intégrée des bassins versants du site inscrit au patrimoine mondial de l'humanité.

Une approche corridor couplée à une étude de l'occurrence des feux, en lien avec l'évolution du couvert forestier, permettrait de prioriser géographiquement les efforts de conservation, notamment en matière de maitrise des feux et de contrôle des cerfs et des cochons.

Les processus de résilience forestière pourraient être caractérisés afin d'appuyer les programmes de reforestation.

L'évaluation du statut de conservation des crustacés et poissons d'eau douce (en cours), des plantes et des odonates devrait être systématisé, car ce sont des critères importants pour prioriser les actions de conservation.

Certaines espèces indicatrices ou patrimoniales et les pressions environnementales devraient faire l'objet d'un suivi à long terme.

Un inventaire culturel pourrait faciliter la sauvegarde, la valorisation et la transmission du patrimoine culturel.

Maitrise des pressions environnementales :
L'effort de maitrise des feux devrait être approfondi, notamment par une coordination entre acteurs de la lutte contre le feu et des moyens supplémentaires et innovants, y compris les reboisements et le contrôle des espèces envahissantes.

Le cerf rusa et le cochon féral, dont les populations et l'impact sont apparemment en phase d'accroissement, devraient être activement contrôlés.

Table 1 : Résumé des résultats du RAP

	Nombre total de taxons	Nombre d'espèces potentiellement nouvelles pour la science	Nombre d'espèces endémiques	Nombre d'espèces en danger critique d'extinction	Nombre d'espèces en danger d'extinction	Nombre d'espèces vulnérables	Nombre d'espèces quasi menacées
Plantes	617	14	404			8	2
Oiseaux	29			1		2	5
Reptiles	18	3	16	1	4		2
Poissons et crustacés d'eau douce	19		2				
Odonates	23		12				

Un contrôle expérimental des rats et des chats pourrait également être mis en œuvre.

A l'extérieur de la réserve ces mesures pourraient être développées dans le cadre d'ententes spécifiques à caractère contractuel.

Extension des aires protégées :
L'ensemble des sites RAP pourraient bénéficier de mesures de protection règlementaire ainsi que de mesures de gestion conservatoire. En concertation avec les communautés locales, la réserve du Mont Panié pourrait ainsi être étendue depuis sa limite altitudinale inférieure de 400m jusqu'au bord de la Ouaième et de la Wewec, couvrant l'intégralité des sites RAP de La Guen et Wewec ; le site de Dawenia pourrait également être intégré dans une logique de gestion du bloc forestier.

Le site des Roches de la Ouaième devrait également bénéficier d'un statut de protection spécifique.

Combiné au RAP marin de 2004 localisé sur le lagon au pied du Mont Panié, ces résultats confortent la pertinence d'une gestion intégrée des bassins versants côtiers.

Report at a glance

DATES OF RAP SURVEY

October 9 - November 25, 2010

DESCRIPTION OF STUDY SITES

We surveyed four forest sites between 300 – 900 m above sea level in the Mt. Panié region of northeastern New Caledonia: two on the western slopes of Mt. Panié (La Guen and Wewec), one on the western slopes of Mt. Colnett (Dawenia) and one on the eastern slopes of Roches de la Ouaième. Mt. Panié is known to host many micro-endemic species, some of which occupy only a few square kilometers. Mt. Panié (1629 m) is the highest mountain in New Caledonia, and with ca. 20,000 ha of forest, the Mt. Panié range contains one of the largest blocks of forest in the country, including the 5,400 ha Mt. Panié wilderness reserve. The forest of the Roches de la Ouaième lies at the eastern end of an 8,000 ha forest block, separated from the Mt. Panié forest by the Ouaième River. Habitats surveyed mostly included forests and rivers, including lower mountain cloud forest. The geological substrate is mostly of micashist, with some peridotits.

OBJECTIVES OF THE MT. PANIÉ RAP SURVEY

The Mt. Panié RAP goals were to:

- Update and improve the taxonomic inventory of the region
- Establish a biological and climatological baseline for long-term monitoring
- Contribute to taxonomic and scientific training of local guides
- Evaluate threats to biodiversity, including invasive species and climate change
- Identify priority sites and actions for conservation including management recommendations for the Mt. Panié Wilderness Reserve
- Contribute to the conservation of biodiversity and ecosystem services of the area

This survey complements a marine RAP survey of the neighboring coral reefs conducted in 2004, which together provide a complete integrated coastal watershed assessment from ridge to reef.

MAJOR RESULTS

This RAP survey provides the most comprehensive and multidisciplinary evaluation yet for four sites of the Mt. Panié region, for which little was previously known. The RAP team found high species richness and endemism, including 25 species considered globally threatened by IUCN. Fourteen plant species and three reptile species found during the survey are potentially new to science. New locality records, including many rare or endangered species, were discovered. The Crow Honeyeater, a rare and Critically Endangered bird species, was observed for the first time in twelve years in the region. The team also found a large breeding colony of the Tahiti Petrel, a Near Threatened species. Although not targeted during this survey, the team encountered remnants of human occupation which are at least a century old, although local people don't have stories related to these sites nor do they know when they were last occupied.

Despite its unique biodiversity and endemism, the region faces several threats. Invasive mammals, especially rusa deer and feral pigs, are significant and growing threats to biodiversity at all sites, especially in the foothills of La Guen. Although no invasive plant species were found within the forest, at least five were recorded in savannah and secondary forest. Deforestation is an active phenomenon with a rate of 1.9%/year. Anthropogenic bushfires have been an important historical driver of deforestation at all sites and still actively threaten the Roches de la Ouaième area. However, we also found forests to be quite resilient, showing recovery following deforestation in several places. Climate change also appears to be a threat to local biodiversity. We identified a warming trend, which, in conjunction with cyclical droughts

Table 1 : Summary of RAP results

	Total number of taxa	Number of taxa potentially new to science	Number of endemic taxa	Number of critically endangered species	Number of endangered species	Number of vulnerable species	Number of near threatened species
Plants	617	14	404			8	2
Birds	29			1		2	5
Reptiles	18	3	16	1	4		2
Freshwater fishes and crustaceans	19		2				
Odonates	23		12				

and invasive species, may be related to die-back of the iconic kauri tree and other ecological changes already observed, especially at high elevation sites.

Conservation Recommendations

Several conservation actions can help to avoid or minimize threats to the Mt. Panié region. The georeferenced data produced by this expedition will serve as a baseline and will guide management plans for the Mt. Panié wilderness reserve. Data from historical surveys should be analyzed and results used to target new inventories. High elevation cloud forests, which appear to be particularly unique and vulnerable, need specific attention in this respect. This will improve our understanding of how these ecosystems are responding to pressures such as invasive species and climate change. Several of the local guides whose scientific skills were built during this expedition could contribute to this monitoring and reserve management.

New efforts should be placed in conservation status assessment of freshwater fishes and crustaceans (underway), plants and odonates, as these taxonomic groups are largely under-evaluated; these results are crucial to prioritize conservation efforts.

Greater efforts and increased and innovative resources are needed to avoid and control anthropogenic bushfires, especially through improved coordination among stakeholders. Previously cleared forests, such as those at Wewec, appear to recover, making reforestation programs potentially effective.

Invasive species, especially Rusa deer and feral pigs, which show increasing populations and ecological impacts, need to be carefully controlled. Experimental control of invasive rats and cats should also be implemented. Further studies of important and vulnerable species (e.g., Crow Honeyeater, Tahiti Petrel, *Nannoscincus exos*) are needed to develop active management strategies. These actions will be most effective if they are a formal part of conservation agreements both within and outside of the Mt. Panié wilderness reserve.

This RAP follows a nearby marine RAP in 2004; together, these assessments emphasize the relevance of integrated coastal watershed management. These systems are linked, and deforestation, erosion and river degradation not only affect life in the mountains, but also downstream ecosystems and coral reefs, as well as contaminating drinking water. The rivers of Mt. Panié drain into the buffer zone of the New Caledonian lagoons World Heritage site and the nearby reef.

Expanding existing protected areas and establishing wildlife corridors, especially along elevational gradients, is also critical for conserving biodiversity in the long-term. In consultation with local communities, the Mt. Panié wilderness reserve, with a current lower boundary at 400 m asl, could be extended to the Ouaième and Wewec rivers, including the lower areas of La Guen and Wewec. Dawenia and the Roches de la Ouaième should also be formally protected and managed.

Finally, a cultural inventory and program could facilitate the preservation, enhancement and transmission of cultural heritage in the region.

Résumé

INTRODUCTION

Dans le sud-ouest de l'océan Pacifique, la Nouvelle-Calédonie (20°- 23 ° S ; 164°- 167° E) fait partie de la Mélanésie. Le pays est constitué d'une île principale, la Grande Terre, entourée par de nombreuses autres petites iles. Sa superficie terrestre totale est de 18.576 km^2 et sa zone économique exclusive (ZEE) s'étend sur 1.740.000 km^2.

La Nouvelle-Calédonie est composée de trois provinces (la Province des Iles Loyauté, la Province nord et la Province sud) et trente-trois communes. Territoire français d'outre mer de statut unique, la Nouvelle-Calédonie se place actuellement dans une démarche d'autodétermination vis-à-vis de la France qui, dans le cadre de l'accord de Nouméa, transfère ses compétences vers le gouvernement et les provinces.

La Nouvelle-Calédonie compte environ 245.000 habitants avec une densité démographique de 13,2 personnes au km^2 (ISEE 2010) et la majeure partie de la population vit en province Sud dans la région de Nouméa, la capitale. La Nouvelle-Calédonie compte plusieurs groupes ethniques dont les kanak, peuple mélanésien autochtone, qui jouent un rôle social et politique majeur. Les kanak représentent environ 45 % de la population et sont majoritaires sur la côte est du pays. La majorité d'entre eux vit dans des tribus organisées autour de clans ; l'attrait d'activités rémunératrices à la mine et en ville génère des mouvements migratoires tout en maintenant une relation à la tribu et au clan d'origine. La tradition kanak maintient en effet un lien étroit à la terre et à la mer dont beaucoup dépendent encore, au moins en partie, pour se nourrir. La culture et les croyances kanak comportent de nombreuses règles coutumières ayant pour but ou pour effet de protéger les ressources ou des lieux particuliers. Ces règles, qui témoignent notamment d'un attachement traditionnel à une exploitation durable de la nature, sont aujourd'hui confrontées aux mutations socio-économiques que connaît la Nouvelle-Calédonie.

L'économie de la Nouvelle-Calédonie repose principalement sur l'exploitation du minerai de nickel et l'industrie métallurgique: la Grande Terre possède environ 20 % des ressources mondiales connues de nickel. Le tourisme est le second secteur économique par ordre d'importance, alors que l'agriculture, la pêche et l'aquaculture jouent également un rôle significatif, y compris en termes vivriers ou d'économie informelle (échanges, dons...) (ISEE 2009). La France apporte par ailleurs un appui financier important aux collectivités locales, y compris en faveur du rééquilibrage des zones dotées de moins d'opportunités économiques, comme la province Nord et la côte est.

La Grande Terre s'est détachée de Gondwana il y a environ 80 millions d'années puis de la Nouvelle-Zélande il y a environ 55 millions d'années (Kroenke 1996) ; les activités tectoniques complexes ont doté le territoire de roches ultramafiques riches en minerais, le nickel notamment. Cette origine et cette histoire ont favorisé l'évolution d'une biodiversité extrêmement riche et au fort taux d'endémisme, d'où son identification comme point chaud de biodiversité (Mittermeier et al 2004) et même comme une des régions les plus denses en biodiversité (Kier et al 2009) où il est pertinent de concentrer les efforts de conservation. Ainsi, l'île abrite 3371 plantes vasculaires dont 74,7 % sont endémiques (Morat et al 2012), 62 espèces endémiques de reptiles terrestres sur 71 espèces répertoriées (Bauer et al 2000), 21 espèces endémiques d'oiseaux sur 175 espèces recensées (Spaggiari et al 2007). Les eaux douces et marines calédoniennes sont tout aussi remarquables ; une grande variété d'espèces vit dans les nombreux habitats dulçaquicoles et marins néo-calédoniens : rivières côtières, récifs coralliens, mangroves et herbiers. La Nouvelle-Calédonie abrite le plus grand lagon fermé du monde (40.000 km^2) et comprend le plus long système de récif-barrière cumulé du monde (1.600 km), avec d'originales structures récifales de doubles voire même triples barrières qui abritent 457 espèces de coraux (McKenna et al 2011) et 1695 espèces de poissons lagonaires (Fricke et al 2006). Les lagons et récifs coralliens de Nouvelle-Calédonie ont ainsi été inscrits par l'UNESCO sur la liste du patrimoine mondial de l'humanité en juillet 2008. Cette inscription exige la préservation de l'intégrité du site ; c'est ainsi que des zones tampon terrestres ont été inscrites afin d'y prioriser les efforts de maitrise des pressions environnementales. Le massif du Panié est ainsi largement inscrit au sein de cette zone tampon, où l'ensemble des sites du RAP 2010 se situent.

Depuis 1950, le Mont Panié bénéficie, sur 5400 hectares, d'un statut de protection en « réserve botanique » sans pour autant avoir bénéficié d'une gestion conservatoire active. Le site a néanmoins été régulièrement visité par des randonneurs et des taxonomistes.

Reclassée en réserve de nature sauvage (statut UICN Ib) en 2009 dans le cadre de la mise en place du code de l'environnement de la Province nord, un plan de gestion (2012-2016) a été développé dans le cadre d'un partenariat entre la Province nord, l'association pour la conservation en cogestion du Mont Panié (Dayu Biik) et Conservation International.

Le plan de gestion de la réserve identifiait en 2010 la richesse spécifique suivante selon différents groupes taxonomiques :

Tableau 2 : Nombre de familles et d'espèces inventoriées par le diagnostic initial du plan de gestion de la réserve du Mont Panié.

	Nombre de familles	Nombre d'espèces
Ptéridophytes	13	37
Gymnospermes	4	14
Monocotylédones	11	110
Dicotylédones	58	282
Total plantes	**86**	**443**
Crustacés	4	19
Poissons	9	29
Odonates	3	6
Oiseaux	25	42
Reptiles	3	23
Chiroptères	1	3
Total Faune	**45**	**122**

Seul le site de La Guen se situe au sein de la réserve mais le gestionnaire ne disposait pas de données spécifique à ce site, ni d'ailleurs pour les autres sites couverts par ce RAP.

Le programme d'évaluation rapide de la biodiversité (RAP) du Mont Panié constitue ainsi une action de préfiguration du plan de gestion de la réserve, au titre de l'amélioration et de la capitalisation des connaissances sur la biodiversité de la réserve et du développement des compétences locales.

PRÉSENTATION DU PROGRAMME RAP ET DU RAP MONT PANIÉ

Les RAP (Rapid Assessment Program) sont des programmes d'évaluation rapide de la biodiversité qui ont été menés par Conservation International et ses partenaires dans de nombreux pays et points chauds de biodiversité à travers le monde (Conservation International 2012). Généralement déployés sur des sites où peu de données scientifiques sont accessibles et où les enjeux de conservation sont importants, les RAP font appel à de larges partenariats riches d'équipes pluridisciplinaires qui évaluent la biodiversité de quelques sites au sein d'une zone identifiée comme prioritaire.

Des méthodes d'inventaire et d'évaluation robustes et préalablement validées scientifiquement sont utilisées afin de comparer les informations recueillies dans l'espace et dans le temps.

Les objectifs spécifiques du RAP réalisé dans la région du Mont Panié en 2010 étaient de :

- compléter l'inventaire de la biodiversité de la région du Mont Panié,
- proposer un état de référence pour un suivi à long terme,
- participer à la formation naturaliste et scientifique des guides locaux,
- appuyer l'identification de sites prioritaires en termes de conservation,
- contribuer à l'évaluation de certaines menaces.

Chaque site a été prospecté pendant 4 jours pleins minimum.

Les méthodes d'inventaire employées par les participants devaient permettre d'atteindre les objectifs de l'expédition et porter une attention particulière à :

- la comparaison entre placettes et entre sites, ainsi qu'entre le massif du Panié et d'autres massifs forestiers en Nouvelle-Calédonie,
- l'évaluation de l'exhaustivité des inventaires,
- la répétabilité de l'inventaire dans une perspective de suivi à long terme,
- l'identification d'indicateurs de suivi en lien avec les recommandations de gestion conservatoire (contrôle des espèces envahissantes notamment).

SIX ÉQUIPES CONSTITUAIENT LA MISSION RAP

- Flore, sous la coordination de Jérôme Munzinger (IRD)
- Reptiles, sous la coordination de Stephen Richards (CI)
- Oiseaux, sous la coordination de Thomas Duval (SCO)
- Insectes, sous la coordination d'Hervé Jourdan (IRD)
- Poissons et crustacés d'eau douce sous la coordination de Philippe Keith (MNHN)
- Odonates sous la coordination de Milen Marinov (University of Canterbury)
- Mammifères envahissants, sous la coordination de Jörn Theuerkauf (CORE NC)

DESCRIPTION DES SITES INVENTORIÉS PENDANT LE RAP

Parmi 8 sites préliminairement identifiés, 5 ont été finalement sélectionnés en concertation avec les scientifiques participants, la Province nord et Dayu Biik.

Roches de la Ouaième
Entre 100 et 980 mètres d'altitude, cette forêt se développe sur un substrat géologique mélangé d'ophiolites et de micaschistes avec des pentes parfois très fortes, voire même des falaises.

Seul le versant oriental surplombant le lagon a été inventorié pendant le RAP. Les falaises surplombant l'embouchure de la Ouaième, le versant sud et le sommet du Tonôô (site tabou) n'ont pas été prospectés.

La Guen
A partir de 400 mètres d'altitude, cette zone a été préliminairement identifiée pour accueillir un programme de contrôle d'espèces exotiques envahissantes (rats et chats notamment). Sur un substrat géologique de micaschistes, on y distingue des forêts de versant, de thalweg, de plateau et de crête.

Un refuge permet de séjourner sur place.

Deux visites de botanistes et quelques inventaires ornithologiques permettaient une première approche de la richesse du site.

Sommet du Mont Panié
Bien que ce site ait été souvent mais brièvement parcouru, il avait été sélectionné parce que de nouvelles espèces -notamment floristiques- y étaient suspectées.

De plus ce site revêt une importance culturelle forte et un refuge permet de séjourner sur place. Il n'a finalement pas été prospecté à cause d'une météo défavorable.

Wewec
A partir de 200 mètres d'altitude, cette forêt de basse altitude jouxte immédiatement la réserve du Mont Panié et le clan propriétaire se positionne à priori favorablement pour intégrer ses terres à la réserve. Un gîte est également disponible sur place.

Dawenia
A partir de 500 mètres d'altitude, au pied du versant Ouest du Mont Colnett, cette forêt de plateau et de versants abrite, selon des inventaires préliminaires, une communauté d'oiseaux assez complète.

RÉSULTATS DU RAP PAR GROUPE TAXONOMIQUE

Ce RAP fournit la première évaluation simultanée et pluridisciplinaire de quatre sites jusqu'à présent peu ou pas connus. Les gestionnaires de la réserve du Mont Panié disposent ainsi d'un état de référence et d'une base de données géoréférencée disponibles pour la gestion de la réserve.

La richesse spécifique et la diversité biologique de chaque site diffèrent significativement d'un groupe taxonomique à un autre, mais tous présentent des particularités remarquables, y compris la présence d'espèces considérées comme menacées par l'UICN.

Les résumés par groupe taxonomique fournissent des éléments spécifiques :

Botanique
16 parcelles de 400 m2 ont été mises en place et 64 relevés de terrain ont été réalisés, visant principalement les ligneux et les Orchidées. 4516 observations (herbiers, parcelles et relevés) ont été réalisées et identifiées à 92,4% à un niveau spécifique ou infra-spécifique.

617 taxons ont été observés, comprenant 490 espèces, 9 sous-espèces, et 14 variétés, validement publiées (Morat et al., 2012), et 10 taxons temporaires de travail (TTT), appartenant à 108 familles et 249 genres distincts.

Les 523 espèces, TTT et rang infra-spécifiques correspondent à 404 taxons endémiques, 106 autochtones, 12 introduits (dont 5 considérés comme envahissants) et 1 de statut non défini. 177 d'entre eux, soit 33,8% sont inscrits sur la liste des espèces protégées de la Province nord.

14 taxons (espèces ou rang-infra-spécifiques) suspectés d'être nouveaux pour la science ont été rencontrés, dont deux sont déjà publiés : *Meryta rivularis* Lowry et *Pandanus taluucensis* Callm.

La végétation rencontrée correspond à ce qui est actuellement décrit comme de la forêt dense humide de basse et moyenne altitudes sur roches volcano-sédimentaires, ainsi que de la forêt de montagne (ou oro-néphéliphile). Des phases de reconstitution ont été observées localement.

Reptiles
18 espèces (17 reptiles et une grenouille) ont été documentées, y compris une grenouille et un gecko d'introduction récente en Nouvelle-Calédonie. Quatre espèces de lézards sont considérées comme vulnérables (VU) par l'UICN, et une critiquement menacée d'extinction (CR). Deux autres espèces sont classées comme Quasi menacées (NT) et une espèce est inscrite comme Données insuffisantes (DD). Au moins une -et peut-être trois espèces sont nouvelles pour la science ; l'une d'elles est également connue en dehors de la région du Mont Panié. Le massif du Panié et les Roches de la Ouaième fournissent un habitat essentiel pour plusieurs espèces rares et à répartition restreinte, y compris plusieurs taxons affectés par les activités minières ailleurs en Nouvelle-Calédonie. Les feux de brousse et les espèces exotiques envahissantes sont des menaces potentielles sur ces espèces, y compris au sein de la réserve du Mont Panié. Deux espèces de scinque (*Marmorosphax tricolor* et *Caledoniscincus aquilonius*), sont suffisamment abondantes pour permettre des études quantitatives sur l'impact des rats et des cochons sauvages envahissants sur ce groupe de lézards.

Oiseaux
59 points d'écoute ont été effectués par deux observateurs locaux de la tribu de Haut-Coulna. La confirmation de la présence d'une zone de reproduction du Pétrel de Tahiti accueillant probablement plusieurs dizaines de couples sur le site des Roches de la Ouaième et la confirmation du

Méliphage noir sur le versant Est du massif sont deux résultats majeurs.

Poissons et crustacés d'eau douce

10 espèces de crustacés et 9 espèces de poissons ont été inventoriées, dont une espèce introduite. Globalement les sites prospectés sont moins riches que ceux du littoral de la côte Est du Mont Panié. Comme toutes les espèces capturées sont amphidromes, tous les impacts des activités humaines sur les habitats aquatiques sont très significatifs, en particulier sur les habitats estuariens.

Ces inventaires démontrent à nouveau l'importance de la couverture forestière des bords de rivière pour les poisons et crustacés d'eau douce : les sous-bassins versants forestiers de la Wewec sont plus riches que ceux qui sont déforestés.

Odonates

Sur les 46 points d'observation, 23 taxons ont été inventoriés soit 41% des 56 espèces connues en Nouvelle-Calédonie. Le site le moins riche est le bassin versant de La Guen qui semble être plus perturbé que celui de la Wewec. Le site de La Guen a un pH de l'eau inférieur, des quantités d'algues filamenteuses plus élevées et une abondance des consommateurs primaires (macroinvertébrés) apparemment faible. Les feux de brousse et les mammifères exotiques envahissants pourraient contribuer à ces observations.

Mammifères exotiques envahissants

L'abondance des rats noirs (*Rattus rattus*), des rats du Pacifique (*R. exulans*), du cerf rusa (*Cervus timorensis russa*), des cochons sauvages (*Sus scrofa f. Domestica*), des chats harets (*Felis catus*) et des chiens errants (*Canis lupus familiaris*) a été évaluée, en tenant compte de précédentes recherches réalisées de 2004 à 2009. La plupart de ces mammifères présentaient une abondance comparable à la moyenne en Nouvelle-Calédonie ; les rats noirs étaient cependant particulièrement lourds et abondants sur plusieurs sites prospectés. L'abondance des cerfs (densité de crottes) et leur impact (abroutissement et écorçage) étaient modérés à l'intérieur des blocs forestiers, mais étaient particulièrement forts près des lisières forestières. Les guides locaux témoignent d'un impact relativement récent (depuis environ 10 ans) des cerfs sur la forêt mais néanmoins déjà très fort en certains endroits. Les espèces les plus appétentes (notamment les lianes du genre *Freycinetia*) ont déjà complètement disparu des zones les plus dégradées. A long terme, la dérive de la composition floristique des forêts et la non-régénération pourraient provoquer une dégradation forestière significative.

Evaluation climatique

L'analyse d'un jeu de données à long terme révèle que les 20 dernières années apparaissent relativement sèches, plus particulièrement de 2003 à 2007, en relation avec El Niño

Tableau 3 : Résumé des inventaires par site. L'indice de biodiversité utilisé est celui de Shannon. Pour les plantes, la fourchette indique l'indice de la placette la moins diversifiée et celui de la placette la plus diversifiée.

	Roches de la Ouaième	Wewec	Dawenia	La Guen	Total
Richesse spécifique					
Plantes	303	174	237	266	490
Oiseaux	9	17	18	14	29
Reptiles	10	10	10	13	19
Poissons et crustacés d'eau douce	6	15		14	19
Odonates		19		10	23
Diversité biologique					
Plantes	4,96 à 5,66	3,64 à 4,81	5,16 à 5,38	4,32 à 5,63	
Oiseaux	2,14	2,82	2,89	2,52	
Nombre d'espèces critiquement menacées d'extinction					
Reptiles	1				1
Oiseaux					1
Nombre d'espèces en danger d'extinction					
Reptiles	2	1	1	2	4
Nombre d'espèces vulnérables					
Plantes	3	2	2	6	8
Oiseaux			1		2
Nombre d'espèces quasi menacées					
Plantes			2		2
Oiseaux	2	4	4	3	5
Reptiles	2	2	2	2	2

et l'oscillation pacifique interdécennale. La tendance au réchauffement constatée sur ces dernières décennies peut par ailleurs exacerber les effets de sécheresses sur la végétation. Ces facteurs climatiques de stress peuvent se cumuler et renforcer les effets de la perturbation du sol et de l'érosion liées aux cochons féraux, espèce exotique envahissante, dont les populations sont réputées s'accroître localement depuis une vingtaine d'années. Le dépérissement observé du kaori du Mont Panié (*Agathis montana*) pourrait être un symptôme aisément détectable d'un problème de conservation plus vaste de cet écosystème d'altitude.

Evolution du couvert forestier

L'évolution du changement du couvert forestier a été évaluée sur une région d'environ 1500 km^2 comprenant les communes de Hienghène, Pouébo et Ouégoa au nord-est de la Nouvelle-Calédonie, y compris la réserve de nature sauvage du Mont Panié et les sites RAP 2010.

Les changements détectés sont basées sur une analyse d'images satellites pour les années 1989 (Landsat TM5), 2000 (Landsat TM7) et 2008/2009 (SPOT5). La vérification terrain (pour la carte 2008/2009) ou d'après des photos aériennes (pour les cartes 1989 et 2000) des représentations cartographiques de la végétation fournissent une validité à 85% pour 1989, 88% pour 2000 et 74% pour 2008/2009.

Au cours des vingt années couvertes par l'étude, 26.630 hectares de forêt ont été perdus, soit un taux de déforestation de 29,8 % de déclin par rapport à l'estimation du couvert forestier de 1989. Cette déforestation apparait plus active sur la période 2000-2008/2009, avec un taux moyen de déforestation de 1,9%/an. Les forêts primaires de basse altitude sont plus menacées par cette déforestation. La déforestation implique principalement des zones éloignées des activités minières, agricoles ou urbaines et a pu être localement mise en relation avec des feux d'origine anthropique. La reforestation spontanée des savanes est par ailleurs démontrée sur des surfaces conséquentes.

RECOMMANDATIONS DE CONSERVATION

Les résultats du RAP montrent que de nombreuses découvertes restent à faire sur le massif du Panié, notamment parmi les plantes et les reptiles. Ils soulignent également l'importance de la région pour la conservation de la biodiversité à l'échelle de la Nouvelle-Calédonie et soulèvent des problématiques environnementales. Tout cela appelle des recommandations spécifiques :

Etudes complémentaires

Les résultats des inventaires historiques devraient être capitalisés et soutenir la définition de nouveaux inventaires complémentaires. Les écosystèmes d'altitude devraient faire l'objet d'un effort particulier dans ce sens.

Certaines espèces remarquables, notamment d'oiseaux (Méliphage noir, Pétrel de Tahiti), de reptiles (*Nannoscincus exos*...) et de plantes (*Agathis montana*, Pandanacées, Palmiers...) devraient faire l'objet d'études spécifiques afin de préciser leur statut local (distribution, effectifs, évolution, pressions, etc...) et d'évaluer les besoins en mesures de gestion conservatoire. Ceci est particulièrement important pour le Méliphage noir dont le statut parait particulièrement précaire, alors que le Mont Panié est la seule localité connue de cette espèce en province Nord.

Considérant l'importance des cours d'eau du massif et les perturbations constatées, il serait souhaitable de mener une étude visant à identifier les causes à l'origine du colmatage et de l'eutrophisation des rivières ; cela soutiendrait également les efforts de gestion de la zone tampon terrestre du site inscrit au patrimoine mondial de l'humanité et son maintien en l'état.

Les processus de résilience forestière pourraient être caractérisés afin d'alimenter les programmes de reforestation et de restauration forestière.

L'impact des espèces envahissantes mériterait d'être caractérisé afin d'identifier les enjeux de conservation spécifiques et de définir des indicateurs de suivi-évaluation adaptés.

Une approche corridor couplée à une étude rétrospective de l'évolution du couvert forestier et de l'occurrence des feux permettraient de prioriser les efforts de conservation.

Une approche culturelle semble également pertinente et importante : la réserve du Mont Panié contient de nombreux vestiges d'occupation humaine et un grand nombre d'espèces végétales exploitées et/ou bénéficient d'un nom dans les langues locales ; plusieurs contes et histoires sont liées à des lieux particuliers. Leur prise en compte contribuera à l'appropriation du projet de conservation par l'ensemble des communautés locales.

Suivis à long terme :

Certaines espèces indicatrices ou patrimoniales et les pressions environnementales (*feux, espèces envahissantes, changement climatique*...) devraient faire l'objet d'un suivi à long terme afin d'évaluer et d'orienter les efforts de gestion conservatoire sur la zone.

Maitrise des pressions environnementales

Considérant l'importance des surfaces en savanes, probablement issues de feux historiques -mais parfois récents comme sur le site des Roches de la Ouaième- l'effort de maitrise des feux devrait être approfondi. La sensibilisation réalisée par l'association Dayu Biik et par la Province nord aura certainement permis de les réduire, sans toutefois les juguler totalement. Une coordination entre acteurs de la lutte contre le feu devrait être mise en place, avec des moyens spécifiques, y compris par le développement des activités de reboisements et de contrôle des espèces exotiques envahissantes.

L'impact du cerf, bien qu'encore insuffisamment caractérisé, semble important et croissant ; cette menace sérieuse devrait être contrôlée dans le cadre d'une gestion adaptative.

Les rats et les chats sont également réputés être des pressions importantes sur les milieux insulaires et devraient faire l'objet d'un contrôle expérimental ; leur rôle dans le déclin du Méliphage noir est probable.

La Guen est un site particulièrement riche, pour tous les groupes taxonomiques étudiés. Considérant cette caractéristique, ainsi que la disponibilité d'infrastructures d'accueil, la mise en œuvre d'un programme de contrôle des espèces envahissantes y est tout indiquée.

Extension des aires protégées

Une extension de la réserve du Mont Panié vers le nord, qui intègre les sites de Wewec et Dawenia serait justifiée de par la richesse et l'originalité du deuxième site et l'intérêt des dynamiques de végétation et culturelles du premier. En concertation avec les parties prenantes, une telle extension permettrait notamment d'initier une gestion conservatoire du massif du Panié à l'échelle du grand ensemble forestier.

L'originalité et la vulnérabilité des Roches de Ouaième en font un site majeur, relevé également par son importance culturelle et son potentiel écotouristique paysager, culturel et naturaliste qui commence à être reconnu et valorisé. Sur sa façade maritime, l'impact du cerf semble modéré, mais les feux doivent y être maitrisés. En concertation avec les parties prenantes, un projet de conservation autour d'une aire protégée devrait être étudié.

Executive Summary

INTRODUCTION

Located in the southwest of the Pacific Ocean, New Caledonia (20° - 23° S, 164° - 167° E) is part of Melanesia. The country consists of one main island, Grande Terre, surrounded by many smaller islands. Its total land area is 18,576 km^2 and its exclusive economic zone (EEZ) covers 1,740,000 km^2. New Caledonia consists of three provinces (Loyalty Islands Province, Northern Province and Southern Province) and thirty-three municipalities. As a French overseas territory with unique status, New Caledonia is currently in a process of self-determination vis-à-vis France which, as part of the Nouméa Accord, transfers its responsibilities to the government and provinces. Most environmental policies have been transferred to provinces.

With a population density of 13.2 people per km^2 (ISEE 2010), most of the 245,000 inhabitants live in the province Sud (Southern Province), near the capital Nouméa. New Caledonia has several ethnic groups including the indigenous Melanesian people – the Kanak - who play an important social and political role. The Kanak represent about 45% of the population and most of them live on the east coast. Traditional life is organized into tribes and clans. While income-generating activities in town and from mining have spurred migration, the Kanak maintain their relationship with the tribe and the clan of origin. The Kanak tradition nurtures a close link to land and sea from which many still partly depend for cultivated food, game and fish. Kanak culture and beliefs have many customary rules whose purpose or effect is to protect natural resources and culturally important places. These rules, which reflect a traditional attachment to the sustainable use of nature, have been challenged by the socio-economic changes of the last decades.

New Caledonia's economy is mainly based on nickel mining; the mainland has about 20% of the world's known nickel resources. Tourism is the second largest economic sector, while agriculture, fisheries and aquaculture play a significant role, including for subsistence and social life (e.g., trade, gifts) (ISEE 2009). France also provides significant funding to local governments, especially in areas with fewer economic opportunities, such as Province nord and the east coast.

When Grande Terre split from Gondwana about 80 million years ago and from New Zealand about 55 million years ago (Kroenke 1996), complex tectonic activity resulted in rich ultramafic rocks with high nickel content. This origin stimulated the evolution of an extremely rich and highly endemic biodiversity, leading to the identification of New Caledonia as a biodiversity hotspot (Mittermeier et al. 2004) and as one of the densest regions in biodiversity (Kier et al. 2009), making it a high priority to focus conservation efforts. Out of 3,425 recorded vascular plant species, 2,541 are endemic (endemia 2012); out of 71 terrestrial reptile species, 62 are endemic (Bauer et al. 2000); out of 175 bird species, 21 are endemic (Spaggiari et al. 2007). New Caledonian fresh and salt-waters encompass a remarkable variety of species and habitats including coastal rivers, coral reefs, mangroves and seagrass beds. New Caledonia is home to the largest lagoon in the world (40,000 km^2) and includes the longest barrier reef system in the world (1,600 miles), with original reef structures of double or even triple barriers which shelter 457 coral species (McKenna et al. 2011) and 1,695 species of lagoon fish (Fricke et al. 2006). The lagoons of New Caledonia were therefore included by UNESCO on the World Heritage List in July 2008. Because this status requires the preservation of the site's integrity, terrestrial buffer zones were included in order to minimize the impacts of land-based threats to the lagoon. The Mt. Panié massif, where this survey was conducted, is entirely situated within this buffer zone.

In 1950, a 5,400 hectares botanical reserve was designated at Mt. Panié, but without active conservation management. The site has however been regularly visited by hikers and biologists. In 2009, the botanical reserve was reclassified as a wilderness reserve (IUCN status Ib). As part of the establishment of the environmental code of the Province nord, a management plan (2012-2016) was developed by a partnership between Province nord, the indigenous association Dayu Biik and Conservation International.

In 2010, the management plan of the reserve identified the following:

Table 2: Number of families and species listed by the management plan of the Mt. Panié reserve.

	Number of families	Number of species
Pteridophytes	13	37
Gymnosperms	4	14
Monocots	11	110
Dicots	58	282
Total plants	**86**	**443**
Crustaceans	4	19
Fishes	9	29
Odonata	3	6
Birds	25	42
Reptiles	3	23
Bats	1	3
Total fauna	**45**	**122**

Out of the four sites visited during this RAP expedition, only La Guen is located within the reserve. The Mt. Panié RAP was therefore a pilot to test the effectiveness of the management plan for the reserve, serving as a broad taxonomic survey and to enhance local skills and capacity.

PRESENTATION OF THE RAP PROGRAM AND THE MT. PANIÉ RAP

Conservation International's (CI) Rapid Assessment Program (RAP) is a leading world expert in the collection of field data. RAP is an innovative biological inventory program designed to use scientific information to catalyze conservation action. RAP methods are designed to rapidly assess the biodiversity of highly diverse areas and to train local scientists in biodiversity survey techniques. Since 1990, RAP's teams of expert and host-country scientists have conducted over 80 terrestrial, freshwater aquatic (AquaRAP), and marine biodiversity surveys and have contributed to building local scientific capacity for scientists in over 30 countries. Biological information from previous RAP surveys has supported the protection of millions of hectares of tropical forest and oceans, including the declaration of protected areas and the identification of biodiversity priorities. Visit https://learning. conservation.org/biosurvey/Pages/default.aspx for more information on RAP and its methodology.

The specific objectives of the Mt. Panié RAP in 2010 were:

- Expand the existing knowledge of biodiversity in the Mt. Panié region,
- Establish a baseline to understand how the region changes in the future,
- Contribute to the scientific training of local guides,
- Support the identification of priority sites for conservation,
- Identify environmental threats.

Each site was surveyed for at least four days. The survey methods aimed at achieving the above objectives of the expedition and paid particular attention to:

- comparison between plots and between sites
- sampling completeness
- repeatability of the survey (standardized methods)
- identification of indicators for monitoring, in relation to management needs (especially regarding invasive species)

THE RAP WAS UNDERTAKEN BY SIX TEAMS

- Botany, led by Dr. Jérôme Munzinger (IRD)
- Reptiles, led by Dr. Stephen Richards (CI)
- Birds, led by Thomas Duval (SCO)
- Insects, led by Dr. Hervé Jourdan (IRD)
- Freshwater fishes and crustaceans, led by Dr. Philip Keith (MNHN)
- Odonates, led by Dr. Milen Marinov (University of Canterbury)
- Invasive mammals, led by Dr. Jörn Theuerkauf (CORE NC)

DESCRIPTION OF RAP SITES SURVEYED

Roches de la Ouaième

This site covers an elevational gradient from 100 m asl to the summit of the rocks at 980 m, consisting of dense humid forest on mixed ophiolites and micaschists with steep slopes and crags. Above 800 m, the forest is shorter and very humid, and is often enveloped in clouds. Only the eastern slope overlooking the lagoon was surveyed during the RAP. Out of respect for traditional customs, we did not survey the Tonôô cliffs and southern forests, which are considered sacred. This site has been surveyed a few times by botanists and herpetologists, but apparently not in a systematic or rigorous way.

La Guen

This site lies within the Mt. Panié reserve, on the southern flank of Mt. Panié, and consists of dense humid forest on micaschist from 400 m to the summit at 1629 m, with steep, craggy slopes and waterfalls. A trail network facilitates access to a range of forest types, rivers, plateaus and ridges, including a hut (20 'beds') named after CI pioneer in Mt. Panié, Henri Blaffart. A multipest control project is planned here, focused on rats, cats, pigs and deer. Two previous short visits from botanists and two bird censuses provided preliminary data for this site.

Mt. Panié summit

At 1629 m asl, Mt. Panié is the highest peak in New Caledonia. Its vegetation changes along an altitudinal gradient (Spir 2006), growing on a geological substrate of mica schist and receiving heavy rainfall (ca. 5,000 mm/year, Météo France 2006). This site has been surveyed by botanists, herpetologists and ornithologists on several occasions but apparently not in a systematic or rigorous way. There is a high probability for new species, especially plants and insects, to be discovered near the summit. Mt. Panié summit is also of high cultural significance, including for its iconic and endemic kauri trees and two sacred places. The hut (10 'beds') is named after a New Zealand conservation organization (the Maruia Society) which supported Dayu Biik in its early years. Because of poor weather, this site was eventually not surveyed.

Wewec

On Mt. Panié's western flanks, this forest covers mica schist geological substrate from the summit reserve down to the Wewec river at 200 m, across the reserve boundaries. The owner clan is willing to include part of its traditional land within the reserve. They also own and maintain a traditional shelter for 10 persons. No biological surveys have ever been carried out in this area.

Dawenia

On the western flanks of Mt. Colnett, 10 km to the northwest of Mt. Panié, this forest covers mica schist geological substrate down to 500 m. A section of the forest occurs on a plateau with nutrient-poor soils. Preliminary bird inventories showed a fairly intact bird community, including parakeets.

RAP RESULTS BY TAXONOMIC GROUP

The Mt. Panié RAP provides the first multidisciplinary taxonomic assessment of four poorly studied sites within or near Mt. Panié wilderness reserve, providing reserve managers with a baseline and a georeferenced database available for the management of the reserve. Species richness and diversity of each site differ from one taxonomic group to another, but all exhibit remarkable features, including the presence of species considered globally threatened by IUCN.

Plants:

Sixteen 400 m^2 plots and 64 field surveys focused on all tree species and orchids and provided 4,516 observations, with 92.4% individuals identified to the species or sub-species level. We recorded a total of 617 taxa, including 490 species, 9 subspecies and 14 varieties validly published, and 10 temporary taxa (TT); this represents 108 families and 249 genera. Among 523 species, TT and subspecies level taxa, 404 are endemic to New Caledonia, 106 are native (but not endemic) and 12 are introduced (including 5 considered invasive). 177 species (33.8%) are on the list of protected species by Province nord. We found 13 taxa (species or subspecies) apparently new to science, two of which (*Meryta rivularis* Lowry and *Pandanus taluucensis* Callm) have recently been described. The vegetation consisted of low and medium elevation rain forest on volcanic-sedimentary rocks, local patches of secondary vegetation, and mountain cloud forest.

Birds:

59 point counts were conducted by two local guides of the Haut-Coulna tribe. The Crow Honeyeater, a rare and Critically Endangered bird species, was observed for the first time in twelve years in the region. The team also found a large breeding colony of the Tahiti Petrel, a Near Threatened species, which appears to occur in dozens of breeding pairs at Roches de la Ouaième.

Reptiles

18 species (17 reptiles and one frog) were documented, of which the frog and one gecko are recent introductions to New Caledonia. Four species of lizards encountered are listed as Endangered by IUCN, and one as Critically Endangered. A further two species are listed as Near Threatened and one species is listed as Data Deficient. At least one, and possibly two species, are new to science, though one of these is also known from outside the Mt. Panié area. The Mt. Panié and nearby Roches de la Ouaième provide critical habitat for rare and restricted-range species reliant on humid forest including several taxa that are suffering population declines due to mining activities in other areas. Wildfires and invasive predators and pigs are potential pressures on these species within the protected areas around Mt. Panié. Two species of skink, *Marmorosphax tricolor* and *Caledoniscincus aquilonius*, were abundant and easy to sample, and therefore may provide good indicator taxa for quantifying the impacts of invasive rats and feral pigs on this group of lizards.

Freshwater fishes and crustaceans

10 species of crustaceans and 9 species of fish were collected. Only one species is introduced in New Caledonia. Considering the number of species found, crustaceans are more diverse in La Guen than in Wewec, while, on the contrary, fish are more diverse in Wewec than in La Guen. Roches de la Ouaième is the poorest site in terms of fish and crustacean richness. Species richness was relatively low compared to sites along nearby coastal rivers on the eastern side of Mt. Panié. Because all species found are diadromous amphidromous (adults reproduce in freshwater, while the larvae migrate to the sea, before returning to freshwater), they depend on conserving the intact mountain-ocean corridor to allow movements between both habitats.

Odonates

We surveyed odonates at 46 sites in north-eastern New Caledonia, including 38 primary sites in three catchments on and around Mt. Panié. A total of 23 species were recorded during this survey, which comprises 41% of the 56 species known for the country. The lowest number of species was documented within the La Guen River catchment, where less species were found than in the Dané Yém River catchment despite only limited sampling (half a day) at this latter site. Localities within the La Guen catchment also appeared to suffer from higher disturbance compared to those in the Wewec River catchment where species richness was high. They had lower water pH, higher amounts of filamentous algae and an apparently low abundance of primary consumers (macroinvertebrates). Anthropogenic impacts, including bushfires and introduced mammals, may explain these differences. Our results suggest that odonates are useful bioindicators within the Mt. Panié area. This survey provides baseline data on species occurrence and abundance at a range of sites, and identifies several questions regarding disturbance to aquatic ecosystems that require further investigation.

Invasive mammals

The abundance of six invasive species - black rats (*Rattus rattus*), Pacific rats (*R. exulans*), rusa deer (Cervus timorensis russa), feral pigs (*Sus scrofa*), feral cats (*Felis catus*), and stray dogs (*Canis lupus familiaris*) - was assessed in the Mt. Panié range in 2010, building on research conducted from 2004-2009. Black rats were heavier and more abundant at several sites around Mt. Panié than elsewhere in New Caledonia. The other five invasive species occurred at abundances similar to average populations observed elsewhere in the archipelago. Deer abundance was highest along forest edges, where their ecological impact (browsing and bark stripping) was greatest. In the long term, the composition of forest vegetation may change, losing its most palatable species which are at risk of local extinction; the absence of regeneration could lead to significant forest degradation.

Climate analysis

We examined recent local precipitation and temperature variability, comparing it to the longer-term record. Overall, the last 20 years were relatively dry, but still within the historical range of precipitation variability. The period between 2003 and 2007 was particularly dry, reflecting the influence of larger-scale climate variability related to El Niño-Southern Oscillation (ENSO) and the Interdecadal Pacific Oscillation (IPO) on rainfall in the region. We also note a warming trend over the last several decades, which may potentially exacerbate the impacts of drought stress on vegetation in the ecosystem. These climatic stresses may have contributed to the observed die-back of the microendemic and iconic Mt. Panié kauri tree (*Agathis montana*). These climatic stressors can exacerbate the effects of soil disturbance and erosion related to the growing invasive feral pig population. The kauri die-back may be a detectable symptom of a wider conservation issue affecting topsoil in this mountain ecosystem.

Table 3: Summary of RAP survey results per site. Biological diversity is assessed using Shannon's index. For plants, the range indicates the index of the less diverse plot and the one of the more diverse plot.

	Roches de la Ouième	Wewec	Dawenia	La Guen	Total
Species richness					
Plants	303	174	237	266	490
Birds	9	17	18	14	29
Reptiles	10	10	10	13	19
Freshwater fishes & crustaceans	6	15		14	19
Odonates		19		10	23
Diversity (Shannon)					
Plants	4.96 – 5.66	3.64 – 4.81	5.16 – 5.38	4.32 – 5.63	
Birds	2.14	2.82	2.89	2.52	
Number of species critically endangered					
Reptiles	1				1
Number of species endangered					
Reptiles	2	1	1		2
Number of species vulnerable					
Plants	3	2	2	6	8
Birds			1		2
Number of species near-threatened					
Birds	2	4	4	3	
Reptiles	2	2	2	2	2

Forest cover change

Forest cover changes were assessed within a study area of ca. 1,500 km^2 covering the communes of Hienghène, Pouébo and Ouégoa in north-eastern New Caledonia, including the Mt. Panié wilderness reserve and the 2010 RAP sites. Detected changes were based on image sequences from the years 1989 (Landsat TM5), 2000 (Landsat TM7) and 2008/09 (SPOT5). Field assessments of landcover representations provided an overall accuracy of 85% for the year 1989, 88% for the year 2000 and 74% for the 2008/9 maps.

The results show a forest loss of 26 630 hectares over 20 years, representing a 29.8% decline of the 1989 forest cover estimate. This deforestation appears to be more active in the period 2000-2008/9 than in the period 1989-2000, with an average annual deforestation rate of 1.9%/year. Native lowland forests are more threatened by deforestation. Deforestation mostly occurs outside mining, urban or major agricultural areas, while local evidence was demonstrated of forest destruction occurring on burnt areas by anthropogenic bushfires. Reforestation of savannah is however identified in significant extent.

CONSERVATION RECOMMENDATIONS

The RAP results demonstrate that numerous discoveries are still possible on Mt. Panié, in particular among plants and reptiles. They also underline the importance of this area for biodiversity conservation and raise several environmental issues that are the foundation for the following conservation recommendations:

Complementary surveys

Additional surveys should target priority sites to be identified after a gap analysis, taking into account data from historical inventories. Mountain ecosystems in particular would benefit from this effort, since they have been understudied. Studies on species of conservation importance, including birds (Crow honeyeater and Tahiti petrel), reptiles (*Nannoscincus exo*) and plants (*Agathis montana*, Pandanacées, Palm trees), should detail their status (distribution, abundance, threats, trends etc.) and evaluate their conservation needs. This is particularly important for the Crow honeyeater for which Mt. Panié is the only known location for the species in province Nord.

Considering the importance of the Mt. Panié streams and the disturbances observed, a specific study should look at the causes of river siltation and eutrophication; this would also support the management efforts of the buffer zone of the lagoon world heritage site. Forest resilience and recovery processes should be better characterized to inform forest restoration programs. A study on the impacts of invasive species would help to identify critical conservation needs and adaptive indicators for monitoring and evaluation.

A corridor approach coupled with a forest cover change study and an analysis of bushfire regimes would facilitate prioritization of conservation efforts. A cultural approach is also relevant and important: the Mt. Panié reserve contains numerous vestiges of human occupation and a large number of plants hold a name in the local languages; several tales and stories are bound to particular places. Their consideration will contribute to appropriation of the project by local communities.

Long-term monitoring

Some indicators related to important species/habitats and environmental pressures (bushfires, invasive species, climate change, etc.) should be monitored over the long-term in order to assess overall management effectiveness.

Threat mitigation

Efforts to control fires should be strengthened, as fires still affect critical forest, erosion-prone areas and watersheds for provision of drinking water. Dayu Biik and Province nord awareness campaigns have contributed to a reduction in fires, but effective coordination between stakeholders should be set up, with specific and innovative resources, including reforestation activities and invasive species control. Invasive Rusa deer impacts, although still insufficiently characterized, are important and increasing and thus need to be controlled. Invasive rats and cats are also considered as major pressures on the island's ecosystems and should be experimentally controlled on Mt. Panié. Invasive species are likely to have contributed to the decline of the Crow honeyeater. La Guen is a particularly rich site for all the taxonomic groups studied. Considering this characteristic, as well as the availability of potential lodging facilities for researchers at the site, we recommend implementing a multipest control program here.

Protected Area extension

An extension of the Mt. Panié reserve northward, incorporating the sites of Wewec and Dawenia, would be justified due to the richness and uniqueness of the second site and the vegetation dynamics and cultural heritage of the first. In dialogue with relevant stakeholders, such an extension would improve management for a large portion of the Mt. Panié forest block. Because of its uniqueness, vulnerability, cultural importance, stunning landscape and ecotourism potential, we strongly recommend establishing a protected area at Roches de la Ouaième.

Chapter 1

Inventaire botanique du massif du Panié et des Roches de la Ouaième, Nouvelle-Calédonie

Botanical survey of the Mt. Panié and Roches de la Ouaième region, New Caledonia

Jérôme Munzinger

MEMBRES DE L'ÉQUIPE

Philippe Birnbaum (IAC-CIRAD-AMAP), Jean-Pierre Butin (SMRT-DDEE-Province nord), Martin Callmander (MO), Vanessa Hequet (IRD-AMAP), Pete Lowry (MO), Jérôme Munzinger (IRD-AMAP – Team Leader), Isaac Rounds (Conservation International Fiji) , Thomas Teimpouene, Mathias Teimpouene (Dayu Biik, Tribu de Haut-Coulna), Hervé Vandrot (IRD-AMAP).

RÉSUMÉ

La flore de trois sites du massif du Panié (Wewec, Dawenia et La Guen), ainsi que celle des Roches de la Ouaième, a été inventoriée et caractérisée en novembre 2010, notamment à travers la mise en place de 16 parcelles de 400 m², et la réalisation de 64 relevés de terrain. Cet inventaire a principalement visé les ligneux et les Orchidées. Un total de 4516 observations (herbiers, parcelles et relevés) a été réalisé, et identifiées à 92,4% à un niveau spécifique ou infra-spécifique. Un total de 617 taxons a été observé comprenant 490 espèces, 9 sous-espèces, et 14 variétés, validement publiées (Morat et al., 2012), et 10 taxons temporaires de travail (TTT) ; l'ensemble comprend 108 familles et 249 genres distincts. Les 523 espèces, TTT et rang infra-spécifiques correspondent à 404 taxons endémiques, 106 autochtones, 12 introduites (dont 5 considérées comme envahissantes) et 1 de statut non défini. 177 d'entre eux, soit 33,8% sont inscrits sur la liste des espèces protégées de la Province nord. 14 taxons (espèces ou rang-infra-spécifiques) suspectés d'être nouveaux pour la science ont été rencontrés, dont deux sont déjà publiés : *Meryta rivularis* Lowry et *Pandanus taluucensis* Callm. La végétation rencontrée correspond à ce qui est actuellement décrit comme de la forêt dense humide de basse et moyenne altitudes sur roches volcano-sédimentaires, dont des phases de reconstitution ont été observées localement, et de la forêt de montagne (ou oro-néphéliphile).

SUMMARY

In November 2010, we surveyed the flora at three sites of the Mt. Panié massif, as well as at Roches de la Ouaième, through the establishment of sixteen (16) 400 m² plots and 64 field surveys. We focused the inventory on all trees species and orchids. A total of 4516 observations were made, with 92.4% individuals identified to the species or sub-species level. We recorded a total of 617 taxa, including 490 species, 9 subspecies and 14 varieties validly published (Morat et al., 2012), and 10 temporary taxa (TT) ; this represents 108 families and 249 genera. Among 523 species, TT and subspecies level taxa, 404 are endemic to New Caledonia, 106 are native (but not endemic) and 12 are introduced (including 5 considered invasive). 177 species (33.8%) are on the list of protected species for Province nord of New Caledonia. We found 14 taxa (species or sub-species) apparently new to science, two of which (*Meryta rivularis* Lowry and *Pandanus taluucensis* Callm.) have recently been described. The vegetation consisted of low and medium elevation rain forest on volcanic-sedimentary rocks, local patches of secondary vegetation, and montane cloud forest.

INTRODUCTION

La chaîne du Panié et les Roches de la Ouaième dans sa continuité sud, se trouvent dans l'extrême nord-est de la grande-terre. La végétation de ces sites comprend principalement de la forêt dense humide sur substrat métamorphique (Micaschistes, gneiss siliceux ou gréso-conglomératiques) ou sur serpentinites (Roches de la Ouaième), mais également des savanes dans les parties basses et dégradées. Le massif du Panié a été de nombreuses fois prospecté, mais majoritairement dans son extrême nord (piste d'accès à l'antenne de Mandjélia) et pour le Mont Panié principalement à partir du chemin sur son flanc est. Ainsi de nombreuses récoltes avaient été faites le long celui-ci, lors de prospections aléatoires (au moins 1500 spécimens fertiles déposés à NOU) ou à travers deux transects altitudinaux (Conservation International et al 1998, Spir 2006). Ce n'est qu'en

Octobre-Novembre 1999 que Gordon McPherson et Henk van der Werff (MO) ont réalisé la première grande mission de récoltes sur le flanc ouest au dessus de Haut-Coulna, ce qui a permis la description d'une nouvelle espèce dans le genre *Zygogynum* (Vink, 2003). Le site de La Guen avait été rapidement prospecté par J. Munzinger en Mars 2005 et Avril 2007, révélant notamment *Pycnandra linearifolia* (Swenson and Munzinger 2009). En conséquence, les botanistes travaillant sur la flore de Nouvelle-Calédonie savaient que le massif n'est toujours pas bien connu, comme le confirme la description de nouveaux taxons endémiques du massif. Certains ont d'ailleurs été découverts récemment le long du chemin parcouru par tous les récolteurs contemporains comme *Paphia paniensis* (Venter and Munzinger 2007) ou *Symplocos paniensis* (Pillon et Nooteboom 2009). Un peu plus au sud, les Roches de la Ouaième ont également été prospectées par de nombreux botanistes (près de 500 récoltes fertiles à NOU), mais, malgré cela, des espèces nouvelles pour la science avaient été identifiées suite aux récoltes réalisées lors du RAP de 1996 (Dawson et al., 2000), et d'autres l'ont encore été très récemment, comme *Pycnandra ouaiemensis* récolté pour la première fois en 2005 (Swenson and Munzinger 2010), montrant le très grand nombre d'espèces végétales présentes sur le site, et le manque de connaissance de celui-ci, malgré les récoltes déjà réalisées. De plus, aucun inventaire standardisé n'avait été réalisé sur les Roches de la Ouaième préalablement à la mission RAP de novembre 2010. Les sites de Wewec et Dawenia n'avaient visiblement jamais été prospectés par le passé, ce RAP a donc produit les premières données botaniques en ces lieux.

L'intervention de l'équipe botanique a fait l'objet d'une convention avec la Province nord (PN/IRD 10C319) et les échantillons collectés l'ont été dans le cadre d'un permis officiel.

MÉTHODOLOGIE

Sites d'étude

Il avait été envisagé de travailler sur cinq sites : les Roches de la Ouaième, Wewec, Dawenia, La Guen et le sommet du Mont Panié. Finalement les conditions météorologiques n'ont pas permis de prospecter le sommet du Mont Panié et seul l'un d'entre nous (MC) a pu récolter un *Pandanus* lors d'un court passage sur ce dernier site. Les quatre autres sites ont été inventoriés, avec un travail plus approfondi à La Guen où l'équipe est restée plus longtemps que prévu initialement.

Le camp 1, à l'est des Roches de la Ouaième, se trouvait à 600 m, en lisière de forêt et de savane. A partir du camp il a été possible de monter jusqu'à la crête des roches vers 1000 m. Toute la zone prospectée est hors réserve.

Le camp 2, à Wewec se trouvait à 350 m, d'où il a été possible de monter jusque vers 700 m au nord, et vers 600 m à l'est, sur le flanc ouest du Panié, à l'intérieur de la réserve.

Le camp 3, à Dawenia était dans une cuvette, dans une petite forêt rivulaire vers 600 m, il a été possible de monter sur le flanc Ouest du Colnett jusqu'à 1000 m. Ce site était entièrement hors réserve.

Le camp 4 à La Guen utilisait le refuge Blaffart comme camp de base, à 600 m en bord de rivière, il était en savane à Niaouli, en limite de forêt. Des sentiers existants nous ont permis de monter jusqu'à 900 m. Toutes les récoltes de La Guen étaient à l'intérieur de la réserve.

Inventaire floristique

Des parcelles de 20×20 m ont été mises en place, choisies en privilégiant des sites forestiers homogènes (pas de gros chablis ou ruisseau, pente constante), si possible à 600 et 900 m, dans lesquelles tous les individus de diamètre supérieur ou égal à 5 cm à 1,30 mètre du sol (DBH) ont été numérotés à l'aide d'une étiquette forestière clouée, identifiés, et leur DBH mesuré. Chaque individu était positionné au sein de chacune des 16 sous-parcelles de 5×5 m. La hauteur de cinq individus, quatre représentatifs de la canopée et le plus grand arbre de la parcelle (émergent), a également été mesurée pour estimer la hauteur de la canopée.

Au total, 16 parcelles ont été mises en place :

- Roches de la Ouaième : 3 parcelles à 600m et 1 parcelle à 900m
- Wewec : 2 parcelles à 450m et 2 parcelles à 600m
- Dawenia : 3 parcelles à 600m,
- La Guen : 4 parcelles à 600m et 1 parcelle à 900m

Dans ces parcelles, 2951 arbres ont été numérotés. Cet inventaire est intégré à la base de données NC-PIPPN (New Caledonian Plant Inventory and Permanent Plot Network), notamment en lien avec l'étude en cours sur les faciès forestiers (convention PN/IRD 10C113 avec la Province nord).

Cette méthode à l'avantage d'identifier tous les individus, sans biais lié aux personnes mettant en place la parcelle, par contre elle ne permet de couvrir que de petites surfaces, et ne prend pas en compte toutes les herbacées, épiphytes, lianes de petit diamètre etc.

Des relevés ont été réalisés dans les parcelles (plantes de diamètre inférieur à 5 cm de DBH) et dans les différents milieux, en privilégiant les mieux conservés. Les espèces facilement identifiables sur le terrain sans prélèvement ont été notées, de façon opportuniste, par cheminement. Lorsqu'un changement de milieu était observé un nouveau relevé était réalisé. Cette méthode peut produire beaucoup d'observations en peu de temps, mais est fortement biaisée par la connaissance de l'observateur, un spécialiste des fougères produira un relevé très différent d'un spécialiste des Orchidées. Ainsi, 1094 taxons ont ainsi été annotés : 233 par J.-P. Butin en 16 relevés, 568 par J. Munzinger en 32 relevés, et 293 par les autres membres de l'équipe botanique dans 16 relevés complémentaires des parcelles.

Lorsqu'une identification certaine ne pouvait se faire sur le terrain ou qu'une plante pouvait présenter un intérêt pour la connaissance de la flore (fleurs, fruits, localité…), des plantes ont été récoltées et mises dans des feuilles de journal, puis fixées à l'alcool à 70°c. Cela permet de fixer les plantes, et de les sécher ultérieurement, tout en les gardant en bon état pour leur étude à venir, voire leur intégration dans les herbiers de référence pour les spécimens intéressants. 390 spécimens en fleur ou en fruit ont ainsi numérotés, puis déposés à l'herbier du centre IRD de Nouméa (NOU), des doubles de chaque récolte sont envoyés dans d'autres herbiers de référence pour la flore de Nouvelle-Calédonie, notamment l'herbier du Muséum national d'Histoire naturelle de Paris (P), ou en fonction de la présence de spécialistes travaillant sur le groupe concerné, ainsi 280 doubles ont été envoyés aux herbiers suivants (acronymes officiels de l'Index herbariorum : http://sweetgum.nybg.org/ih/) : CANB (4), G (23), K (2), MO (81), NSW (3), OWU (1), P (158), S (5), SUVA (1), WAIK (1), WELTU (1). Les abréviations de récolteurs utilisées sont les suivantes : JM : Jérôme Munzinger ; PL : Pete Lowry ; MC : Martin Callmander.

Des petites plantes fugaces peuvent échapper à l'inventaire car elles ne sont visibles que quelques semaines par an, par exemple de petites Orchidées comme le genre *Acianthus* (16 espèces endémique en NC). Les petites fougères sont également souvent sous-récoltées (pas de spécialiste dans l'équipe botanique), même si un effort a été fait. Les épiphytes sont souvent sous-récoltées (difficultés d'accès), et l'ont probablement été lors de cette mission qui ne comportait pas de grimpeur. La présence de J.-P. Butin dans l'équipe fait que les Orchidées ont été particulièrement bien observées lors de ce RAP.

Les plantes ont été identifiées à l'herbier de Nouméa (NOU), principalement par J. Munzinger, H. Vandrot, C. Chambrey et V. Hequet (familles diverses), et par L. Barrabé (Rubiaceae), P. Lowry (Araliaceae), M. Callmander (Pandanaceae), J.-P. Butin (Orchidaceae), à l'aide de la flore de Nouvelle-Calédonie et Dépendances (Aubréville et al. 1967-), et de divers travaux en taxonomie. Le référentiel de la Flore de la Nouvelle-Calédonie « FLORICAL » sert de base pour les taxons validement publiés (Morat et al. 2012 vers. 02.V.2011). Des taxons temporaires de travail « TTT » sont parfois utilisés. Il s'agit en général de taxons pour lesquels le statut est en cours d'étude, suspectés pour la plupart d'être nouveaux. Il peut également s'agir de complexes d'espèces ou « groupe » difficile à distinguer. C'est par exemple le cas du « *Plerandra* gpe *candelabra/pseudocandelabra* », les deux espèces *P. candelabra* et *P. pseudocandelabra* étant impossible à distinguer sans les fleurs ou fruits : nous utilisons en effet ce nom de groupe, plutôt que de laisser une identification au seul genre *Plerandra,* beaucoup plus vaste et moins informatif.

Noms vernaculaires en Nemi

Quelques noms vernaculaires donnés principalement par Maurice Wanguene, mais également par Gabriel Teimpouene, Thomas Teimpouene, Mathias Teimpouene, ont pu être relevés. La transcription a été possible grâce à l'aide de Jean-Jacques Folger ayant suivi une formation spécifique en linguistique. Cette liste est donnée en Annexe 4.

RÉSULTATS

Flore

Sur un total de 4516 observations, 4137, soit 92,4%, ont pu être identifiées au niveau spécifique ou infra-spécifique

Tableau 1 : caractéristiques des parcelles. Nombre d'individus, nombre de taxons, % ID : pourcentages d'identifications et indices de Shannon, Simpson et Hill.

	Dawenia 1	Dawenia 2	Dawenia 3	La Guen 1	La Guen 2	La Guen 3	La Guen 4	La Guen 5	R. de Ouaième 1	R. de Ouaième 2	R. de Ouaième 3	R. de Ouaième 4	Wewec 1	Wewec 2	Wewec 3	Wewec 4
Nb d'individus/parcelle	186	147	199	269	222	158	182	322	176	195	229	235	87	100	111	133
Nb taxons/parcelle	64	52	57	52	64	34	42	85	60	60	75	53	41	27	24	39
% ID Sp. et infra-sp.	92,5	93,2	93,5	86,2	89,6	100	98,4	97,8	94,3	93,8	88,6	98,3	90,8	98	100	100
% ID genre	7,5	6,1	6	8,9	10,4	-	1,1	2,2	5,7	5,6	9,6	1,7	9,2	1	-	-
% ID famille	-	0,7	0,5	4,8	-	-	0,5	-	-	0,5	1,7	-	-	1	-	-
Indice de Shannon H'	5,38	5,16	5,36	5,02	5,45	4,32	4,57	5,63	5,25	4,96	5,66	5,04	4,81	3,94	3,64	4,23
H'max	6,00	5,70	5,83	5,70	6,00	5,09	5,39	6,41	5,91	5,91	6,23	5,73	5,36	4,75	4,58	5,29
H'/H'max	0,90	0,90	0,92	0,88	0,91	0,85	0,85	0,88	0,89	0,84	0,91	0,88	0,90	0,83	0,79	0,80
Indice de Simpson D	0,03	0,03	0,03	0,04	0,03	0,07	0,06	0,03	0,03	0,06	0,03	0,04	0,05	0,08	0,13	0,10
1-D	0,97	0,97	0,97	0,96	0,97	0,93	0,94	0,97	0,97	0,94	0,97	0,96	0,95	0,92	0,87	0,90
Indice de Hill	0,16	0,18	0,18	0,18	0,15	0,20	0,18	0,14	0,16	0,11	0,13	0,16	0,18	0,24	0,20	0,14
1-Indice de Hill	0,84	0,82	0,82	0,82	0,85	0,80	0,82	0,86	0,84	0,89	0,87	0,84	0,82	0,76	0,80	0,86

(sous-espèce, variété), 321 (7,1%) n'ont pu être identifiés qu'au genre, et 23 (0,5%) seulement à la famille.

Un total de 617 taxa a été observé lors de cette mission, présenté en Annexe 1, comprenant 490 espèces connues, 10 TTT, 9 sous-espèces, et 14 variétés.

Les 523 espèces, TTT et rang infra-spécifiques correspondent à 404 taxons endémiques, 106 autochtones, 12 introduites et 1 de statut non défini. 177 d'entre eux, soit 33,8% sont inscrits sur la liste des espèces protégées de la Province nord (Anonyme 2008) et 8 en VU sur la liste rouge de l'IUCN 2011 : *Agathis moorei* (Lindley) Masters, *Basselinia glabrata* Becc., *Dutaillyea amosensis* (Guillaumin) T.G.Hartley, *Ficus mutabilis* Bureau, *Montrouziera cauliflora* Planch. & Triana, *Neisosperma brevituba* (Boiteau) Boiteau, *Pittosporum paniense* Guillaumin, *Zygogynum tanyostigma* Vink (http://www.iucnredlist.org/), puis 2 NT et 3 LR/cd, mais il a déjà été mis en évidence que la liste rouge de l'IUCN nécessite d'être remise à jour pour la Nouvelle-Calédonie (Munzinger et al., 2008).

Les 510 espèces, TTT et rang infra-spécifiques endémiques et autochtones se répartissent en 26 fougères et alliées, 7 gymnospermes et 477 angiospermes, dont 111 monocotylédones et 366 dicotylédones.

De nombreuses données nouvelles ont été produites lors de cette mission, elles sont de plusieurs ordres.

Les premiers résultats (Munzinger et al. 2011) laissaient supposer qu'au moins deux taxons avaient été récoltés pour la première fois lors de cette mission : une Araliaceae, *Meryta* sp. nov. (PL7257) et une Sapotaceae, *Planchonella* sp. (JM6150). Ces deux taxons se révèlent effectivement être des nouveautés pour la science. L'Araliaceae a été décrite (Callmander and Lowry 2011) et s'appelle désormais *Meryta rivularis* Lowry, mais la plante avait finalement été déjà récoltée dans le passé puisque plusieurs parts ont été retrouvées à l'herbier du muséum à Paris (P), récoltées par Lécard (sans date [fin XIXème], Table Unio, [localité douteuse]), Hürlimann (1951, Riv. Télème) et Mouly et al. (2003, Mont Colnett, pente est). Un échantillon stérile du *Planchonella* avait également été récolté par Munzinger en 2005 sur les Roches de la Ouaième, la description de cette nouvelle espèce est en cours.

Plusieurs espèces, déjà identifiées lors de précédents inventaires comme nouvelles pour la science ont été rencontrées et récoltées. Ces nouvelles récoltes vont permettre dans certains cas la description (en complétant le matériel déjà connu), ou de mieux cerner la morphologie et l'écologie de ces nouveautés. C'est ainsi que le *Pandanus taluucensis* Callm. (Pandanaceae) a été publié (Callmander and Lowry 2011).

Les espèces supposées nouvelles rencontrées lors de cette mission sont :

Balanops sp. nov. (JM4121) (Balanopaceae), les *Cryptocarya* (JM4792), (JM5874) et (JM5832) (Lauraceae), *Dendrobium letocartiorum* sp. nov. ined. (JM & al. 6290) (Orchidaceae) ; *Eugenia* « paniensis » J.W.Dawson ined. (JM & al. 6142) (Myrtaceae) ; *Elaphoglossum* sp. nov. (JM4301) (Lomariopsidaceae) ; *Goniothalamus* sp. nov. (JM6464) (Annonaceae) ; *Podonephelium pachycaule* Munzinger, Lowry, Callm. & Buerki, ined. (MC895) (Sapindaceae).

Le *Tapeinosperma* sp. (JM3527) (Primulaceae) signalé (Munzinger et al. 2011) serait non pas une espèce inédite mais une variété nouvelle selon M. Schmid, travaillant actuellement sur la révision du genre pour la Nouvelle-Calédonie.

Des nouvelles localités ont ensuite été trouvées pour beaucoup de plantes. Certaines particulièrement intéressantes et/ou surprenantes :

- ***Elaphoglossum huerlimannii*** Guillaumin, Lomariopsidaceae. Cette petite fougère rencontrée sur des rochers en bord de rivière n'était connue que de trois récoltes, Mt Tsio, Ouégoa et Mandjélia, la dernière datant de 1984 (Brownlie 1969). La discrétion de cette plante explique peut-être cette rareté de récoltes. Elle a été trouvée à Dawenia en altitude (1000 m).
- ***Goniothalamus dumontetii*** R.M.K.Saunders & Munzinger, Annonaceae. Cette espèce a été décrite en n'étant connue que de la réserve de la Nodéla, près de Bourail, sur terrain ultramafique. Elle avait été alors proposée avec un critère CR (Saunders and Munzinger 2007). Elle a ensuite été trouvée au Col d'Amieu et à La Guen en 2007, et très récemment sur le Tchingou (2011). Nous avons pu la retrouver à La Guen lors du RAP, où elle est abondante. Sa floraison à la base du tronc explique sans doute pourquoi elle est difficile à repérer.
- ***Oncotheca humboltiana*** (Guillaumin) Morat & Veillon, espèce de la famille endémique des Oncothecaceae, n'était connue que poussant sur terrain ultramafique (Morat and Veillon 1988). Elle a été rencontrée dans les forêts à côté du refuge Blaffart, à La Guen.
- ***Planchonella mandjeliana*** Munzinger et Swenson, Sapotaceae. Cet arbuste décrit il y a peu n'était alors connu que de Mandjélia où il semble rare. Les auteurs l'avaient d'ailleurs proposé pour une inscription sur la liste rouge de l'IUCN avec un critère CR (Swenson et al. 2007). La plante a été trouvée la même année à La Guen, et restait depuis connue de ces deux seules localités. Nous l'avons trouvée à Dawenia et Wewec lors de cette mission, élargissant de façon importante sa distribution. Cette plante reste une endémique de la chaîne du Mont Panié, sans être aussi restreinte que décrite initialement.
- ***Pycnandra bracteolata*** Swenson & Munzinger, Sapotaceae. Cet arbuste récemment décrit n'est connu que des forêts allant des Roches de la Ouaième au Mont Colnett. Nous l'avons vu à La Guen alors qu'il n'y avait pas encore été signalé. Cette plante avait été proposée en VU (Swenson and Munzinger 2010).
- ***Pycnandra ouaiemensis*** Swenson et Munzinger, Sapotaceae. La description de cette plante a été publiée en 2010 (Swenson and Munzinger 2010). Elle n'était connue que des Roches de la Ouaième (d'où son nom) et proposée avec un critère CR. Elle a été observée également le long des berges de la rivière La Guen, c'est donc la deuxième localité connue pour cette plante rare.

Ce RAP a également permis de retrouver des plantes peu connues, comme :

- ***Bocquillonia phenacostigma*** Airy Shaw, Euphorbiaceae. Elle n'était connue que des forêts de l'Aoupinié (McPherson and Tirel 1987). La plante a été récoltée fertile (JM6361) et plusieurs individus ont été notés sur la parcelle La Guen 1 à 600 m.
- ***Bulbophyllum comptonii*** Rendle, Orchidaceae. Elle n'était connue que du type récolté par Compton, sans localité (Hallé 1977). Jean-Pierre Butin l'a retrouvée ; la localisation précise n'est pas divulguée pour éviter un pillage de la station.
- ***Dendrobium unicarinatum*** Kores, Orchidaceae, cette plante n'est pas officiellement signalée en Nouvelle-Calédonie (Pignal and Munzinger, in prep.), elle semble assez rare et a été vue aux Roches de la Ouaième et à La Guen.
- ***Sphenostemon thibaudii*** Jérémie, Paracryphiaceae (ex-Sphenostemonaceae). Ce petit arbre n'était connu que du type récolté en 1965 sur la face est du Mont Panié (Jérémie 1997). Deux individus stériles (mais d'identification certaine) ont été vus sur la parcelle La Guen 5 à 900 m.

Plantes introduites

14 taxons introduits ont été rencontrés lors de la mission, bien que l'équipe n'ait pas axé ses travaux sur la recherche d'espèces introduites. Toutes ces espèces ont été notées à Wewec. Il s'agit d'arbres plantés à proximité d'habitation comme le manguier *Mangifera indica*, le flamboyant *Delonix regia*, le jacquier *Artocarpus heterophyllus*, le badamier *Terminalia catappa*, d'espèces herbacées cultivées parfois échappées comme le tarot *Alocasia* sp. et le curcuma *Curcuma longa*, ou d'une ornementale échappée *Cuphea carthagenensis*.

Ensuite viennent des espèces considérées comme parmi les pires envahissantes en Nouvelle-Calédonie (Hequet et al. 2010), il s'agit du jamelonier *Syzygium cumini*, la canne de Provence *Arundo donax*, le framboisier d'Asie *Rubus rosifolius*, le lantana *Lantana camara*, *Miscanthus floridulus*, le tulipier du Gabon *Spathodea campanulata*, le goyavier *Psidium guajava*.

Cependant, les savanes environnantes des sites étudiés comporteraient très probablement des espèces introduites (au moins dans les Poaceae), mais n'ont pas été prospectées spécifiquement.

Noms vernaculaires en Nemi

61 noms différents ont été relevés en Némi lors de la mission (Annexe 4). Ces noms couvrent une grande diversité de formes et groupes : arbres, arbustes, lianes, herbacées, fougères (arborescentes, terrestres, volubiles, épiphytes), de plantes poussant dans des milieux ouverts et perturbés ou au contraire dans les milieux forestiers les mieux conservés, en passant par les milieux rivulaires.

Il ressort qu'un même nom peut être donné pour des plantes botaniquement très différentes, comme « Thigic » donné pour *Alstonia costata* (Apocynaceae) et pour *Pisonia gigantocarpa* (Nyctaginaceae), la forme du fruit en long haricot des deux espèces explique peut-être ce nom commun. Dans le cas de « Him », ce nom semble générique, mais les espèces sont ensuite distinguées par leur milieu « de savane » pour *Codia montana* et « de forêt » pour *C. incrassata* (Cunoniaceae). Alors que dans d'autres cas des espèces du même genre ont des noms différents, comme « Théûk » pour *Guioa ovalis* et « Yhaut » pour *G. crenulata* (Sapindaceae), ou « Hwên » pour *Garcinia densiflora* et « Who » pour *G. amplexicaulis* (Clusiaceae).

Le nom « Hawha » a été donné pour un *Cyathea*, mais sur le terrain il nous a semblé que ce nom s'applique aux fougères arborescentes en général (*Dicksonia*, *Alsophila*, *Cyathea*, *Sphaeropteris*). Un doute repose sur le nom « Djiimwaake Phûlo » attribué à *Kermadecia rotundifolia* (Proteaceae) et à un *Agropogon* sp. (Malvaceae), mais le fait que « Djiimwaake » soit *Kermadecia sinuata*, laisse penser que c'est bien aux *Kermadecia* que ce nom s'applique.

Végétation

La végétation a été étudiée à travers la mise en place de 16 parcelles, dont les caractéristiques floristiques sont données en Annexe 2 et Virot, R. 1956. La végétation canaque. Mémoires du Muséum National d'Histoire Naturelle, Sér. B, Botanique 7:1–400.. Le nombre de tiges par parcelle varie de 87 (Dawenia 3) à 322 (La Guen 5), avec en moyenne 185 tiges par parcelle, et le nombre de taxons de 39 (Wewec 3) à 123 (La Guen 5), avec une moyenne de 78. Au total, 2951 individus (2974 tiges) ont été numérotés et mesurés, et 94,3% d'entre-eux sont identifiés à l'espèce ou à un niveau infra-spécifique, 4,9% au genre et 0,7% à la famille. Le taux d'identification à l'espèce ou au niveau infra-spécifique le plus faible étant de 86,2% à La Guen 1, et le maximum de 100% à La Guen 3, Wewec 3 et 4. 272 taxons de plus de 5 cm de DBH ont été vus dans ces 16 parcelles. Les différents indices de diversité montrent qu'il n'y a pas de dominance d'un taxon par rapport à un autre (valeur de H'/H'max tendant vers 1), les abondances des différentes espèces sont donc assez proches. L'indice de Simpson (probabilité que deux individus sélectionnés au hasard appartiennent à la même espèce), ou plus intuitivement 1-D est proche de 1, ce qui indique une grande diversité dans les parcelles. L'indice de Hill (mesure de l'abondance proportionnelle, et donc prend mieux en compte les espèces rares), également plus intuitif soustrait de 1, garde une valeur forte et confirme cette grande diversité dans les parcelles.

Les hauteurs de canopée mesurées montrent des différences très importantes entre les parcelles (Tableau 2), les moyennes de quatre arbres représentatifs vont de 4,6 m (Wayem 4) à 25,7 m (Dawenia 2), la moyenne générale restant faible, avec 13,2 m. Les émergents dépassent parfois les 30 m, et par trois fois sont du « Tamanou » (*Calophyllum caledonicum*).

Les parcelles sont constituées majoritairement de tiges de petits diamètre (Graphique 1), ainsi les parcelles ont toutes plus de 50% de leurs tiges comprises dans la classe 5–10 cm, à l'exception de Wewec 1 (46% seulement). Sept parcelles sur les 16 n'ont aucun arbre dépassant 60 cm de diamètre.

Le rapport du nombre d'arbres de la classe 5–10 cm sur la classe 10–15 cm est en moyenne de 3,1. La valeur la plus forte étant observée à La Guen 5 (6,9), et les valeurs les plus petites à La Guen 3 (1,5) et Wewec 4 (1,8). Cette dernière parcelle montrait de nombreuses traces d'impacts de cerfs sur les troncs, et un sous-bois quasi-inexistant. Cette faible proportion de petites tiges est peut-être à mettre en relation avec une surabondance locale de cerfs, sachant que c'est à Wewec que l'impact perçu est le plus fort (Theuerkauf et al. 2013).

L'étude des forêts denses humides de la Nouvelle-Calédonie étant en cours, seules les grandes unités actuellement reconnues seront détaillées ici.

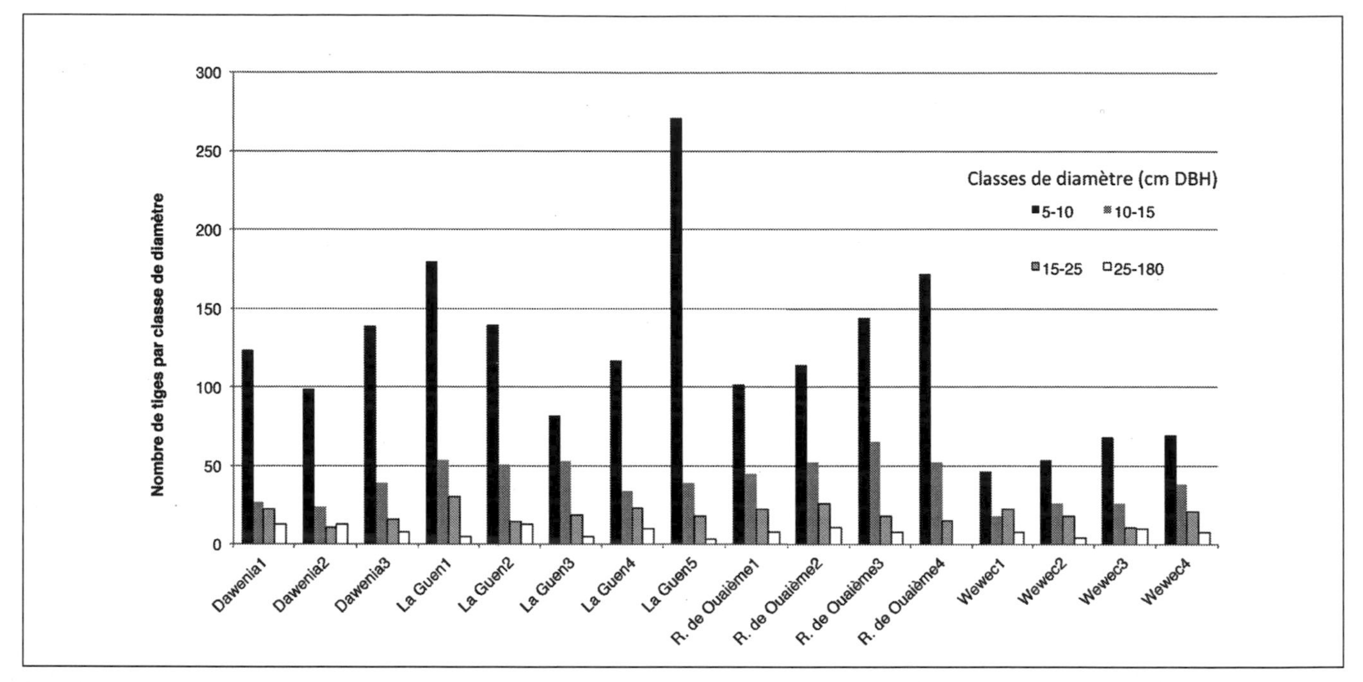

Graphique 1 : Nombre d'individus par classe de diamètre dans les 16 parcelles. Note : Les classes de diamètre 15-20cm et 20-25cm DBH ont été regroupées en une classe unique et celles supérieures à 25cm DBH également.

Tableau 2 : hauteur de la canopée (*moyenne de quatre arbres représentatifs de la canopée également distribués dans la parcelle), taille et nom des émergents dans les parcelles (données manquantes pour Dawenia 1).

	Canopée	Emergent	
Parcelle	**Hauteur***	**Hauteur**	**Taxon**
Dawenia 2	25,7	30,2	Indet.
Dawenia 3	14,8	25,3	*Calophyllum caledonicum* Vieill. ex Planch. & Triana (Calophyllaceae)
La Guen 1	8,9	12,6	*Storthocalyx* sp. A (JM6077) (Sapindaceae)
La Guen 2	8,3	18,2	*Piliocalyx laurifolius* Brongn. & Gris (Myrtaceae)
La Guen 3	15,1	18,4	*Plerandra gabriellae* (Baill.) Lowry, G.M. Plunkett & Frodin, ined. (Araliaceae)
La Guen 4	11,4	18,3	*Calophyllum caledonicum* Vieill. ex Planch. & Triana (Calophyllaceae)
La Guen 5	8,2	13,7	*Metrosideros oreomyrtus* Däniker (Myrtaceae)
Wayem 1	11,4	17,1	*Neuburgia neocaledonica* (Gilg & Benedict) J. Molina & Struwe (Loganiaceae)
Wayem 2	9,9	20,3	*Apodytes clusiifolia* (Baill.) Villiers (Icacinaceae)
Wayem 3	7,5	15,4	*Kermadecia sinuata* Brongn. & Gris (Proteaceae)
Wayem 4	4,6	8,7	*Kermadecia rotundifolia Brongn. & Gris* (Proteaceae)
Wewec 1	13,3	18,0	*Cryptocarya velutinosa* Kosterm. (Lauraceae)
Wewec 2	13,9	30,3	*Geissois racemosa* Labill. (Cunoniaceae)
Wewec 3	21,2	24,3	*Geissois racemosa* Labill. (Cunoniaceae)
Wewec 4	15,5	30,7	*Calophyllum caledonicum* Vieill. ex Planch. & Triana (Calophyllaceae)
Moyenne générale	13,2		

Forêt dense humide de basse et moyenne altitudes sur roches volcano-sédimentaires

Quatorze parcelles ont été installées entre 450 et 600 m d'altitude dans une végétation de type « forêts denses humides de basse et moyenne altitudes sur roches volcano-sédimentaires » sensu (Jaffré et al., à paraître), avec des abondances fortes dans les familles suivantes : Sapindaceae, Monimiaceae, Arecaceae, Lauraceae, Clusiaceae, Myrtaceae, fougères arborescentes (Dicksoniaceae et Cyatheaceae), Sapotaceae, Meliaceae, Calophyllaceae, Rubiaceae, Araliaceae, Primulaceae (voir Virot, R. 1956. La végétation canaque. Mémoires du Muséum National d'Histoire Naturelle, Sér. B, Botanique 7:1–400.), correspondant bien aux travaux déjà réalisés sur ce type de forêt (Jaffré and Veillon 1995). Les Sapindaceae sont ainsi généralement dominantes et présentes dans toutes les parcelles, avec un minimum de 6,2% des individus, et jusque 21,8%. Le plus fort pourcentage observé étant 45,9% pour les Monimiaceae dans la parcelle Wewec 3. Cinq familles ont été observées dans toutes les parcelles, les Sapindaceae, Monimiaceae, Arecaceae, Lauraceae, Myrtaceae et Meliaceae.

Les parcelles Wewec 2 et 3, correspondent à une ancienne implantation humaine, et donc à une ouverture par le passé, aujourd'hui complètement refermée. Des éléments floristiques témoignent cependant de cet historique, avec notamment la présence de très gros faux-tamanous (*Geissois racemosa*), émérgents dans les parcelles (Tableau 1), c'est aussi uniquement dans ces parcelles que les lianes *Agatea pancheri* et *Piper austrocaledonicum* ont été rencontrées, ainsi que le palmier *Chambeyronia macrocarpa*. Ces deux parcelles montrent les plus faibles valeurs en nombre de taxons (24 et 27) de toutes les parcelles mises en place lors de cette mission, ainsi que les plus petits pourcentages de petits diamètres (<10 cm).

La présence au sein de la forêt à Dawenia 3 et La Guen 2 de gros individus de *Codia incrassata* (« Him »), témoigne également d'une ouverture dans le passé, au moins partielle et peut-être très localisée, possiblement en lien avec un passage cyclonique. La forte pente et l'absence de signe évident d'occupation humaine ancienne nous incitent à écarter l'hypothèse d'une perturbation anthropique récente de la forêt en ce lieu.

Forêt de montagne ou oro-néphéliphile

Les deux parcelles d'altitude à 900 m, R. de la Ouaième 4 et La Guen 5, se distinguent par une forêt basse et la présence de taxons uniquement d'altitude. Certains taxons n'ont été rencontrés que dans ces deux parcelles : *Diospyros oubatchensis*, *Elaeocarpus bullatus*, *Eugenia paniensis* J.W.Dawson ined., *Pandanus altissimus*, *Austrobuxus ovalis*, *Polyscias lecardii*, ou certains taxons peu présents ailleurs y sont très abondants, notamment *Tapeinosperma nitidum*, *Gongrodiscus bilocularis* et *Pycnandra controversa*. Cette forêt peut être appelée forêt de montagne (Nasi et al. 2002) ou oro-néphéliphile (Virot 1956). Le plus grand nombre de taxons a été rencontré dans la parcelle La Guen 5 (123), qui présente également le plus grand nombre d'individus (322), alors que la parcelle R. de la Ouaième 4 ce nombre de taxons (83) est proche de la moyenne (pour 235 individus).

DISCUSSION

Nous avons observé aux Roches de la Ouaième un grand ensemble forestier, mais qui est abîmé par les feux sur les bords ; certaines parties de la falaise ont également été touchées par des incendies partant de plus bas dans la vallée. Malgré des travaux antérieurs ciblant spécifiquement ce site, et mettant en avant le micro-endémisme qui y est observé (Bradford and Jaffré 2004), ce micro-endémisme des Roches de la Ouaième est plus important que celui qui avait été signalé par ces auteurs, comme en témoigne la découverte du *Planchonella* sp. (JM6150) en fleurs, confirmant qu'il s'agit d'une nouvelle espèce connue uniquement de ce lieu.

Le site de Wewec est remarquable par la présence de nombreuses traces d'occupations humaines ; ce qui permet d'observer une recolonisation forestière. Des impacts importants de cerfs ont été observés par endroits, où l'écorce de nombreux arbres était abîmée, la strate herbacée réduite voire inexistante (Wewec 4 par exemple). C'est le site où nous avons observé le plus d'espèces introduites, dont certaines envahissantes, en raison des habitations humaines proches. Ces espèces traduisent surtout une dégradation du milieu naturel, nous n'en avons pas vu au sein du massif forestier bien conservé.

Une mosaïque de formations forestières a été observée à Dawenia, avec des crêtes qui présentent des niaoulis (*Melaleuca quinquenervia*), témoins de l'existence de savane sur celle-ci dans la passé, mais ces niaoulis commencent à être noyés dans de la forêt secondaire, ce qui témoigne d'une recolonisation de la forêt sur la savane (Ibanez et al., 2013). Le piémont ouest du Mont Colnett s'est révélé très dégradé, couvert d'une végétation basse dominée par des fougères pyrophiles, jusqu'à 1000 m d'altitude au moins. Cette végétation s'arrêtant sur les crêtes, il est très probable que des incendies anciens soient à l'origine de ces paysages ; des incendies contemporains pourraient maintenir ces milieux ouverts, expliquant l'absence d'une reforestation naturelle (Jaffré et Veillon, 1994). Des impacts importants de cerfs (écorçage, abroutissage) ont été observés par endroits.

Le grand ensemble forestier à La Guen est d'apparence relativement homogène mais nous y avons trouvé des signes d'ouvertures historiques (peut-être cyclone), comme le montre l'exemple de *Codia incrassata* (« Him ») en forêt ; plusieurs taxons rares ou nouveaux ont été observés le long de cours d'eau, ce qui indique peut-être un manque d'exploration de cet habitat.

L'observation d'anciens sites d'occupation humaine (villages ou lieux de campement), actuellement recouverts de forêt secondaire, indique que la recolonisation par la forêt est possible en l'absence de feux répétés.

CONCLUSIONS ET RECOMMANDATIONS

Futurs inventaires

Malgré les nombreuses récoltes réalisées par le passé le long des principaux chemins des Roches de la Ouaième et du Mont Panié, ce nouvel inventaire montre que la flore de ces sites est loin d'être bien connue. De nombreuses espèces restent à découvrir, de même que leur distribution, caractéristiques morphologiques et écologiques. Ainsi de nombreuses parties de ces massifs restent non ou mal connues pour la botanique et mériteraient d'être explorées. Cette mission s'est surtout concentrée sur des zones relativement basses (autour de 600 m) pour un massif atteignant 1628 m, et des prospections plus en altitude seraient particulièrement intéressantes, côtés est et ouest de la chaîne du Panié, sachant que beaucoup de micro-endémiques du Mont Panié se trouvent plutôt dans la partie sommitale.

Plusieurs taxons restent indéterminés, faute de matériel correct en fleur ou en fruit, de nouvelles prospections ciblées pourraient aider à combler ce manque.

Recommandations pour la conservation

Les menaces principales observées lors de ce RAP par l'équipe botanique sont la destruction des habitats par le feu, puis les dégradations du sous-bois forestier par la surabondance de cerfs et de cochons. Il semble important de poursuivre la sensibilisation à la menace que représente le feu sur la biodiversité auprès des populations (comme le fait actuellement la Province nord). La régulation des populations de cerfs et de cochons semble également nécessaire vu les dégâts observés (alors que nous ne cherchions pas à les évaluer) en certains endroits, notamment à Wewec et Dawenia.

Les Roches de la Ouaième abritent un micro-endémisme remarquable. La création d'une aire protégée sur ce site, pourrait favoriser une prise de conscience collective et limiter les incendies.

L'agrandissement du périmètre de protection de la réserve de nature sauvage du Mont Panié aux sites de Wewec et Dawenia semble pertinent dans une politique de gestion de grand ensemble forestier.

RÉFÉRENCES

Anonyme. 2008. Code de l'Environnement de la Province nord. Province nord.

Aubréville, A., J.-F. Leroy, H. S. MacKee, and P. Morat, editors. 1967-. Flore de la Nouvelle-Calédonie et Dépendances. Muséum National d'Histoire Naturelle, Paris.

Bradford, J., and T. Jaffré. 2004. Plant species microendemism and conservation of montane maquis in New Caledonia: two new species of *Pancheria* (Cunoniaceae) from Roche Ouaïème. Biodiversity and Conservation 13:2253–2273.

Brownlie, G. 1969. Ptéridophytes. Pages 1–293 *in* A. Aubréville, editor. Flore de la Nouvelle-Calédonie et Dépendances. Muséum National d'Histoire Naturelle, Paris.

Callmander, M. W., and P. P. Lowry II. 2011. Deux nouvelles espèces du Massif du Panié (Nouvelle-Calédonie): *Meryta rivularis* (Araliaceae) et *Pandanus taluucensis* (Pandanaceae). Candollea 66: 263–272.

Conservation International, Maruia Society et Province nord. 1998. Conserving biodiversity in Province nord, New Caledonia. 2 volumes.

Dawson, J. W., Whitaker, A. H., Whitaker, V. A., Gardner, R. C., and S. D.Wright. 2000. Two new species of *Metrosideros* (Myrtaceae) from New Caledonia: dual characterisation with morphology and *nr*DNA sequence variation. Blumea 45 : 433–441.

Hallé, N. 1977. Orchidacées. Pages 1–565 in A. Aubréville and J.-F. Leroy, editors. Flore de la Nouvelle-Calédonie et Dépendances. Muséum National d›Histoire Naturelle, Paris.

Hequet, V., M. L. Corre, F. Rigault, and V. Blanfort. 2010. Les Espèces Exotiques Envahissantes de Nouvelle-Calédonie. Nouméa.

Ibanez, T., Munzinger, J., Gaucherel, C., Curt, T., & Hély, C. (2013). Mono-dominated and co-dominated early secondary succession patterns in New Caledonia.

Jaffré, T., Rigault, F., & Munzinger, J. (2012). La végétation. In Atlas de la Nouvelle-Calédonie (eds J. Bonvallot, J.-C. Gay & É. Habert), pp. 77–80. IRD-Congrès de la Nouvelle-Calédonie, Marseille-Nouméa.

Jaffré, T., and J. M. Veillon. 1994. Les principales formations végétales autochtones en Nouvelle-Calédonie : caractéristiques, vulnérabilité, mesures de sauvegardes. *Sciences de la vie, biodiversité.* ORSTOM (IRD), Nouméa.

Jaffré, T., and J. M. Veillon. 1995. Structural and floristic characteristics of a rain forest on schist in New Caledonia: a comparison with an ultramafic rain forest. Bull. Mus. Natl. Hist. Nat., B, Adansonia, 4è sér. 17:201–226.

Jérémie, J. 1997. Sphenostemonaceae. Pages 3–21 *in* P. Morat, editor. Flore de la Nouvelle-Calédonie et Dépendances. Muséum National d'Histoire Naturelle, Paris.

McPherson, G., and C. Tirel. 1987. Euphorbiacées I. Page 226 *in* P. Morat and H. S. MacKee, editors. Flore de la Nouvelle-Calédonie et Dépendances. Muséum National d'Histoire Naturelle, Paris.

Morat, P., T. Jaffré, F. Tronchet, J. Munzinger, Y. Pillon, J.-M. Veillon, and M. Chalopin. 2012. Le Référentiel taxonomique « FLORICAL » et caractéristiques de la flore indigène de la Nouvelle-Calédonie. Adansonia sér. 3 34:177–219 in press.

Morat, P., and J. M. Veillon. 1988. Oncothecaceae. Pages 90–98 *in* P. Morat and H. S. McKee, editors. Flore de la Nouvelle-Calédonie et Dépendances : volume 15. MNHN, Paris.

Munzinger, J., G., McPherson and P. P. Lowry II. 2008. A second species in the endemic New Caledonian genus *Gastrolepis* (Stemonuraceae) and its implications for the conservation status of high-altitude maquis vegetation: coherent application of the IUCN Red List criteria is urgently needed in New Caledonia. Botanical Journal of the Linnean Society 157: 775–783

Munzinger, J., P. Birnbaum, J.-P. Butin, M. Callmander, V. Hequet, P. P. Lowry II, and H. Vandrot. 2011. Rapport préliminaire - RAP dans la massif du Mont Panié, Nouvelle-Calédonie. Institut de recherche pour le Développement, Nouméa.

Munzinger, J., Lowry II, P.P., Callmander, M., & Buerki, S. (2013) A Taxonomic Revision of the Endemic New Caledonian Genus Podonephelium Baillon (*Sapindaceae*). *Systematic Botany*, in press.

Nasi, R., T. Jaffré, and J. M. Sarrailh. 2002. Les forêts de montagnes de Nouvelle-Calédonie. Bois et Forêts des Tropiques 274:5–17.

Pignal, M., and J. Munzinger. in prep. Morphological and anatomical investigation on New Caledonian graminoid *Dendrobium* (Orchidaceae) with description of two new species, and a combination.

Pillon, Y. and H. P. Nooteboom. 2009. A new species of *Symplocos* (Symplocaceae) from Mont Panié (New Caledonia). Adansonia sér. 3 31: 191–196.

Saunders, R. M. K., and J. Munzinger. 2007. A new species of *Goniothalamus* (Annonaceae) from New Caledonia, representing a significant range extension for the genus. Botanical Journal of the Linnean Society 155:497–503.

Spir, I. 2006. Végétation de la réserve spéciale botanique du Mont Panié : Valeur patrimoniale des formations rencontrées et identification des menaces. Institut de recherche pour le Développement, Nouméa.

Swenson, U., and J. Munzinger. 2009. Revision of *Pycnandra* subgenus *Pycnandra* (Sapotaceae), a genus endemic to New Caledonia. Australian Systematic Botany 22: 437–465.

Swenson, U., and J. Munzinger. 2010. Revision of *Pycnandra* subgenus *Achradotypus* (Sapotaceae) with five new species from New Caledonia. Australian Systematic Botany 23:185–216.

Swenson, U., J. Munzinger, and I. Bartish. 2007. Molecular phylogeny of *Planchonella* (Sapotaceae) and eight new species from New Caledonia. Taxon 56:329–354.

Theuerkauf, J., Tron, F. M., & Franquet, R. (2013). Evaluation de la répartition des mammifères exotiques envahissants et leur impact potentiel dans le massif du Panié. In Evaluation rapide de la biodiversité du massif du Panié et des Roches de la Ouaième, province Nord, Nouvelle-Calédonie. RAP Bulletin of Biological Assessment (eds F. M. Tron, R. Franquet & J.-J. Cassan), Vol. 65, pp. 129–136. Conservation International, Arlington, VA, USA.

Venter, S., and J. Munzinger. 2007. *Paphia paniensis* (Ericaceae), a new species from New Caledonia critically compared with *P. neocaledonica*. New Zealand Journal of Botany 45:503–508.

Vink, W. 2003. A new species of *Zygogynum* (Winteraceae) from New Caledonia. Blumea 48: 183–186.

Virot, R. 1956. La végétation canaque. Mémoires du Muséum National d'Histoire Naturelle, Sér. B, Botanique 7:1–400.

Annexe 1: Liste totale des plantes observées lors de l'inventaire sur le massif du Panié et sur les Roches de la Ouaième, en novembre 2010.

Abréviations : JM = Jérôme Munzinger ; PL = Pete Lowry ; MC = Martin Callmander ; VH = Hervé Vandrot ; JPB = Jean-Pierre Butin. Voucher = récolte fertile de référence, déposée à l'herbier NOU. Nb arbre = nombre d'individus identifiés dans les parcelles, et numérotés sur le terrain. Observation : individu observé et identifié sur le terrain sans récolte (relevé de terrain), ACC = plante notée lors de la mise en place des parcelles et identifiée par l'équipe. Statut PN = plante protégée en Province Nord (1) ou non (0), IUCN 2001 = statut IUCN d'après http://www.iucnredlist.org/.

Famille	Taxon	Voucher	Nb arbres	Observation	Nom rang	Statut biologique	Statut PN	IUCN 2011
Acanthaceae	Pseuderanthemum			JM	Genus	indigène	0	
Amaryllidaceae	Crinum asiaticum L.			JM, ACC	Species	indigène	0	
Anacardiaceae	Mangifera indica L.			JM	Species	subspontanée	0	
Anacardiaceae	Semecarpus atra (G. Forst.) Vieill.			JM	Species	endémique	0	
Annonaceae	Goniothalamus sp. nov. ("Hmoope")	JM 6192, 6464, 6475 ; JM & al. 6262, 6273	40	JM, ACC	TTT	endémique	0	
Annonaceae	Meiogyne tiebaghiensis (Däniker) Heusden	JM 6182 ; JM & al. 6264, 6289		ACC	Species	endémique	1	
Annonaceae	Xylopia vieillardii Baill.	JM & al. 6335	5	JM, ACC	Species	endémique	0	
Apocynaceae	Alstonia costata (G.Forst.) R. Br.			JM	Species	indigène	0	
Apocynaceae	Alstonia quaternata Van Heurck	JM & al. 6363	4	JM	Species	endémique	0	
Apocynaceae	Alstonia R.Br.			JM	Genus	indigène	0	
Apocynaceae	Alyxia loeseneriana Schltr.	JM 6094			Species	endémique	1	
Apocynaceae	Alyxia margaretae Boiteau	JM 6178			Species	endémique	1	
Apocynaceae	Alyxia tisserantii Montrouz.	JM 6169			Species	endémique	1	
Apocynaceae	Melodinus aeneus Baill.			ACC	Species	endémique	0	
Apocynaceae	Neisosperma brevituba (Boiteau) Boiteau	JM & al. 6349, 6354	3		Species	endémique	1	VU
Apocynaceae	Parsonsia crebriflora Baill.	JM (leg. HV et JPB) 6438			Species	endémique	0	
Apocynaceae	Rauvolfia balansae (Baill.) Boiteau	JM & al. 6279	3	JM	Species	endémique	0	
Aquifoliaceae	Ilex sebertii Pancher & Sebert	JM & al. 6342	2	JM	Species	endémique	0	
Araceae	Alocasia			JM	Genus	introduite	0	
Araceae	Epipremnum pinnatum (L.) Engl.			JM	Species	indigène	0	
Araliaceae	Meryta balansae Baill.		9	JM, ACC	Species	endémique	0	
Araliaceae	Meryta lecardii (R. Vig.) Lowry & F. Tronchet, ined.		1	ACC	Species	endémique	0	
Araliaceae	Meryta pedunculata Lowry & F. Tronchet, ined.		2	ACC	Species	endémique	0	
Araliaceae	Meryta rivularis Lowry, ined.	PL 7257, 7261, 7262, 7263			Species	endémique	0	
Araliaceae	Plerandra gpe candelabra/pseudocandelabra		7	JM	TTT	endémique	0	

Famille	Taxon	Voucher	Nb arbres	Observation	Nom rang	Statut biologique	Statut PN	IUCN 2011
Araliaceae	Plerandra osyana subsp. toto (Baill.) Lowry, G.M. Plunkett & Frodin, comb. ined.	PL 7264			Subspecies	endémique	0	
Araliaceae	Plerandra pancheri (Baill.) Lowry, G.M. Plunkett & Frodin	MC 879	8		Species	endémique	0	
Araliaceae	Plerandra veilloniorum Lowry, G.M. Plunkett & Frodin	JM 6174, PL 7267, 7270	6		Species	endémique	1	
Araliaceae	Polyscias bracteata (R.Vig.) Lowry		1	ACC	Species	endémique	0	
Araliaceae	Polyscias bracteata ssp. bracteata (R. Vig.) Lowry	PL 7266	6	JM	Subspecies	endémique	0	
Araliaceae	Polyscias J.R.Forst. & G.Forst.			JM	Genus	indigène	0	
Araliaceae	Polyscias lecardii (R. Vig.) Lowry	PL 7268	7		Species	endémique	0	
Araliaceae	Polyscias vieillardii (Baill.) Lowry & Plunkett	JM 6184	3		Species	endémique	0	
Araliaceae	Polyscias vieillardii subsp. balansae (Baill.) Lowry & G.M. Plunkett	PL 7259			Subspecies	endémique	0	
Araliaceae	Schefflera J.R.Forst. & G.Forst.	JM 6110, 6204, MC 881, 882	2	JM	Genus	indigène	0	
Araliaceae	Schefflera vieillardii Baill.	PL 7265			Species	endémique	1	
Araucariaceae	Agathis montana de Laub.			JM	Species	endémique	1	NT
Araucariaceae	Agathis moorei (Lindley) Masters		3	JM	Species	endémique	1	VU
Araucariaceae	Agathis Salisb.			JM	Genus	indigène	0	
Araucariaceae	Araucaria columnaris (Forster & Forster f.) J.D. Hook.			JM	Species	endémique	1	LC
Araucariaceae	Araucaria Juss.			JM	Genus	indigène	1	
Arecaceae	Basselinia glabrata Becc.		69	JM	Species	endémique	1	VU
Arecaceae	Basselinia gracilis (Brongn. & Gris) Vieill.		7	JM, ACC	Species	endémique	1	
Arecaceae	Basselinia Vieill.	JM & al. 6346			Genus	endémique	0	
Arecaceae	Burretiokentia vieillardii (Brongn. & Gris) Pic. Serm.		37	JM	Species	endémique	1	
Arecaceae	Chambeyronia macrocarpa (Brongn.) Vieill. ex Becc.		18	JM	Species	endémique	1	
Arecaceae	Cyphokentia	JM & al. 6348			Genus	endémique	0	
Arecaceae	Cyphophoenix alba (H.E. Moore) Pintaud & W.J. Baker		38	JM	Species	endémique	1	
Arecaceae	Cyphosperma balansae (Brongn.) H. Wendl. ex Salomon			JM	Species	endémique	1	
Argophyllaceae	Argophyllum J.R.Forster & G.Forster			JM	Genus	indigène	0	
Asparagaceae	Cordyline Comm. ex R.Br.	JM & al. 6390		JM, ACC	Genus	indigène	0	
Aspleniaceae	Asplenium australasicum (J. Smith) Hook. f.			JM, ACC	Species	indigène	0	
Aspleniaceae	Asplenium nidus L.			JPB	Species	indigène	0	
Asteliaceae	Astelia neocaledonica Schltr.			JM, ACC	Species	endémique	0	

Famille	Taxon	Voucher	Nb arbres	Observation	Nom rang	Statut biologique	Statut PN	IUCN 2011
Atherospermataceae	Nemuaron vieillardii (Baill.) Baill.		24	JM, ACC	Species	endémique	0	
Balanopaceae	Balanops balansae Baill.			JM	Species	endémique	0	LR/cd
Balanopaceae	Balanops oliviformis Baill.		2	JM	Species	endémique	0	
Balanopaceae	Balanops pachyphylla Baill. ex Guillaumin	JM & al. 6154, 6396	1		Species	endémique	0	
Balanopaceae	Balanops sp. “Panié”	JM & al. 6400	16	JM	TTT	endémique	0	
Balanopaceae	Balanops sparsifolia (Schltr.) Hjelmq.	JM & al. 6428		JM	Species	endémique	0	
Bignoniaceae	Deplanchea speciosa Vieill.			JM	Species	endémique	0	
Bignoniaceae	Spathodea campanulata Pal			JM	Species	naturalisée	0	
Caesalpiniaceae	Delonix regia (Bojer) Raf.			JM	Species	cultivée	0	
Calophyllaceae	Calophyllum caledonicum Vieill. ex Planch. & Triana		100	JM, ACC	Species	endémique	0	
Cardiopteridaceae	Citronella sarmentosa (Baill.) Howard	JM & al. 6118	7	JM, ACC	Species	endémique	0	
Casuarinaceae	Casuarina collina J. Poiss.			JM	Species	endémique	0	
Casuarinaceae	Gymnostoma nodiflorum (Thunb.) L. A. S. Johnson			JM	Species	endémique	0	
Celastraceae	Dicarpellum (Loes.) A.C.Sm.			JM	Genus	endémique	0	
Celastraceae	Dicarpellum baillonianum (Loes.) A.C. Sm.	JM & al. 6344, 6416	2	JM	Species	endémique	0	
Celastraceae	Dicarpellum pancheri (Baill.) A.C. Sm.			ACC	Species	endémique	0	
Celastraceae	Salaciopsis Baker f.			JM	Genus	endémique	0	
Celastraceae	Salaciopsis neocaledonica Baker f.		5	ACC	Species	endémique	0	
Chloranthaceae	Ascarina solmsiana Schltr.		3	JM, ACC	Species	endémique	0	
Clusiaceae	Garcinia amplexicaulis Vieill.		54	JM, ACC	Species	endémique	0	
Clusiaceae	Garcinia densiflora Pierre	JM 6446, 6448, 6466 ; JM & al. 6362		JM	Species	endémique	0	
Clusiaceae	Garcinia L.		1	JM	Genus	indigène	0	
Clusiaceae	Garcinia neglecta Vieill.		3	JM, ACC	Species	endémique	0	
Clusiaceae	Garcinia puat Guillaumin	JM 6093, 6113 ; JM & al. 6376	15	JM	Species	endémique	0	
Clusiaceae	Garcinia vieillardii Pierre	JM & al. 6260	51	JM, ACC	Species	endémique	0	
Clusiaceae	Garcinia virgata Vieill. ex Guillaumin	JM & al. 6125, 6146	29	JM, ACC	Species	endémique	0	
Clusiaceae	Montrouziera cauliflora Planch. & Triana		8	JM	Species	endémique	1	VU
Combretaceae	Terminalia catappa L.			JM	Species	introduite	0	
Connaraceae	Rourea			JM	Genus	indigène	0	
Cornaceae	Alangium bussyanum (Baill.) Harms		1	ACC	Species	endémique	0	
Cornaceae	Alangium Lam.			JM	Genus	indigène	0	

Famille	Taxon	Voucher	Nb arbres	Observation	Nom rang	Statut biologique	Statut PN	IUCN 2011
Cunoniaceae	Codia incrassata Pamp.		6	JM	Species	endémique	0	
Cunoniaceae	Codia montana J.R. Forst. & G. Forst.			JM	Species	endémique	0	
Cunoniaceae	Cunonia austrocaledonica Brongn. ex Guillaumin			JM	Species	endémique	0	
Cunoniaceae	Cunonia pulchella Brongn. & Gris	JM & al. 6143	13		Species	endémique	0	
Cunoniaceae	Geissois Labill.			JM	Genus	indigène	0	
Cunoniaceae	Geissois montana Vieill. ex. Brongn. & Gris	JM 6112, 6459 ; JM & al. 6320	5		Species	endémique	0	
Cunoniaceae	Geissois racemosa Labill.		6	JM	Species	endémique	0	
Cunoniaceae	Pancheria beauverdiana Pamp.			JM	Species	endémique	0	
Cunoniaceae	Pancheria Brongn. & Gris			JM	Genus	endémique	0	
Cunoniaceae	Pancheria ternata Brongn. & Gris			JM	Species	endémique	0	
Cunoniaceae	Spiraeanthemum A. Gray			JM	Genus	indigène	0	
Cunoniaceae	Spiraeanthemum densiflorum Brongn. & Gris		9	JM, ACC	Species	endémique	0	
Cunoniaceae	Weinmannia dichotoma Brongn. & Gris var. monticola (Däniker) comb. ined.	JM & al. 6156, 6420	3		Varietas	endémique	0	
Cunoniaceae	Weinmannia L.			JM	Genus	indigène	0	
Cyatheaceae	Alsophila stelligera (Holttum) R.M.Tryon			JM	Species	endémique	1	
Cyatheaceae	Alsophila vieillardii (Mett.) R.M.Tryon		77	JM, ACC	Species	indigène	1	
Cyatheaceae	Cyathea Sm.	JM 6453 ; JM & al. 6351 ; JM (leg. HV et JPB) 6429		JM	Genus	indigène	1	
Cyatheaceae	Sphaeropteris intermedia (Mett.) R.M.Tryon			JM	Species	endémique	1	
Cyatheaceae	Sphaeropteris novae-caledoniae (Mett.) R.M.Tryon		14	JM	Species	endémique	1	
Cyperaceae	Carex neurochlamys F. Muell.	JM & al. 6255, 6368		JM	Species	indigène	0	
Cyperaceae	Scleria rheophila J. Raynal, ined.	JM & al. 6241			Species	endémique	0	
Davalliaceae	Humata brackenridgei Brownlie			JM	Species	indigène	0	
Dennstaedtiaceae	Orthiopteris firma (Kuhn) Brownlie			JPB	Species	indigène	0	
Dicksoniaceae	Calochlaena straminea (Labill.) R.White & M.Turner	JM 6106		ACC	Species	indigène	0	
Dicksoniaceae	Dicksonia thyrsopteroides Mett.		119	JM, ACC	Species	endémique	1	
Dilleniaceae	Hibbertia Andrews			JM	Genus	indigène	0	
Dilleniaceae	Hibbertia comptonii Baker f.		1	JM	Species	endémique	0	
Dilleniaceae	Tetracera billardieri Martelli		1	JM, ACC	Species	endémique	0	
Dioscoreaceae	Dioscorea			ACC	Genus	indigène	0	
Dioscoreaceae	Dioscorea bulbifera L.			JM	Species	indigène	0	

Famille	Taxon	Voucher	Nb arbres	Observation	Nom rang	Statut biologique	Statut PN	IUCN 2011
Dryopteridaceae	Arachnioides aristata (Forster & Forster f.) Tind.			ACC	Species	indigène	0	
Ebenaceae	Diospyros brassica F. White	JM & al. 6268	1	JM	Species	endémique	0	
Ebenaceae	Diospyros flavocarpa (Viell. ex P. Parm.) F. White	JM 6165, 6477 ; JM (leg. HV et JPB) 6436	8		Species	endémique	1	
Ebenaceae	Diospyros macrocarpa Hiern		13	JM, ACC	Species	endémique	1	LR/cd
Ebenaceae	Diospyros olen Hiern		36	JM, ACC	Species	indigène	0	
Ebenaceae	Diospyros oubatchensis Kosterm.	JM (leg. HV et JPB) 6431, 6433	21	JM	Species	endémique	1	
Ebenaceae	Diospyros parviflora (Schltr.) Bakh. f.	JM 6107	1		Species	endémique	1	
Elaeocarpaceae	Elaeocarpus angustifolius Blume		1	JM, ACC	Species	indigène	0	
Elaeocarpaceae	Elaeocarpus bullatus Tirel		13	JM	Species	endémique	1	
Elaeocarpaceae	Elaeocarpus dognyensis Guillaumin	JM & al. 6159 ; JM (leg. HV et JPB) 6432			Species	endémique	1	
Elaeocarpaceae	Elaeocarpus geminiflorus Brongn.		3	JM	Species	endémique	1	
Elaeocarpaceae	Elaeocarpus L.			JM, ACC	Genus	indigène	0	
Elaeocarpaceae	Elaeocarpus ovigerus Brongn.			JM	Species	endémique	1	
Elaeocarpaceae	Elaeocarpus weibelianus Tirel	JM & al. 6297, 6427	2		Species	endémique	1	
Elaeocarpaceae	Sloanea L.			JM	Genus	indigène	0	
Elaeocarpaceae	Sloanea magnifolia Tirel		2	JM	Species	endémique	1	
Elaeocarpaceae	Sloanea montana (Labill.) A. C. Sm.	MC & al 906	1	JM	Species	endémique	1	
Ericaceae	Dracophyllum Labill.	JM & al. 6405			Genus	indigène	1	
Ericaceae	Dracophyllum verticillatum Labill.			JM	Species	endémique	1	
Ericaceae	Styphelia Sm.			JM	Genus	indigène	0	
Escalloniaceae	Polyosma Blume			JM	Genus	indigène	0	
Escalloniaceae	Polyosma brachystachys Schltr.	JM 6472			Species	endémique	0	
Escalloniaceae	Polyosma spicata Baill.	JM 6458			Species	endémique	0	
Euphorbiaceae	Aleurites moluccana (L.) Willd.			JM	Species	indigène	0	
Euphorbiaceae	Baloghia inophylla (G. Forst.) P.S. Green		1	JM, ACC	Species	indigène	0	
Euphorbiaceae	Bocquillonia Baill.			JM, ACC	Genus	endémique	1	
Euphorbiaceae	Bocquillonia nervosa Airy Shaw	JM 6101 ; JM & al. 6250	9		Species	endémique	1	
Euphorbiaceae	Bocquillonia phenacostigma Airy Shaw	JM & al. 6361	4	ACC	Species	endémique	1	
Euphorbiaceae	Cleidion spathulatum Baill.	JM & al. 6360	7		Species	endémique	0	
Fabaceae	Caesalpinia schlechteri Harms	JM 6109			Species	endémique	0	

Famille	Taxon	Voucher	Nb arbres	Observation	Nom rang	Statut biologique	Statut PN	IUCN 2011
Fabaceae	Mezoneuron deverdiana Guillaumin			ACC	Species	endémique	0	
Fabaceae	Archidendropsis fulgens (Labill.) I.C.Nielsen	JM & al. 6246	51		Species	endémique	0	
Fabaceae	Mucuna Adans.			JM	Genus	indigène	0	
Fabaceae	Nephrodesmus Schindl.	JM & al. 6243			Genus	endémique	0	
Flacourtiaceae	Casearia silvana Schltr.	JM & al. 6331	1		Species	endémique	0	
Flacourtiaceae	Lasiochlamys reticulata (Schltr.) Pax & K. Hoffm.	JM 6183, 6476 ; JM & al. 6153, 6333, 6352	5	ACC	Species	endémique	1	
Flacourtiaceae	Xylosma G.Forst.			ACC	Genus	indigène	0	
Gesneriaceae	Coronanthera barbata C.B. Clarke			JM	Species	endémique	0	
Gesneriaceae	Coronanthera clarkeana Schltr.	JM & al. 6311	11		Species	endémique	0	
Gleicheniaceae	Dicranopteris linearis (Burm. f.) Underwood			JM	Species	indigène	0	
Gleicheniaceae	Gleichenia dicarpa R. Br.			JM	Species	indigène	0	
Gleicheniaceae	Stromatopteris moniliformis Mett.			JM	Species	endémique	0	
Goodeniaceae	Scaevola cylindrica Schltr.	JM & al. 6152			Species	indigène	0	
Grammitidaceae	Radiogrammitis neocaledonica (Copel.) Parris			JM	Species	endémique	0	
Hernandiaceae	Hernandia cordigera Vieill.		4	JM, ACC	Species	endémique	0	
Icacinaceae	Apodytes clusiifolia (Baill.) Villiers		21	JM	Species	endémique	0	
Joinvilleaceae	Joinvillea plicata (Hook. f.) Newell & Stone			JPB	Species	indigène	0	
Lamiaceae	Oxera coronata de Kok	JM (leg. HV et JPB) 6440			Species	endémique	0	
Lamiaceae	Oxera Labill.	JM & al. 6345	2	JM, ACC	Genus	indigène	0	
Lamiaceae	Oxera morierei Vieill.			ACC	Species	endémique	0	
Lauraceae	Beilschmiedia		5	JM, ACC	Genus	indigène	0	
Lauraceae	Cryptocarya aristata Kosterm.			JM	Species	endémique	0	
Lauraceae	Cryptocarya elliptica Schltr.	JM 6451, 6463	8	JM	Species	endémique	0	
Lauraceae	Cryptocarya gracilis Schltr.	JM & al. 6397	2	JM	Species	endémique	0	
Lauraceae	Cryptocarya longifolia Kosterm.	JM 6462	28	JM, ACC	Species	endémique	0	
Lauraceae	Cryptocarya macrodesme Schltr.		6	JM, ACC	Species	endémique	0	
Lauraceae	Cryptocarya oubatchensis Schltr.	JM 6111	62	JM, ACC	Species	endémique	0	
Lauraceae	Cryptocarya pluricostata Kosterm.			JM, ACC	Species	endémique	0	
Lauraceae	Cryptocarya sp. "aff. aristata" (Munzinger 5874)	JM 6481 ; JM & al. 6263	4	JM, ACC	TTT	endémique	0	
Lauraceae	Cryptocarya sp. "aff. pluricostata" (Barrabé 280)		7	JM, ACC	Species	endémique	0	
Lauraceae	Cryptocarya sp. "aurea" ined. (Munzinger 4792)	JM 6460 ; JM & al. 6425	9	JM	TTT	endémique	0	

Famille	Taxon	Voucher	Nb arbres	Observation	Nom rang	Statut biologique	Statut PN	IUCN 2011
Lauraceae	Cryptocarya sp. "glauque" (Munzinger 5832)	JM & al. 6160, 6419	29	JM, ACC	TTT	endémique	0	
Lauraceae	Cryptocarya velutinosa Kosterm.		3	JM, ACC	Species	endémique	0	
Lauraceae	Endiandra baillonii (Pancher & Sebert) Guillaumin			JM	Species	endémique	1	
Lauraceae	Endiandra R.Br.	JM & al. 6149			Genus	indigène	0	
Lauraceae	Litsea Lam.	JM & al. 6130			Genus	indigène	0	
Lauraceae	Litsea lecardii Guillaumin	JM & al. 6317		JM	Species	endémique	1	
Lecythidaceae	Barringtonia J.R.Forst. & G.Forst.	JM & al. 6391	27	JM	Genus	indigène	0	
Linaceae	Hugonia sp. (NE Munzinger3338)		1	JM	TTT	endémique	0	
Linderniaceae	Lindernia neocaledonica S. Moore	JM & al. 6340			Species	endémique	0	
Loganiaceae	Geniostoma vestitum Baill.			JM, ACC	Species	endémique	0	
Loganiaceae	Neuburgia neocaledonica (Gilg & Benedict) J. Molina & Struwe		2	JM	Species	indigène	0	
Lomariopsidaceae	Elaphoglossum huerlimannii Guillaumin	JM & al. 6309			Species	endémique	0	
Lomariopsidaceae	Teratophyllum wilkesianum (Brackenr.) Holttum			JM, ACC	Species	indigène	0	
Loranthaceae	Amyema artensis (Montrouz.) Danser	JM & al. 6389			Species	indigène	0	
Loranthaceae	Amyema scandens (Tiegh.) Danser	JM & al. 6332			Species	indigène	0	
Lycopodiaceae	Huperzia Bernh.	JM & al. 6330			Genus	indigène	0	
Lycopodiaceae	Huperzia serrata (Thunb. Ex Murray) Rothm.			JM	Species	indigène	0	
Lycopodiaceae	Lycopodium deuterodensum Herter			JM	Species	indigène	0	
Lycopodiaceae	Lycopodium L.	JM 6099 ; JM & al. 6256			Genus	indigène	0	
Lythraceae	Cuphea carthagenensis (Jacq.) Macbr.			JM	Species	subspontanée	0	
Malvaceae	Acropogon schistophilus Morat & Chapolin		46	JM, ACC	Species	endémique	1	
Malvaceae	Acropogon Schltr.			JM	Genus	endémique	1	
Malvaceae	Acropogon schumannianus Schltr.	JM & al. 6301	1	JM, JPB	Species	endémique	1	
Marattiaceae	Angiopteris evecta (Forster & Forster f.) Hofm.			JM	Species	indigène	0	
Marattiaceae	Ptisana attenuata (Labill.) Murdock			JM	Species	indigène	0	
Melastomataceae	Melastoma malabathricum ssp. malabathricum L.			JM	Subspecies	indigène	0	
Meliaceae	Anthocarapa nitidula (Benth.) T. D. Penn. ex Mabb.		21	JM, ACC	Species	indigène	0	
Meliaceae	Dysoxylum Blume		2	JM, ACC	Genus	indigène	0	
Meliaceae	Dysoxylum kouiriense Virot		10	JM	Species	endémique	0	
Meliaceae	Dysoxylum roseum C. DC.		31	ACC	Species	endémique	0	
Meliaceae	Dysoxylum rufescens ssp. dzumacense (Guillaumin) Mabb.		11	JM	Species	endémique	0	

Famille	Taxon	Voucher	Nb arbres	Observation	Nom rang	Statut biologique	Statut PN	IUCN 2011
Monimiaceae	Hedycarya chrysophylla Perkins	JM (leg. HV et JPB) 6443	13		Species	endémique	0	
Monimiaceae	Hedycarya cupulata Baill.		138	JM, ACC	Species	endémique	0	
Monimiaceae	Hedycarya engleriana S. Moore		74	JM	Species	endémique	0	
Monimiaceae	Hedycarya J.R.Forster & G.Forster		1	JM	Genus	indigène	0	
Monimiaceae	Kibaropsis caledonica (Guillaumin) Jérémie		53	JM, ACC	Species	endémique	0	
Moraceae	Artocarpus heterophyllus Lam.			JM	Species	cultivée	0	
Moraceae	Ficus cataractarum Vieill. ex Bureau			JM	Species	endémique	1	
Moraceae	Ficus habrophylla Bennett ex Seemann			JM	Species	indigène	0	
Moraceae	Ficus L.	JM & al. 6314			Genus	indigène	0	
Moraceae	Ficus mutabilis Bureau	JM & al. 6341			Species	endémique	1	VU
Moraceae	Ficus otophora Corner & Guillaumin	JM & al. 6378	2	JM	Species	endémique	0	
Moraceae	Ficus pteroporum Guillaumin	JM & al. 6253			Species	endémique	0	
Moraceae	Ficus racemigera Bureau		2	JM	Species	endémique	0	
Moraceae	Ficus vieillardiana Bureau	JM 6121 ; JM & al. 6338	4		Species	endémique	0	
Moraceae	Ficus webbiana (Miq.) Miq.		1	JM	Species	endémique	0	
Myodocarpaceae	Delarbrea harmsii R. Vig.	JM & al. 6134	3		Species	endémique	0	
Myodocarpaceae	Delarbrea montana ssp. arborea (R. Vig.) Lowry	JM & al. 6302 ; PL 7258, 7260, 7269	1		Subspecies	endémique	0	
Myodocarpaceae	Delarbrea paradoxa Vieill.			JM	Species	indigène	0	
Myodocarpaceae	Myodocarpus Brongn. & Gris			JM	Genus	endémique	0	
Myodocarpaceae	Myodocarpus pinnatus Brongn. & Gris	JM & al. 6132	10	JM	Species	endémique	0	
Myodocarpaceae	Myodocarpus simplicifolius Brongn. & Gris			JM	Species	endémique	0	
Myrtaceae	Carpolepis laurifolia (Brongn. & Gris) J. W. Dawson			JM	Species	endémique	0	
Myrtaceae	Eugenia brongniartiana Guillaumin	JM 6450 ; JM & al. 6386			Species	endémique	0	
Myrtaceae	Eugenia L.	JM 6447 ; JM & al. 6313, 6373			Genus	indigène	0	
Myrtaceae	Eugenia mouensis Baker f.	JM & al. 6364			Species	endémique	0	
Myrtaceae	Eugenia paniensis J.W.Dawson ined.	JM & al. 6142, 6370	26		Species	endémique	0	
Myrtaceae	Kanakomyrtus N. Snow		1	JM	Genus	endémique	0	
Myrtaceae	Kanakomyrtus prominens N. Snow	JM (leg. HV et JPB) 6442	2	ACC	Species	endémique	0	
Myrtaceae	Melaleuca quinquenervia (Cav.) S.T. Blake			JM	Species	indigène	0	
Myrtaceae	Metrosideros brevistylis J. W. Dawson		4	JM	Species	endémique	0	
Myrtaceae	Metrosideros engleriana Schltr.	JM & al. 6157			Species	endémique	1	

Famille	Taxon	Voucher	Nb arbres	Observation	Nom rang	Statut biologique	Statut PN	IUCN 2011
Myrtaceae	Metrosideros nitida Brongn. & Gris	JM & al. 6294			Species	endémique	1	
Myrtaceae	Metrosideros operculata Labill.			JM	Species	endémique	1	
Myrtaceae	Metrosideros operculata var. francii J. W. Dawson	JM & al. 6270			Varietas	endémique	1	
Myrtaceae	Metrosideros operculata var. operculata Labill.			JM	Varietas	endémique	1	
Myrtaceae	Piliocalyx	JM & al. 6382			Genus	endémique	0	
Myrtaceae	Piliocalyx bullatus Brongn. & Gris	JM & al. 6384	6	JM	Species	endémique	0	
Myrtaceae	Piliocalyx ignambiensis (Baker f.) Craven, comb. ined.	JM & al. 6359	1		Species	endémique	0	
Myrtaceae	Piliocalyx laurifolius Brongn. & Gris	JM 6172 ; JM & al. 6356	13		Species	endémique	0	
Myrtaceae	Psidium guajava L.			JM	Species	naturalisée	0	
Myrtaceae	Sannantha pinifolia (Labill.) Peter G. Wilson			JM	Species	endémique	0	
Myrtaceae	Sannantha virgata (J. R. Forst. & G. Forst.) Peter G. Wilson			JM	Species	endémique	0	
Myrtaceae	Syzygium amieuense (Guillaumin) J. W. Dawson	JM & al. 6245	5	JM	Species	endémique	0	
Myrtaceae	Syzygium arboreum (Baker f.) J. W. Dawson	JM & al. 6140	7		Species	endémique	0	
Myrtaceae	Syzygium auriculatum Brongn. & Gris	JM 6103, 6461 : JM & al. 6281, 6310, 6366	4		Species	endémique	0	
Myrtaceae	Syzygium cumini (L.) Skeels			JM	Species	subspontanée	0	
Myrtaceae	Syzygium deplanchei (Guillaumin) J. W. Dawson	JM & al. 6238, 6288			Species	endémique	0	
Myrtaceae	Syzygium Gaertn.		1	JM, ACC	Genus	indigène	0	
Myrtaceae	Syzygium Gaertn.	JM 6129, 6197	1		Genus	indigène	0	
Myrtaceae	Syzygium lateriflorum Brongn. & Gris	JM 6186 ; JM & al. 6285			Species	endémique	0	
Myrtaceae	Syzygium macranthum Brongn. & Gris			JM	Species	endémique	0	
Myrtaceae	Syzygium mouanum Guillaumin	JM & al. 6158			Species	endémique	0	
Myrtaceae	Syzygium neocaledonicum (Seem.) J. W. Dawson		5	JM, ACC	Species	endémique	0	
Myrtaceae	Syzygium paniense (Baker f.) J. W. Dawson	JM & al. 6283	22	JM	Species	endémique	0	
Myrtaceae	Syzygium schlechterianum Hochr.	JM 6164			Species	endémique	0	
Myrtaceae	Syzygium tenuiflorum Brongn. & Gris	JM & al. 6305	5		Species	endémique	0	
Myrtaceae	Syzygium toninense (Baker f.) J. W. Dawson			JM	Species	endémique	0	
Myrtaceae	Syzygium tripetalum Guillaumin			JM	Species	endémique	0	
Myrtaceae	Xanthomyrtus kanalaensis (Hochr.) N.Snow	JM 6457			Species	endémique	0	
Nyctaginaceae	Pisonia gigantocarpa (Heimerl) Stemm.		8	JM, ACC	Species	endémique	0	
Oleaceae	Chionanthus brachystachys (Schltr.) P.S. Green		17	JM, ACC	Species	indigène	0	
Oleaceae	Chionanthus pedunculatus P.S.Green		5	JM	Species	endémique	0	

Famille	Taxon	Voucher	Nb arbres	Observation	Nom rang	Statut biologique	Statut PN	IUCN 2011
Oncothecaceae	Oncotheca humboldtiana (Guillaumin) Morat & Veillon	JM & al. 6343	3		Species	endémique	0	
Orchidaceae	Acanthephippium papuanum Schltr.			JPB	Species	indigène	1	
Orchidaceae	Achlydosa glandulosa (Schltr.) M.A.Clem. & D.L.Jones			JPB	Species	endémique	1	
Orchidaceae	Acianthus heptadactylus Kraenzl.			JPB	Species	endémique	1	
Orchidaceae	Anoectochilus imitans Schltr.			JPB, ACC	Species	indigène	1	
Orchidaceae	Appendicula reflexa Blume			JPB	Species	indigène	1	
Orchidaceae	Bulbophyllum aphanopetalum Schltr.			JPB	Species	indigène	1	
Orchidaceae	Bulbophyllum atrorubens Schltr.			JPB, ACC	Species	indigène	1	
Orchidaceae	Bulbophyllum baladeanum J.J. Sm.			JPB, ACC	Species	endémique	1	
Orchidaceae	Bulbophyllum betchei F. Muell.			JPB, ACC	Species	indigène	1	
Orchidaceae	Bulbophyllum hexarhopalos Schltr.			JPB	Species	indigène	1	
Orchidaceae	Bulbophyllum lingulatum Rendle			JPB	Species	endémique	1	
Orchidaceae	Bulbophyllum longiflorum Thouars			JPB, ACC	Species	indigène	1	
Orchidaceae	Bulbophyllum neocaledonicum Schltr.			JPB	Species	indigène	1	
Orchidaceae	Bulbophyllum pallidiflorum Schltr.			JPB	Species	endémique	1	
Orchidaceae	Calanthe balansae Finet			JPB, ACC	Species	endémique	1	
Orchidaceae	Calanthe langei Muell.			JPB, ACC	Species	endémique	1	
Orchidaceae	Calanthe R.Br.			JPB	Genus	indigène	1	
Orchidaceae	Calanthe triplicata (Willemet) Ames			JPB, ACC, JM	Species	indigène	1	
Orchidaceae	Calanthe ventilabrum Rchb. f.			JPB	Species	indigène	1	
Orchidaceae	Clematepistephium smilacifolium (Rchb. f.) N. Hallé			JPB	Species	endémique	1	
Orchidaceae	Cryptostylis arachnites (Blume) Hassk.	JM & al. 6278		JPB, ACC	Species	indigène	1	
Orchidaceae	Dendrobium austrocaledonicum Schltr.			JPB	Species	indigène	1	
Orchidaceae	Dendrobium camaridiorum Rchb.f.	JM & al. 6358		JPB, ACC	Species	endémique	1	
Orchidaceae	Dendrobium camptocentrum Schltr.			JPB	Species	indigène	1	
Orchidaceae	Dendrobium comptonii Rendle			JPB	Species	indigène	1	
Orchidaceae	Dendrobium crassifolium Schltr.			JPB	Species	endémique	1	
Orchidaceae	Dendrobium finetianum Schltr.			JPB, ACC	Species	endémique	1	
Orchidaceae	Dendrobium letocartiorum ined.	JM & al. 6290		JPB	Species	endémique	0	
Orchidaceae	Dendrobium macrophyllum A. Rich.			JPB, ACC	Species	indigène	1	
Orchidaceae	Dendrobium mortii F.Muell.			JPB	Species	indigène	1	

Famille	Taxon	Voucher	Nb arbres	Observation	Nom rang	Statut biologique	Statut PN	IUCN 2011
Orchidaceae	Dendrobium munificum (Finet) N. Hallé			JPB	Species	endémique	1	
Orchidaceae	Dendrobium muricatum Finet			JPB	Species	endémique	1	
Orchidaceae	Dendrobium odontochilum Rchb. f.			JPB	Species	endémique	1	
Orchidaceae	Dendrobium oppositifolium (Kraenzl.) N. Hallé	JM & al. 6319 ; JM (leg. JPB) 6468		JPB, ACC, JM	Species	endémique	1	
Orchidaceae	Dendrobium pectinatum Finet			JPB	Species	endémique	1	
Orchidaceae	Dendrobium poissonianum Schltr.			JPB, JM	Species	endémique	1	
Orchidaceae	Dendrobium polycladium Rchb. f.			JPB	Species	endémique	1	
Orchidaceae	Dendrobium Sw.	JM & al. 6322		JPB	Genus	indigène	1	
Orchidaceae	Dendrobium sylvanum Rchb. f.			JPB, ACC	Species	indigène	1	
Orchidaceae	Dendrobium unicarinatum Kores	JM & al. 6162 ; JM & al. 6401		JPB	Species	indigène	0	
Orchidaceae	Dendrobium virotii Guillaumin			JPB	Species	endémique	1	
Orchidaceae	Didymoplexis micradenia (Rchb. f.) Hemsl.			JPB, ACC	Species	indigène	1	
Orchidaceae	Diplocaulobium ouhinnae (Schltr.) Kraenzl.			JPB, ACC	Species	indigène	1	
Orchidaceae	Dipodium punctatum (J.E.Sm.) R. Br.			JPB	Species	indigène	0	
Orchidaceae	Earina valida Rchb. f.			JPB, ACC	Species	indigène	1	
Orchidaceae	Epipogium roseum (D. Don) Lindl.			JPB	Species	indigène	1	
Orchidaceae	Eria karicouyensis Schltr.			JPB	Species	endémique	1	
Orchidaceae	Eria rostriflora Rchb. f.			JPB, ACC, JM	Species	indigène	1	
Orchidaceae	Eriaxis rigida Rchb. f.			JPB, JM	Species	endémique	1	
Orchidaceae	Glossorhyncha macdonaldii Schltr.			JPB, ACC	Species	indigène	1	
Orchidaceae	Gonatostylis vieillardii (Rchb. f.) Schltr.			JPB	Species	endémique	1	
Orchidaceae	Goodyera scripta (Rchb. f.) Schltr.			JPB	Species	endémique	1	
Orchidaceae	Gunnarella aymardii (N. Hallé) Senghas			JPB	Species	endémique	1	
Orchidaceae	Hetaeria oblongifolia Blume			JPB, ACC	Species	indigène	0	
Orchidaceae	Liparis condylobulbon Rchb. f.			JPB	Species	indigène	1	
Orchidaceae	Liparis elliptica Wight			JPB	Species	indigène	1	
Orchidaceae	Liparis layardii F. Muell.			JPB, ACC	Species	indigène	1	
Orchidaceae	Malaxis taurina (Rchb. f.) Kuntze			JPB, ACC	Species	indigène	1	
Orchidaceae	Megastylis gigas (Rchb. f.) Schltr.			JPB	Species	indigène	1	
Orchidaceae	Megastylis montana (Schltr.) Schltr.			JPB	Species	endémique	1	

Famille	Taxon	Voucher	Nb arbres	Observation	Nom rang	Statut biologique	Statut PN	IUCN 2011
Orchidaceae	Microtatorchis schlechteri Garay			JPB	Species	indigène	1	
Orchidaceae	Microtatorchis Schltr.	JM & al. 6128			Genus	indigène	0	
Orchidaceae	Nervilia aragoana Gaudich.			JPB, ACC	Species	indigène	1	
Orchidaceae	Oberonia ensiformis (Sm.) Lindl.			JPB	Species	indigène	1	
Orchidaceae	Oberonia equitans (G. Forst.) Mutel			JPB, ACC	Species	indigène	1	
Orchidaceae	Oberonia neocaledonica Schltr.			JPB	Species	endémique	1	
Orchidaceae	Octarrhena oberonioides (Schltr.) Schltr.			JPB	Species	indigène	1	
Orchidaceae	Pachyplectron arifolium Schltr.			JPB	Species	endémique	1	
Orchidaceae	Peristylus novoebudarum F. Muell.			JPB	Species	indigène	1	
Orchidaceae	Phaius daenikeri Kraenzl.	JM & al. 6323		JPB	Species	indigène	1	
Orchidaceae	Pholidota imbricata Hook.			JPB	Species	indigène	0	
Orchidaceae	Phreatia hypsorhynchos Schltr.			JPB, ACC	Species	indigène	1	
Orchidaceae	Phreatia Lindl.			JPB, ACC	Genus	indigène	1	
Orchidaceae	Phreatia pachyphylla Schltr.			JPB, ACC	Species	indigène	1	
Orchidaceae	Phreatia paleata Rchb.f.			JPB	Species	endémique	1	
Orchidaceae	Phreatia stenostachya (Rchb. f.) Kraenzl.			JPB, ACC	Species	indigène	1	
Orchidaceae	Phreatia sublata N. Hallé			JPB	Species	endémique	1	
Orchidaceae	Rhynchophreatia micrantha (A. Rich.) N.Hallé			ACC	Species	indigène	1	
Orchidaceae	Spathoglottis plicata Blume			JPB	Species	indigène	1	
Orchidaceae	Thelymitra longifolia J.R. Forst. & G. Forst.			JPB	Species	indigène	1	
Orchidaceae	Tropidia viridifusca Kraenzl.			JPB, ACC	Species	endémique	1	
Orchidaceae	Zeuxine vieillardii (Rchb. f.) Schltr.			JPB	Species	indigène	1	
Osmundaceae	Leptopteris wilkesiana (Brackenr.) C. Chr.			JM	Species	indigène	0	
Pandanaceae	Freycinetia arborea Gaudich.	MC & al. 890		JM, ACC	Species	indigène	0	
Pandanaceae	Freycinetia Gaudich.	MC & al. 872, 878		JM	Genus	indigène	0	
Pandanaceae	Freycinetia graminifolia Solms	JM 6095			Species	endémique	0	
Pandanaceae	Freycinetia aff. monticola Rendle	MC & al. 883			Species	endémique	0	
Pandanaceae	Freycinetia schlechteri Warb.	MC 858, 884, 891		JM, ACC	Species	indigène	0	
Pandanaceae	Freycinetia spectabilis Solms	MC & al. 860		JM, ACC	Species	endémique	0	
Pandanaceae	Freycinetia sulcata Warb.	JM & al. 6259 ; MC 859		ACC	Species	indigène	0	
Pandanaceae	Freycinetia verruculosa Warb.	JM 6168 ; MC & al. 898		ACC	Species	endémique	0	

Famille	Taxon	Voucher	Nb arbres	Observation	Nom rang	Statut biologique	Statut PN	IUCN 2011
Pandanaceae	Pandanus altissimus (Brongn.) Solms	MC 876, 903			Species	endémique	1	
Pandanaceae	Pandanus aragoensis (Brongn.) Solms	MC 880, 888, 902			Species	endémique	1	
Pandanaceae	Pandanus balansae (Brongn.) Solms	MC 875, 889			Species	endémique	1	
Pandanaceae	Pandanus clandestinus Stone	MC 864, 865, 893 ; JM & al. 6127	50		Species	endémique	1	LR/cd
Pandanaceae	Pandanus reticulatus Vieill.	MC 877			Species	endémique	1	
Pandanaceae	Pandanus Rumph. ex L.f.	MC 907		JM	Genus	indigène	0	
Paracryphiaceae	Paracryphia alticola (Schltr.) Steenis		3	JM	Species	endémique	0	
Paracryphiaceae	Quintinia A.DC.	JM 6180		ACC	Genus	indigène	0	
Paracryphiaceae	Sphenostemon pachycladum Baill.	JM 6478	1		Species	endémique	0	
Phellinaceae	Phelline confertifolia Baill.	JM 6474	1		Species	endémique	0	
Phellinaceae	Phelline erubescens Baill.	MC 900	2		Species	endémique	0	
Phellinaceae	Phelline Labill.			JM, ACC	Genus	endémique	0	
Phyllanthaceae	Glochidion billardierei Baill.		1	JM	Species	endémique	0	
Phyllanthaceae	Glochidion J.R.Forst. & G.Forst.			JM	Genus	indigène	0	
Phyllanthaceae	Phyllanthus bourgeoisii Baill.	JM 6467 ; JM & al. 6242			Species	indigène	0	
Phyllanthaceae	Phyllanthus L.	JM & al. 6244, 6266, 6299			Genus	indigène	0	
Picrodendraceae	Austrobuxus alticola McPherson	JM 6465	1		Species	endémique	0	
Picrodendraceae	Austrobuxus Miq.		1	JM, ACC	Genus	non renseigné	0	
Picrodendraceae	Austrobuxus ovalis Airy Shaw		14	ACC	Species	endémique	0	
Picrodendraceae	Austrobuxus vieillardii (Guillaumin) Airy Shaw		7	JM, ACC	Species	endémique	0	
Piperaceae	Peperomia Ruiz & Pav.	JM & al. 6383			Genus	indigène	0	
Piperaceae	Piper austrocaledonicum C. DC.	JM 6452	2	JPB, JM, ACC	Species	indigène	0	
Piperaceae	Piper L.			JM, ACC	Genus	indigène	0	
Pittosporaceae	Pittosporum dzumacense Guillaumin	JM & al. 6155			Species	endémique	0	
Pittosporaceae	Pittosporum heckelii Dubard	JM 6470 ; JM 6151			Species	endémique	0	
Pittosporaceae	Pittosporum oreophilum Guillaumin		2	JM	Species	endémique	0	
Pittosporaceae	Pittosporum paniculatum Brongn. & Gris	JM & al. 6280, 6426			Species	endémique	0	
Pittosporaceae	Pittosporum paniense Guillaumin	JM & al. 6144			Species	endémique	1	VU
Pittosporaceae	Pittosporum poueboense Guillaumin	JM & al. 6402, 6403			Species	endémique	0	

Famille	Taxon	Voucher	Nb arbres	Observation	Nom rang	Statut biologique	Statut PN	IUCN 2011
Poaceae	Arundo donax L.			JM	Species	naturalisée	0	
Poaceae	Miscanthus floridulus (Labill.) Warb. ex K. Schum. & Lauterb.			JM	Species	indigène	0	
Poaceae	Poaceae (R. Br.) Barnh.	JM 6176			Familia	non renseigné	0	
Podocarpaceae	Falcatifolium taxoides (Brongn. & Gris) de Laub.			JM	Species	endémique	1	LC
Podocarpaceae	Podocarpus Labill.			JM, ACC	Genus	indigène	0	
Podocarpaceae	Podocarpus sylvestris J. Buchholz			JM	Species	endémique	1	LC
Podocarpaceae	Retrophyllum comptonii (Buchh.) C. Page		3	JM	Species	endémique	1	LC
Polygalaceae	Balgoya pacifica Morat & Meijden			JM, ACC	Species	endémique	0	
Polypodiaceae	Drynaria rigidula (Sw.) Beddome			JM, ACC	Species	indigène	0	
Primulaceae	Maesa novocaledonica Mez			JM	Species	endémique	0	
Primulaceae	Rapanea arborea M. Schmid	JM & al. 6119, 6136, 6377	11		Species	endémique	0	
Primulaceae	Rapanea asymmetrica Mez		4	JM, ACC	Species	endémique	0	
Primulaceae	Rapanea Aubl.		7	JM	Genus	indigène	0	
Primulaceae	Rapanea citrifolia Mez	JM 6175 ; JM & al. 6418 ; JM (leg. HV et JPB) 6430	4		Species	endémique	0	
Primulaceae	Rapanea modesta var. modesta Mez	JM 6455	1		Varietas	endémique	0	
Primulaceae	Rapanea nigricans var. nigricans M. Schmid	JM 6483			Varietas	endémique	0	
Primulaceae	Rapanea novocaledonica var. novocaledonica Mez	JM & al. 6404			Varietas	endémique	0	
Primulaceae	Tapeinosperma colnettianum Guillaumin	JM & al. 6375			Species	endémique	1	
Primulaceae	Tapeinosperma glandulosum Guillaumin	JM & al. 6413			Species	endémique	1	
Primulaceae	Tapeinosperma gracile Mez	JM 6102 : JM & al. 6324, 6365			Species	endémique	1	
Primulaceae	Tapeinosperma grandiflora Guillaumin	JM 6167			Species	endémique	1	
Primulaceae	Tapeinosperma Hook.f.	JM & al. 6261	4	JM, ACC	Genus	indigène	0	
Primulaceae	Tapeinosperma minutum Mez	JM 6479	1		Species	endémique	1	
Primulaceae	Tapeinosperma nitidum Mez	JM & al. 6141, 6414	42		Species	endémique	1	
Primulaceae	Tapeinosperma pancheri Mez	JM 6091 ; JM & al. 6274, 6388	11		Species	endémique	1	
Primulaceae	Tapeinosperma rubidum Mez	JM & al. 6293			Species	endémique	1	
Primulaceae	Tapeinosperma scrobiculata (Seem.) Mez	JM & al. 6347, 6353			Species	non renseigné	1	
Primulaceae	Tapeinosperma squarrosum Mez	JM (leg. HV et JPB) 6444			Species	endémique	1	

Famille	Taxon	Voucher	Nb arbres	Observation	Nom rang	Statut biologique	Statut PN	IUCN 2011
Primulaceae	Tapeinosperma tchingouensis var. longipetiolatum M. Schmid ined.	JM & al. 6392		JM, ACC	Species	endémique	1	
Primulaceae	Tapeinosperma vestitum Mez			ACC	Species	endémique	1	
Primulaceae	Tapeinosperma vieillardii Hook. f.	JM & al. 6265, 6395			Species	endémique	1	
Proteaceae	Beauprea Brongrn. & Gris			JM	Genus	endémique	1	
Proteaceae	Beauprea comptonii S. Moore	JM & al. 6321, 6372			Species	endémique	1	
Proteaceae	Beauprea filipes Schltr.	JM (leg. HV et JPB) 6434			Species	endémique	1	
Proteaceae	Kermadecia rotundifolia Brongn. & Gris	JM & al. 6138, 6385	7	JM, ACC	Species	endémique	0	
Proteaceae	Kermadecia sinuata Brongn. & Gris		8	JM	Species	endémique	0	
Proteaceae	Sleumerodendron austrocaledonicum (Brongn. & Gris) Virot		5	JM, ACC	Species	endémique	0	
Proteaceae	Stenocarpus R.Br.	JM & al. 6239			Genus	indigène	0	
Proteaceae	Virotia rousselii (Vieill.) P.H. Weston & A.R. Mast			JM	Species	endémique	0	
Psilotaceae	Tmesipteris	JM & al. 6422			Genus	indigène	0	
Rhizophoraceae	Crossostylis multiflora Brongn. & Gris		23	JM	Species	endémique	0	
Rosaceae	Rubus moluccanus L.			JM	Species	indigène	0	
Rosaceae	Rubus rosifolius Sm.			JM	Species	indigène	0	
Rubiaceae	Atractocarpus heterophyllus (Montrouz.) Guillaumin & Beauvis			ACC	Species	endémique	0	
Rubiaceae	Atractocarpus mollis (Schltr.) comb. ined.	JM & al. 6374			Species	endémique	0	
Rubiaceae	Atractocarpus nigricans Mouly ined.	JM & al. 6308	1		Species	endémique	0	
Rubiaceae	Atractocarpus pseudoterminalis (Guillaumin) comb. ined.	JM & al. 6369			Species	endémique	0	
Rubiaceae	Atractocarpus Schltr. & K.Krause	JM & al. 6276, 6394			Genus	indigène	0	
Rubiaceae	Atractocarpus sessilifolius Guillaumin	JM & al. 6249			Species	endémique	0	
Rubiaceae	Atractocarpus sp. A (MacKee 25341)	JM & al. 6371	2		TTT	endémique	0	
Rubiaceae	Coelospermum balansaeanum Baill.	JM & al. 6291	3	ACC	Species	endémique	0	
Rubiaceae	Cyclophyllum Hook.f.	JM 6115, 6171 ; JM & al. 6307			Genus	indigène	0	
Rubiaceae	Gardenia oudiepe Vieill.		20	JM, ACC	Species	endémique	0	
Rubiaceae	Guettarda baladensis Guillaumin		7	JM, ACC	Species	endémique	0	
Rubiaceae	Ixora comptonii S. Moore	JM 6185 : JM & al. 6312, 6328, 6421			Species	endémique	0	
Rubiaceae	Ixora L.	JM & al. 6423	1	JM, ACC	Genus	indigène	0	

Famille	Taxon	Voucher	Nb arbres	Observation	Nom rang	Statut biologique	Statut PN	IUCN 2011
Rubiaceae	Morinda candollei (Montr.) Beauvis.	JM & al. 6282	3		Species	endémique	0	
Rubiaceae	Morinda phyllireoides Labill.	JM 6114		JM	Species	endémique	0	
Rubiaceae	Psychotria baillonii Schltr.	JM 6100		JM, ACC	Species	endémique	0	
Rubiaceae	Psychotria baladensis (Baill.) Guillaumin	JM & al. 6275		JM, ACC	Species	endémique	0	
Rubiaceae	Psychotria collina Labill.		31	JM, ACC	Species	indigène	0	
Rubiaceae	Psychotria faguetii (Baill.) Schltr.	JM & al. 6267, 6357			Species	endémique	0	
Rubiaceae	Psychotria frondosa S. Moore			ACC	Species	endémique	0	
Rubiaceae	Psychotria goniocarpa (Baill.) Guillaumin	JM 6092 : JM & al. 6350	1	JPB, ACC	Species	endémique	0	
Rubiaceae	Psychotria hootmawaapensis Barrabé & Florence, ined.			ACC	Species	endémique	0	
Rubiaceae	Psychotria L.	JM & al. 6133	1	JM, ACC	Genus	indigène	0	
Rubiaceae	Psychotria pancheri (Baill.) Schltr.	JM 6090	4	JM, ACC	Species	endémique	0	
Rubiaceae	Psychotria pubituba S. Moore	JM & al. 6298			Species	endémique	0	
Rubiaceae	Psychotria pulchrebracteata Guillaumin	JM & al. 6398			Species	endémique	0	
Rubiaceae	Psychotria roseo-tincta S. Moore	JM 6166, 6482 ; JM & al. 6135, 6248, 6318			Species	endémique	0	
Rubiaceae	Psychotria schumanniana Schltr.	JM & al. 6131, 6304, 6306			Species	endémique	0	
Rubiaceae	Psychotria trisulcata (Baill.) Guillaumin	JM & al. 6287		ACC	Species	endémique	0	
Rubiaceae	Psychotria vieillardii (Baill.) Guillaumin	JM & al. 6257			Species	endémique	0	
Rubiaceae	Psydrax Gaertn.	JM 6449			Genus	indigène	0	
Rubiaceae	Tarenna Gaertn.	JM 6098			Genus	indigène	0	
Rubiaceae	Tarenna ignambiensis (Guillaumin) Jérémie		9	JM, ACC	Species	endémique	0	
Rutaceae	Acronychia laevis J.R. Forst. & G. Forst.			JM	Species	indigène	0	
Rutaceae	Comptonella drupacea (Labill.) Guillaumin		2	JM, ACC	Species	endémique	0	
Rutaceae	Comptonella oreophila var. longipes (Guillaumin) T.G. Hartley	JM 6456 ; JM & al. 6137, 6292, 6417	11	JM	Varietas	endémique	0	
Rutaceae	Dutaillyea amosensis (Guillaumin) T.G. Hartley	JM & al. 6417			Species	endémique	1	VU
Rutaceae	Melicope glaberrima Guillaumin	JM & al. 6286		ACC	Species	endémique	0	
Rutaceae	Melicope lasioneura (Baill.) Baill. ex Guillaumin	JM (leg. HV et JPB) 6437			Species	endémique	0	
Rutaceae	Melicope vieillardi (Baill.) Baill. ex Guillaumin	JM & al. 6329		JM	Species	endémique	0	
Rutaceae	Myrtopsis novae-caledoniae Vieill. ex Engl.	JM & al. 6407			Species	endémique	0	
Rutaceae	Sarcomelicope follicularis T.G. Hartley		5	JM, ACC	Species	endémique	0	
Rutaceae	Sarcomelicope simplicifolia (Endl.) T. Hartley			JM	Species	indigène	0	

Famille	Taxon	Voucher	Nb arbres	Observation	Nom rang	Statut biologique	Statut PN	IUCN 2011
Rutaceae	Zanthoxylum L.	JM 6104, 6454	2		Genus	indigène	0	
Rutaceae	Zanthoxylum schlechteri Guillaumin	JM & al. 6126, 6303			Species	endémique	0	
Sapindaceae	Arytera neoebudensis (Guillaumin) H.Turner	MC 869	2	JM	Species	indigène	0	
Sapindaceae	Cupaniopsis azantha Radlk.	JM & al. 6120	1		Species	endémique	1	
Sapindaceae	Cupaniopsis macrocarpa Radlk.	MC 873, 874, 894 ; JM 6177, 6179	34	JM, ACC	Species	endémique	1	
Sapindaceae	Cupaniopsis myrmoctona Radlk.	MC & al. 904			Species	endémique	1	
Sapindaceae	Cupaniopsis oedipoda Radlk.	MC & al. 863, 870	1	JM, ACC	Species	endémique	1	
Sapindaceae	Cupaniopsis aff. petiolulata Radlk.	MC & al. 867			Species	endémique	1	
Sapindaceae	Cupaniopsis petiolulata Radlk.		52	JM	Species	endémique	1	
Sapindaceae	Cupaniopsis Radlk.	MC 861, 885, 887, 892	1	JM	Genus	indigène	0	
Sapindaceae	Cupaniopsis sylvatica Guillaumin	MC 866	56	JM, ACC	Species	endémique	1	
Sapindaceae	Gongrodiscus bilocularis H.Turner		33	JM, ACC	Species	endémique	0	
Sapindaceae	Gongrodiscus Radlk.	MC 896			Genus	endémique	0	
Sapindaceae	Guioa Cav.	MC 905 ; JM & al. 6139		JM	Genus	indigène	0	
Sapindaceae	Guioa crenulata Radlk.	JM & al. 6258, 6339		JM	Species	endémique	0	
Sapindaceae	Guioa glauca (Labill.) Radlk.	JM & al. 6337 ; MC 862	6	JM	Species	endémique	0	
Sapindaceae	Guioa glauca var. glauca (Labill.) Radlk.	JM & al. 6316			Varietas	endémique	0	
Sapindaceae	Guioa microsepala Radlk.		17	JM	Species	endémique	0	
Sapindaceae	Guioa ovalis Radlk.		9	JM, ACC	Species	indigène	0	
Sapindaceae	Guioa villosa Radlk.	JM 6173		JM	Species	endémique	0	
Sapindaceae	Harpullia austrocaledonica Baill.		13	JM	Species	endémique	0	
Sapindaceae	Podonephelium concolor Radlk.	MC 897			Species	endémique	0	
Sapindaceae	Podonephelium pachycaule Munzinger, Lowry, Callm. & Buerki, ined.	MC 895	2	JM, ACC	Species	endémique	0	
Sapindaceae	Storthocalyx sp. A (Munzinger6077)	MC 868, 871, 886, 901 ; JM 6108 ; JM6193	85	ACC, JM	TTT	endémique	0	
Sapotaceae	Beccariella longipetiolata Aubrév.		2	JPB, JM, ACC	Species	endémique	0	
Sapotaceae	Beccariella Pierre	JM & al. 6336			Genus	indigène	0	
Sapotaceae	Beccariella rubicunda (Pierre ex Baill.) Pierre		22	JM, ACC	Species	endémique	0	
Sapotaceae	Planchonella amieuana (Guillaumin) Aubrév.			JM	Species	endémique	1	

Famille	Taxon	Voucher	Nb arbres	Observation	Nom rang	Statut biologique	Statut PN	IUCN 2011
Sapotaceae	Planchonella glauca Swenson & Munzinger	JM & al. 6326, 6326bis ; JM (leg. HV & JPB) 6441	2	JM	Species	endémique	1	
Sapotaceae	Planchonella mandjeliana Munzinger & Swenson	JM & al. 6271		JM, ACC	Species	endémique	1	
Sapotaceae	Planchonella Pierre	JM 6150 ; JM & al. 6247			Genus	indigène	1	
Sapotaceae	Planchonella sphaerocarpa (Baill.) Dubard		4	JM, ACC	Species	endémique	1	
Sapotaceae	Pycnandra balansae (Baill.) Swenson & Munzinger		18	JM	Species	endémique	0	
Sapotaceae	Pycnandra bracteolata Swenson & Munzinger	JM 6473 ; JM & al. 6163			Species	endémique	0	
Sapotaceae	Pycnandra comptonii (S. Moore) Vink		28	JM, ACC	Species	endémique	0	
Sapotaceae	Pycnandra controversa (Guillaumin) Vink		28	JM, ACC	Species	endémique	0	
Sapotaceae	Pycnandra linearifolia Swenson & Munzinger			JM	Species	endémique	0	
Sapotaceae	Pycnandra ouaiemensis Swenson & Munzinger	JM & al. 6406			Species	endémique	0	
Schizaeaceae	Lygodium	JM & al. 6399		JM	Genus	indigène	0	
Schizaeaceae	Lygodium reticulatum Schk.			JPB, JM	Species	indigène	0	
Schizaeaceae	Schizaea dichotoma (L.) Smith			JPB	Species	indigène	0	
Schizaeaceae	Schizaea melanesica Selling			JM	Species	indigène	0	
Selaginellaceae	Selaginella			JM, ACC	Genus	indigène	0	
Smilacaceae	Smilax L.	JM 6170		JM, ACC	Genus	indigène	0	
Smilacaceae	Smilax ligustrifolia A. DC.	JM & al. 6272			Species	endémique	0	
Smilacaceae	Smilax neocaledonica Schltr.			ACC	Species	endémique	0	
Symplocaceae	Symplocos arborea (Vieill.) Brongn. & Gris			JM, ACC	Species	endémique	0	
Symplocaceae	Symplocos montana (Vieill.) Brongn. & Gris		4	ACC	Species	endémique	0	
Symplocaceae	Symplocos montana var. tortuosa (Vieill. ex Guillaumin) Noot.		5	JM	Varietas	endémique	0	
Symplocaceae	Symplocos neocaledonica (Vieill.) Noot.	JM 6469 ; JM & al. 6269, 6412	28	JM	Species	endémique	0	
Taxaceae	Austrotaxus spicata Compton		1	JM	Species	endémique	1	NT
Thymelaeaceae	Lethedon cernua (Baill.) Kosterm.	JM & al. 6334			Species	endémique	1	
Thymelaeaceae	Lethedon cordatoretusa Aymonin	JM & al. 6124, 6277	1		Species	endémique	0	
Thymelaeaceae	Lethedon Spreng.	JM & al. 6161, 6296, 6355, 6410	11		Genus	indigène	0	
Thymelaeaceae	Wikstroemia indica (L.) C.A. Mey.			JM	Species	indigène	0	
Trimeniaceae	Trimenia neocaledonica Baker f.	JM & al. 6117	3	JM, ACC	Species	endémique	0	
Urticaceae	Nothocnide repanda (Blume) Blume			JM, ACC	Species	indigène	0	
Urticaceae	Procris pedunculata (J.R. Forst. & G. Forst.) Wedd.			ACC	Species	indigène	0	

Famille	Taxon	Voucher	Nb arbres	Observation	Nom rang	Statut biologique	Statut PN	IUCN 2011
Verbenaceae	Lantana camara L.			JM	Species	naturalisée	0	
Violaceae	Agatea pancheri Brongn.		4	JM, ACC	Species	endémique	0	
Violaceae	Agatea rufotomentosa Baker f.	JM & al. 6337bis		JM, ACC	Species	endémique	0	
Viscaceae	Korthalsella disticha (Endl.) Engl.	JM 6471 ; JM (leg. HV et JPB) 6435, 6439			Species	indigène	0	
Winteraceae	Zygogynum amplexicaule (Parmentier) Vink	JM & al. 6315			Species	endémique	1	
Winteraceae	Zygogynum Baill.		4	ACC	Genus	indigène	1	
Winteraceae	Zygogynum comptonii var. comptonii (Baker f.) Vink	JM 6480	4		Varietas	endémique	1	
Winteraceae	Zygogynum comptonii var. taracticum Vink	JM & al. 6148, 6411	1		Varietas	endémique	1	
Winteraceae	Zygogynum pancheri ssp. deplanchei (Tiegh.) Vink	JM 6105 ; JM & al. 6123			Subspecies	endémique	1	
Winteraceae	Zygogynum pauciflorum (Baker f.) Vink	JM 6181			Species	endémique	1	
Winteraceae	Zygogynum pomiferum ssp. pomiferum Baill.	JM & al. 6122, 6295, 6367			Subspecies	endémique	1	
Winteraceae	Zygogynum tanyostigma Vink	JM & al. 6415			Species	endémique	1	VU
Xanthorrheaceae	Rhuacophila javanica Blume			JM	Species	indigène	0	
Zingiberaceae	Curcuma longa L.			JM	Species	subspontanée	0	

Annexe 2 : données des 16 parcelles mises en place en Novembre 2010 sur le massif du Panié et les Roches de la Ouaième. Total par famille et par taxon infra-familial.

Taxon	Dawenia 1	Dawenia 2	Dawenia 3	La Guen 1	La Guen 2	La Guen 3	La Guen 4	La Guen 5	Ouaième 1	Ouaième 2	Ouaièm e 3	Ouaièm e 4	Wewec 1	Wewec 2	Wewec 3	Wewec 4	Total général
Anacardiaceae R. Br.										1	1						2
Euroschinus vieillardii Engl.										1	1						2
Annonaceae Juss.	13	6	5	6	11								4				45
Goniothalamus sp. nov. ("Hmoope")	12	2	5	6	11								4				40
Xylopia vieillardii Baill.	1	4															5
Apocynaceae Juss.	1	1		4	4			1									11
Alstonia quaternata Van Heurck					4												4
Alyxia Banks ex R.Br.	1																1
Neisosperma brevituba (Boiteau) Boiteau				3													3
Rauvolfia balansae (Baill.) Boiteau		1		1				1									3
Aquifoliaceae DC. ex A. Rich.			2														2
Ilex sebertii Pancher & Sebert			2														2
Araliaceae Juss.	8	5	6	2	14	7	1	12	18	3	2	5		1	5	4	93
Meryta balansae Baill.									7		1					1	9
Meryta lecardii (R. Vig.) Lowry & F. Tronchet, ined.			1														1
Meryta oxylaena Baill.					2			1		1						1	5
Meryta pedunculata Lowry & F. Tronchet, ined.		1										1					2
Meryta schizolaena Baill.										1							1
Plerandra A.Gray									1		1						2
Plerandra gabriellae (Baill.) Lowry, G.M. Plunkett & Frodin, ined.		2			1	2	1		3						5	1	15
Plerandra gpe candelabra/ pscudocandelabra	1								5					1			7
Plerandra leptophylla (Veitch ex T. Moore) Lowry, G.M. Plunkett & Frodin, ined.						2			1								3
Plerandra osyana (Veitch ex Regel) Lowry, G.M. Plunkett & Frodin, ined.				2													2
Plerandra osyana subsp. toto (Baill.) Lowry, G.M. Plunkett & Frodin, comb. ined.					4												4
Plerandra pancheri (Baill.) Lowry, G.M. Plunkett & Frodin	1	2	3					1		1							8
Plerandra plerandroides (R. Viguier) Lowry, G.M. Plunkett & Frodin, ined.	4											1				1	6
Polyscias balansae (Baill.) Harms			1		1												2
Polyscias bracteata (R.Vig.) Lowry			1														1
Polyscias bracteata ssp. bracteata (R. Vig.) Lowry					3	2			1								6
Polyscias cissodendron (C. Moore & F. Muell.) Harms						1											1
Polyscias lecardii (R. Vig.) Lowry								4				3					7

Taxon	Dawenia 1	Dawenia 2	Dawenia 3	La Guen 1	La Guen 2	La Guen 3	La Guen 4	La Guen 5	Ouaième 1	Ouaième 2	Ouaièm e 3	Ouaièm e 4	Wewec 1	Wewec 2	Wewec 3	Wewec 4	Total général
Polyscias vieillardii (Baill.) Lowry & Plunkett					3												3
Schefflera J.R.Forst. & G.Forst.	2																2
Schefflera veillonorum Lowry ined.								6									6
Araucariaceae Henkel & W. Hochst.	**1**							**2**									**3**
Agathis moorei (Lindley) Masters	1							2									3
Arecaceae Schultz	**3**	**1**	**1**	**14**	**13**	**41**	**8**	**11**	**17**	**10**	**22**	**33**	**2**	**18**	**6**	**8**	**208**
Basselinia glabrata Becc.			1	2	5	28	1	2	9	4	5			2	2	8	69
Basselinia gracilis (Brongn. & Gris) Vieill.								7									7
Basselinia velutina Becc.												21					21
Burretiokentia vieillardii (Brongn. & Gris) Pic. Serm.	3	1			2	10		2	8	1	8		2				37
Chambeyronia macrocarpa (Brongn.) Vieill. ex Becc.														15	3		18
Clinosperma lanuginosa (H.E. Moore) Pintaud & W.J. Baker												11					11
Cyphokentia cerifera (H.E. Moore) Pintaud & W.J. Baker										2	4				1		7
Cyphophoenix alba (H.E. Moore) Pintaud & W.J. Baker				12	6	3	7			3	5	1		1			38
Atherospermataceae R. Br.								**16**			**8**						**24**
Nemuaron vieillardii (Baill.) Baill.								16			8						24
Balanopaceae Benth. & Hook. f.	**1**	**1**	**1**	**1**	**2**			**1**		**8**	**5**						**20**
Balanops oliviformis Baill.			1							1							2
Balanops pachyphylla Baill. ex Guillaumin										1							1
Balanops sp. "Panié"	1	1		1	2			1		5	5						16
Balanops vieillardii Baill.										1							1
Burseraceae Kunth	**1**	**2**															**3**
Canarium aff. oleiferum (NE Munzinger 4002)	1	2															3
Calophyllaceae J. Agardh	**1**	**12**	**9**	**2**	**2**		**20**			**45**	**4**		**3**			**3**	**101**
Calophyllum caledonicum Vieill. ex Planch. & Triana	1	12	9	2	2		20			44	4		3			3	100
Calophyllum inophyllum L.										1							1
Cardiopteridaceae Blume	**1**		**1**					**4**				**1**					**7**
Citronella sarmentosa (Baill.) Howard	1		1					4				1					7
Celastraceae R. Br.					**1**		**1**		**4**	**2**	**1**		**1**				**10**
Dicarpellum baillonianum (Loes.) A.C. Sm.										1			1				2
Maytenus fournieri (Pancher & Sebert) Loesn.							1										1
Salaciopsis neocaledonica Baker f.									4	1							5
Salaciopsis sparsiflora Hürl.					1						1						2

Taxon	Dawenia 1	Dawenia 2	Dawenia 3	La Guen 1	La Guen 2	La Guen 3	La Guen 4	La Guen 5	Ouaième 1	Ouaième 2	Ouaième 3	Ouaième 4	Wewec 1	Wewec 2	Wewec 3	Wewec 4	Total général
Chloranthaceae R. Br. ex Sims	**1**				**1**						**1**						**3**
Ascarina solmsiana Schltr.	1				1						1						3
Clusiaceae Lindl.	**15**	**4**	**28**	**26**	**13**	**1**	**9**	**23**	**6**	**6**	**18**	**5**	**4**	**3**			**161**
Garcinia amplexicaulis Vieill.	12	1	6	8				9	4		10	2	2				54
Garcinia L.													1				1
Garcinia neglecta Vieill.			3														3
Garcinia puat Guillaumin						1	2		2	3	4			3			15
Garcinia vieillardii Pierre		2	16	17	11		2			1	1		1				51
Garcinia virgata Vieill. ex Guillaumin	3	1	3	1			5	10		2	1	3					29
Montrouziera cauliflora Planch. & Triana					2			4			2						8
Cornaceae Dumort.									**1**								**1**
Alangium bussyanum (Baill.) Harms									1								1
Cunoniaceae R. Br.	**2**		**2**	**2**	**7**	**1**	**4**	**4**	**3**		**5**	**8**	**4**	**2**	**6**	**2**	**52**
Codia incrassata Pamp.			2		4												6
Cunonia aoupiniensis Hoogland								2									2
Cunonia pulchella Brongn. & Gris							4	1				8					13
Geissois montana Vieill. ex. Brongn. & Gris									2		3						5
Geissois polyphylla Lécard ex Guillaumin	1												1				2
Geissois racemosa Labill.														2	4		6
Spiraeanthemum densiflorum Brongn. & Gris				2	3				1		1		2				9
Weinmannia dichotoma Brongn. & Gris var. monticola (Däniker) comb. ined.	1							1			1						3
Weinmannia serrata Brongn. & Gris						1							1		2	2	6
Cyatheaceae Kaulf.	**2**			**17**	**21**	**2**	**26**	**6**		**1**	**3**	**11**	**2**				**91**
Alsophila vieillardii (Mett.) R.M.Tryon	2			17	16	1	26	1		1	2	9	2				77
Sphaeropteris novae-caledoniae (Mett.) R.M.Tryon					5	1		5			1	2					14
Dicksoniaceae M.R. Schomb.	**10**	**2**	**1**	**13**	**4**	**5**	**11**	**2**	**17**	**11**	**25**		**14**			**4**	**119**
Dicksonia thyrsopteroides Mett.	10	2	1	13	4	5	11	2	17	11	25		14			4	119
Dilleniaceae Salisb.				**1**								**1**			**1**		**3**
Hibbertia comptonii Baker f.												1					1
Hibbertia pancheri (Brongn. & Gris) Briq.				1													1
Tetracera billardieri Martelli															1		1
Ebenaceae Gürke	**14**	**6**	**3**	**1**	**2**	**3**		**16**	**4**	**8**	**4**	**5**		**13**		**1**	**80**
Diospyros brassica F. White						1											1
Diospyros flavocarpa (Viell. ex P. Parm.) F. White						2			3	1	2						8
Diospyros macrocarpa Hiern														13			13
Diospyros olen Hiern	14	6	3	1	2					7	2					1	36
Diospyros oubatchensis Kosterm.								16				5					21
Diospyros parviflora (Schltr.) Bakh. f.									1								1

Taxon	Dawenia 1	Dawenia 2	Dawenia 3	La Guen 1	La Guen 2	La Guen 3	La Guen 4	La Guen 5	Ouaième 1	Ouaième 2	Ouaièm e 3	Ouaièm e 4	Wewec 1	Wewec 2	Wewec 3	Wewec 4	Total général
Elaeocarpaceae Juss. ex DC.					**1**			**9**	**2**	**3**	**6**	**7**			**1**		**29**
Elaeocarpus angustifolius Blume															1		1
Elaeocarpus bullatus Tirel								9				4					13
Elaeocarpus geminiflorus Brongn.												3					3
Elaeocarpus weibelianus Tirel					1					1							2
Sloanea magnifolia Tirel									2								2
Sloanea montana (Labill.) A. C. Sm.											1						1
Sloanea raynaliana Tirel										2	5						7
Escalloniaceae R. Br. ex Dumort.																**1**	**1**
Polyosma leratii Guillaumin																1	1
Euphorbiaceae Juss.				**4**					**13**		**4**			**1**			**22**
Baloghia inophylla (G. Forst.) P.S. Green														1			1
Bocquillonia lucidula Airy Shaw									1								1
Bocquillonia nervosa Airy Shaw									9								9
Bocquillonia phenacostigma Airy Shaw				4													4
Cleidion spathulatum Baill.									3		4						7
Fabaceae Lindl. - Mimosoideae (R. Br.) DC.			**9**	**18**	**19**		**5**										**51**
Archidendropsis fulgens (Labill.) I.C.Nielsen			9	18	19		5										51
Flacourtiaceae	**2**			**12**	**11**			**3**	**1**							**1**	**30**
Casearia silvana Schltr.									1								1
Homalium Jacq.	2			11	11												24
Lasiochlamys reticulata (Schltr.) Pax & K. Hoffm.				1				3								1	5
Gentianaceae Juss.			**1**							**1**							**2**
Fagraea berteroana A. Gray ex Benth.			1							1							2
Gesneriaceae Rich. & Juss.ex DC.					**1**						**3**	**6**	**1**				**11**
Coronanthera clarkeana Schltr.					1						3	6	1				11
Hernandiaceae Bercht. & J. Presl		**1**	**3**														**4**
Hernandia cordigera Vieill.		1	3														4
Icacinaceae (Benth.) Miers										**8**		**13**					**21**
Apodytes clusiifolia (Baill.) Villiers										8		13					21
Lamiaceae Martynov				**2**					**1**	**2**	**1**	**1**		**1**	**3**		**11**
Gmelina magnifica Mabb.									1	2							3
Oxera Labill.				2													2
Oxera robusta Vieill.											1			1	3		5
Oxera subverticillata Vieill.												1					1
Lauraceae Juss.	**3**	**7**	**10**	**19**	**5**	**13**	**31**	**6**	**15**	**16**	**13**	**6**	**5**	**1**	**1**	**12**	**163**
Beilschmiedia				3			1							1			5
Cryptocarya elliptica Schltr.				1			6								1		8
Cryptocarya gracilis Schltr.								2									2
Cryptocarya longifolia Kosterm.			2	5		3	12			4			1			1	28

Taxon	Dawenia 1	Dawenia 2	Dawenia 3	La Guen 1	La Guen 2	La Guen 3	La Guen 4	La Guen 5	Ouaième 1	Ouaième 2	Ouaièm e 3	Ouaièm e 4	Wewec 1	Wewec 2	Wewec 3	Wewec 4	Total général
Cryptocarya macrodesme Schltr.							4									2	6
Cryptocarya oubatchensis Schltr.	1	6		5	2	6	1	1	15	7	12	2	2				60
Cryptocarya R.Br.										2							2
Cryptocarya sp. "aff. aristata" (Munzinger 5874)	1							1		1						1	4
Cryptocarya sp. "aff. pluricostata" (Barrabé 280)		1	5													1	7
Cryptocarya sp. "aurea" ined. (Munzinger 4792)				1	1	4	1									2	9
Cryptocarya sp. "glauque" (Munzinger 5832)	1		3	4	2		6	2		2	1	4	1			3	29
Cryptocarya velutinosa Kosterm.													1			2	3
Lecythidaceae A. Rich.					**3**				**6**	**8**	**12**						**29**
Barringtonia J.R.Forst. & G.Forst.					3				5	8	11						27
Barringtonia longifolia Schltr.									1		1						2
Linaceae DC. ex Perleb								**1**									**1**
Hugonia sp. (NE Munzinger3338)								1									1
Loganiaceae R. Br.									**1**					**1**			**2**
Neuburgia neocaledonica (Gilg & Benedict) J. Molina & Struwe									1					1			2
Malvaceae Juss.	**11**	**3**	**4**	**18**	**10**						**1**						**47**
Acropogon schistophilus Morat & Chapolin	11	3	4	18	10												46
Acropogon schumannianus Schltr.											1						1
Meliaceae Juss.	**5**	**3**	**5**	**3**	**7**	**4**	**6**	**12**	**3**	**6**	**5**	**2**	**10**	**15**	**12**	**5**	**103**
Anthocarapa nitidula (Benth.) T. D. Penn. ex Mabb.	4	1	4	1	1	1	3	1		1	2		2				21
Dysoxylum Blume				2													2
Dysoxylum kouiriense Virot						3							2	1	2	2	10
Dysoxylum macranthum C. DC.											1		4	14	9		28
Dysoxylum roseum C. DC.	1	2	1		6		1	4	3	5	2	2	1		1	2	31
Dysoxylum rufescens ssp. dzumacense (Guillaumin) Mabb.							2	7					1			1	11
Monimiaceae Juss.	**12**	**15**	**8**	**14**	**2**	**30**	**13**	**21**	**3**	**8**	**8**	**11**	**6**	**20**	**51**	**49**	**271**
Hedycarya chrysophylla Perkins						1		2			3	6		1			13
Hedycarya cupulata Baill.	1	7	4	9	1	18	6	1	2	1	3		2	12	33	38	138
Hedycarya engleriana S. Moore	6	6		4	1	11	7				1		2	7	18	11	74
Hedycarya J.R.Forster & G.Forster									1								1
Hedycarya parvifolia Perkins & Schltr.	1							2									3
Hedycarya symplocoides S. Moore				1													1
Kibaropsis caledonica (Guillaumin) Jérémie	4	2	4					16		7	1	5	2				41
Moraceae Link	**1**	**1**				**1**		**1**	**3**		**1**		**1**				**9**
Ficus otophora Corner & Guillaumin	1								1								2
Ficus racemigera Bureau									1				1				2

Taxon	Dawenia 1	Dawenia 2	Dawenia 3	La Guen 1	La Guen 2	La Guen 3	La Guen 4	La Guen 5	Ouaième 1	Ouaième 2	Ouaièm e 3	Ouaièm e 4	Wewec 1	Wewec 2	Wewec 3	Wewec 4	Total général
Ficus vieillardiana Bureau		1				1		1			1						4
Ficus webbiana (Miq.) Miq.									1								1
Myodocarpaceae Doweld	**1**		**1**		**1**			**8**			**1**						**12**
Delarbrea harmsii R. Vig.											1						1
Delarbrea montana ssp. arborea (R. Vig.) Lowry					1												1
Myodocarpus pinnatus Brongn. & Gris	1		1					8									10
Myrtaceae Juss.	**19**	**6**	**19**	**23**	**10**	**2**	**3**	**36**	**5**	**6**	**14**	**6**	**5**	**2**	**1**	**2**	**159**
Eugenia paniensis J.W.Dawson ined.								22				4					26
Gossia N. Snow & Guymer													1				1
Gossia nigripes (Guillaumin) N.Snow								2									2
Kanakomyrtus longipetiolata N. Snow	1																1
Kanakomyrtus N. Snow									1								1
Kanakomyrtus prominens N. Snow									1						1		2
Metrosideros Banks ex Gaertn.								1									1
Metrosideros brevistylis J. W. Dawson								2			2						4
Metrosideros oreomyrtus Däniker								1									1
Myrtaceae Juss.		1	1	13			1			1	4			1			22
Piliocalyx bullatus Brongn. & Gris		1	5														6
Piliocalyx ignambiensis (Baker f.) Craven, comb. ined.					1												1
Piliocalyx laurifolius Brongn. & Gris				7	4		1						1				13
Piliocalyx wagapensis Brongn. & Gris	4	1	2	2	3		1				3		1	1		2	20
Syzygium amieuense (Guillaumin) J. W. Dawson	1				1	2			1								5
Syzygium arboreum (Baker f.) J. W. Dawson	1							3			1						5
Syzygium auriculatum Brongn. & Gris	1		1					1		1							4
Syzygium brachycalyx (Baker f.) J. W. Dawson	1		1							4							6
Syzygium frutescens Brongn. & Gris								1			1						2
Syzygium Gaertn.													1				1
Syzygium neocaledonicum (Seem.) J. W. Dawson	5																5
Syzygium pancheri Brongn. & Gris								1									1
Syzygium paniense (Baker f.) J. W. Dawson	5	3	9	1	1			2					1				22
Syzygium tenuiflorum Brongn. & Gris									2		3						5
Syzygium wagapense Brongn. & Gris												2					2
Nyctaginaceae Juss.	**1**				**1**								**2**			**4**	**8**
Pisonia gigantocarpa (Heimerl) Stemm.	1				1								2			4	8
Oleaceae Hoffmanns. & Link	**4**	**4**	**3**		**1**			**1**	**2**	**1**	**6**						**22**
Chionanthus brachystachys (Schltr.) P.S. Green	4	4	3		1			1			4						17
Chionanthus pedunculatus P.S.Green									2	1	2						5

Taxon	Dawenia 1	Dawenia 2	Dawenia 3	La Guen 1	La Guen 2	La Guen 3	La Guen 4	La Guen 5	Ouaième 1	Ouaième 2	Ouaièm e 3	Ouaièm e 4	Wewec 1	Wewec 2	Wewec 3	Wewec 4	Total général
Oncothecaceae Kobuski ex Airy Shaw					**3**												**3**
Oncotheca humboldtiana (Guillaumin) Morat & Veillon					3												3
Pandanaceae R. Br.		**10**	**5**		**5**			**20**		**4**	**7**	**6**	**10**	**7**		**2**	**76**
Pandanus altissimus (Brongn.) Solms								20				6					26
Pandanus clandestinus Stone		10	5		5					4	7		10	7		2	50
Paracryphiaceae Airy Shaw		**2**						**6**				**1**					**9**
Paracryphia alticola (Schltr.) Steenis								2				1					3
Sphenostemon comptonii Baker f.		2						1									3
Sphenostemon pachycladum Baill.								1									1
Sphenostemon thibaudii Jérémie								2									2
Phellinaceae (Loes.) Takht.	**1**							**1**				**1**					**3**
Phelline confertifolia Baill.												1					1
Phelline erubescens Baill.	1							1									2
Phyllanthaceae Martynov														**1**			**1**
Glochidion billardierei Baill.														1			1
Picrodendraceae Small			**5**		**2**		**1**	**10**				**5**					**23**
Austrobuxus alticola McPherson							1										1
Austrobuxus Miq.								1									1
Austrobuxus ovalis Airy Shaw								9				5					14
Austrobuxus vieillardii (Guillaumin) Airy Shaw			5		2												7
Piperaceae Bercht. & J. Presl														**1**	**1**		**2**
Piper austrocaledonicum C. DC.														1	1		2
Pittosporaceae R. Br.							**1**	**1**									**2**
Pittosporum oreophilum Guillaumin							1	1									2
Podocarpaceae Endl.								**3**									**3**
Retrophyllum comptonii (Buchh.) C. Page								3									3
Primulaceae Batsch ex Borkh.	**5**	**2**	**3**	**2**	**2**		**1**	**16**	**5**	**6**	**4**	**37**	**2**				**85**
Rapanea arborea M. Schmid										1	4	6					11
Rapanea asymmetrica Mez			2				1	1									4
Rapanea Aubl.	3	1	1									1	1				7
Rapanea citrifolia Mez								1		1		2					4
Rapanea modesta var. modesta Mez													1				1
Tapeinosperma Hook.f.	2			1	1												4
Tapeinosperma minutum Mez								1									1
Tapeinosperma nitidum Mez								13		1		28					42
Tapeinosperma pancheri Mez		1		1	1				5	3							11
Proteaceae Juss.	**1**	**1**	**2**				**2**		**1**	**1**	**4**	**5**		**2**		**1**	**20**
Kermadecia rotundifolia Brongn. & Gris	1	1	2				1				1	1					7
Kermadecia sinuata Brongn. & Gris									1	1	3			2		1	8
Sleumerodendron austrocaledonicum (Brongn. & Gris) Virot							1					4					5

Taxon	Dawenia 1	Dawenia 2	Dawenia 3	La Guen 1	La Guen 2	La Guen 3	La Guen 4	La Guen 5	Ouaième 1	Ouaième 2	Ouaièm e 3	Ouaièm e 4	Wewec 1	Wewec 2	Wewec 3	Wewec 4	Total général
Rhizophoraceae Pers.		**2**			**4**	**9**	**2**	**3**	**2**			**3**					**25**
Crossostylis grandiflora Pancher ex Brongn. & Gris								1				1					2
Crossostylis multiflora Brongn. & Gris		2			4	9	2	2	2			2					23
Rubiaceae Juss.	**11**	**8**	**18**	**18**	**4**	**1**	**7**	**7**	**3**	**5**	**2**	**3**	**2**		**8**	**3**	**100**
Atractocarpus nigricans Mouly ined.												1					1
Atractocarpus sp. A (MacKee 25341)											2						2
Coelospermum balansaeanum Baill.				2												1	3
Gardenia oudiepe Vieill.	2	5	10	2												1	20
Guettarda baladensis Guillaumin				1				5				1					7
Guettarda L.			1		2			1									4
Guettarda wagapensis Guillaumin									1	2							3
Ixora L.								1									1
Morinda billardierei Baill.									1	3					6		10
Morinda candollei (Montr.) Beauvis.			3														3
Psychotria collina Labill.	2	3	4	13	1		6						1			1	31
Psychotria goniocarpa (Baill.) Guillaumin													1				1
Psychotria L.												1					1
Psychotria pancheri (Baill.) Schltr.						1			1						2		4
Tarenna ignambiensis (Guillaumin) Jérémie	7				1		1										9
Rutaceae Juss.				**2**	**4**			**8**	**2**	**1**		**3**		**2**	**1**	**1**	**24**
Comptonella drupacea (Labill.) Guillaumin				1											1		2
Comptonella E.G.Baker									1								1
Comptonella oreophila var. longipes (Guillaumin) T.G. Hartley								8	1			2					11
Picrella glandulosa T.G.Hartley														2			2
Picrella ignambiensis (Guillaumin) T.G.Hartley & Mabb.																1	1
Sarcomelicope follicularis T.G. Hartley					4							1					5
Zanthoxylum L.				1						1							2
Sapindaceae Juss.	**18**	**32**	**35**	**32**	**18**	**27**	**26**	**20**	**27**	**15**	**20**	**20**	**8**	**8**	**11**	**22**	**339**
Arytera neoebudensis (Guillaumin) H.Turner		1							1								2
Cupaniopsis azantha Radlk.	1																1
Cupaniopsis chytradenia Radlk.								1	3		2						6
Cupaniopsis mackeeana Adema											1						1
Cupaniopsis macrocarpa Radlk.	1	1	6	1	2	10	2		1				1	1	6	2	34
Cupaniopsis macrocarpa var. polyphylla Adema										3							3
Cupaniopsis myrmoctona Radlk.	1				1				1		3	4					10
Cupaniopsis oedipoda Radlk.		1															1
Cupaniopsis petiolulata Radlk.	5	11			3	10			1					6	3	13	52

Taxon	Dawenia 1	Dawenia 2	Dawenia 3	La Guen 1	La Guen 2	La Guen 3	La Guen 4	La Guen 5	Ouaième 1	Ouaième 2	Ouaième 3	Ouaième 4	Wewec 1	Wewec 2	Wewec 3	Wewec 4	Total général
Cupaniopsis phalacrocarpa Adema								1			1	2					4
Cupaniopsis Radlk.											1						1
Cupaniopsis sylvatica Guillaumin	1	8	9	11	3	1	19						3	1			56
Elattostachys apetala (Labill.) Radlk.															2		2
Gongrodiscus bilocularis H.Turner		1	2					13	1	1	3	12					33
Guioa glauca (Labill.) Radlk.	6																6
Guioa microsepala Radlk.		1			1	4	3	3	1		3	1					17
Guioa ovalis Radlk.					2	2	1									4	9
Guioa sp. Panié (Munzinger4328)												1					1
Harpullia austrocaledonica Baill.	3								5	3	2						13
Podonephelium pachycaule Munzinger, Lowry, Callm. & Buerki, ined.									2								2
Storthocalyx sp. A (Munzinger6077)		8	18	20	6		1	2	11	8	4		4			3	85
Sapotaceae Juss.	**10**	**8**	**6**	**10**	**7**	**8**		**18**	**9**	**4**	**8**	**21**	**1**			**5**	**115**
Beccariella longipetiolata Aubrév.	1									1							2
Beccariella rubicunda (Pierre ex Baill.) Pierre	1	1	2	10	3			1			1	3					22
Planchonella glauca Swenson & Munzinger								2									2
Planchonella sphaerocarpa (Baill.) Dubard		2	2														4
Pycnandra balansae (Baill.) Swenson & Munzinger	8		1						3	3	2		1				18
Pycnandra benthamii Baill.																1	1
Pycnandra comptonii (S. Moore) Vink		4	1		4	8			6		1					4	28
Pycnandra controversa (Guillaumin) Vink		1						13				15					28
Pycnandra cylindricarpa Swenson & Munzinger												3					3
Pycnandra griseosepala Vink								2			4						6
Symplocaceae Desf.	**1**	**1**	**2**	**3**	**6**	**3**	**4**	**6**	**1**	**4**		**7**				**1**	**39**
Symplocos montana (Vieill.) Brongn. & Gris	1		1			1	1										4
Symplocos montana var. baptica (Brongn. & Gris) Noot.				2				1									3
Symplocos montana var. tortuosa (Vieill. ex Guillaumin) Noot.			1							2						1	4
Symplocos neocaledonica (Vieill.) Noot.		1		1	6	2	3	5	1	2		7					28
Taxaceae Bercht. & J. Presl			**1**														**1**
Austrotaxus spicata Compton			1														1
Thymelaeaceae Juss.	**4**							**2**		**1**	**3**	**2**					**12**
Lethedon cordatoretusa Aymonin										1							1
Lethedon Spreng.	4							2			3	2					11
Trimeniaceae L.S. Gibbs											**1**						**1**
Trimenia neocaledonica Baker f.											1						1

Taxon	Dawenia 1	Dawenia 2	Dawenia 3	La Guen 1	La Guen 2	La Guen 3	La Guen 4	La Guen 5	Ouaième 1	Ouaième 2	Ouaièm e 3	Ouaièm e 4	Wewec 1	Wewec 2	Wewec 3	Wewec 4	Total général
Violaceae Batsch														**1**	**3**		**4**
Agatea pancheri Brongn.														1	3		4
Winteraceae R.Br. ex Lindl.	**2**	**1**						**5**	**1**		**6**					**2**	**17**
Zygogynum Baill.									1		2						3
Zygogynum comptonii var. comptonii (Baker f.) Vink								3									3
Zygogynum comptonii var. taracticum Vink											1						1
Zygogynum stipitatum Baill.		1									3					2	6
Zygogynum tieghemii ssp. thulium Vink								1									1
Zygogynum vinkii Sampson	2							1									3
Nombre d'individus/parcelle	**186**	**147**	**199**	**269**	**222**	**158**	**182**	**322**	**176**	**195**	**229**	**235**	**87**	**100**	**111**	**133**	**2951**
Nombre de taxons/parcelle	**64**	**52**	**57**	**52**	**64**	**34**	**42**	**85**	**60**	**60**	**75**	**53**	**41**	**27**	**24**	**39**	**272**
	Dawenia 1	**Dawenia 2**	**Dawenia 3**	**La Guen 1**	**La Guen 2**	**La Guen 3**	**La Guen 4**	**La Guen 5**	**Wayem 1**	**Wayem 2**	**Wayem 3**	**Wayem 4**	**Wewec 1**	**Wewec 2**	**Wewec 3**	**Wewec 4**	**Total général**

Annexe 3 : Composition des parcelles en pourcentage par famille.

Parcelle / Famille	Dawenia_1	Dawenia_2	Dawenia_3	La Guen_1	La Guen_2	La Guen_3	La Guen_4	La Guen_5	Wayem 1	Wayem 2	Wayem 3	Wayem 4	Wewec 1	Wewec 2	Wewec 3	Wewec 4
Sapindaceae	9,7	21,8	17,6	11,9	8,1	17,1	14,3	6,2	15,3	7,7	8,7	8,5	9,2	8,0	9,9	16,5
Monimiaceae	6,5	10,2	4,0	5,2	0,9	19,0	7,1	6,5	1,7	4,1	3,5	4,7	6,9	20,0	45,9	36,8
Arecaceae	1,6	0,7	0,5	5,2	5,9	25,9	4,4	3,4	9,7	5,1	9,6	14,0	2,3	18,0	5,4	6,0
Lauraceae	1,6	4,8	5,0	7,1	2,3	8,2	17,0	1,9	8,5	8,2	5,7	2,6	5,7	1,0	0,9	9,0
Clusiaceae	8,1	2,7	14,1	9,7	5,9	0,6	4,9	7,1	3,4	3,1	7,9	2,1	4,6	3,0	-	-
Myrtaceae	10,2	4,1	9,5	8,6	4,5	1,3	1,6	11,2	2,8	3,1	6,1	2,6	5,7	2,0	0,9	1,5
Dicksoniaceae + Cyatheaceae	6,5	1,4	0,5	11,2	11,3	4,4	20,3	2,5	9,7	6,2	12,2	4,7	18,4	-	-	3,0
Sapotaceae	5,4	5,4	3,0	3,7	3,2	5,1	-	5,6	5,1	2,1	3,5	8,9	1,1	-	-	3,8
Meliaceae	2,7	2,0	2,5	1,1	3,2	2,5	3,3	3,7	1,7	3,1	2,2	0,9	11,5	15,0	10,8	3,8
Calophyllaceae	0,5	8,2	4,5	0,7	0,9	-	11,0	-	-	23,1	1,7	-	3,4	-	-	2,3
Rubiaceae	5,9	5,4	9,0	6,7	1,8	0,6	3,8	2,2	1,7	2,6	0,9	1,3	2,3	-	7,2	2,3
Araliaceae	4,3	3,4	3,0	0,7	6,3	4,4	0,5	3,7	10,2	1,5	0,9	2,1	-	1,0	4,5	3,0
Primulaceae	2,7	1,4	1,5	0,7	0,9	-	0,5	5,0	2,8	3,1	1,7	15,7	2,3	-	-	-
Ebenaceae	7,5	4,1	1,5	0,4	0,9	1,9	-	5,0	2,3	4,1	1,7	2,1	-	13,0	-	0,8
Pandanaceae	-	6,8	2,5	-	2,3	-	-	6,2	-	2,1	3,1	2,6	11,5	7,0	-	1,5
Cunoniaceae	1,1	-	1,0	0,7	3,2	0,6	2,2	1,2	1,7	-	2,2	3,4	4,6	2,0	5,4	1,5
Fabaceae	-	-	4,5	6,7	8,6	-	2,7	-	-	-	-	-	-	-	-	-
Malvaceae	5,9	2,0	2,0	6,7	4,5	-	-	-	-	-	0,4	-	-	-	-	-
Annonaceae	7,0	4,1	2,5	2,2	5,0	-	-	-	-	-	-	-	4,6	-	-	-
Symplocaceae	0,5	0,7	1,0	1,1	2,7	1,9	2,2	1,9	0,6	2,1	-	3,0	-	-	-	0,8
Flacourtiaceae	1,1	-	-	4,5	5,0	-	-	0,9	0,6	-	-	-	-	-	-	0,8
Elaeocarpaceae	-	-	-	-	0,5	-	-	2,8	1,1	1,5	2,6	3,0	-	-	0,9	-
Lecythidaceae	-	-	-	-	1,4	-	-	-	3,4	4,1	5,2	-	-	-	-	-
Rhizophoraceae	-	1,4	-	-	1,8	5,7	1,1	0,9	1,1	-	-	1,3	-	-	-	-
Atherospermataceae	-	-	-	-	-	-	-	5,0	-	-	3,5	-	-	-	-	-
Rutaceae	-	-	-	0,7	1,8	-	-	2,5	1,1	0,5	-	1,3	-	2,0	0,9	0,8
Picrodendraceae	-	-	2,5	-	0,9	-	0,5	3,1	-	-	-	2,1	-	-	-	-
Euphorbiaceae	-	-	-	1,5	-	-	-	-	7,4	-	1,7	-	-	1,0	-	-
Oleaceae	2,2	2,7	1,5	-	0,5	-	-	0,3	1,1	0,5	2,6	-	-	-	-	-
Icacinaceae	-	-	-	-	-	-	-	-	-	4,1	-	5,5	-	-	-	-
Balanopaceae	0,5	0,7	0,5	0,4	0,9	-	-	0,3	-	4,1	2,2	-	-	-	-	-
Proteaceae	0,5	0,7	1,0	-	-	-	1,1	-	0,6	0,5	1,7	2,1	-	2,0	-	0,8
Winteraceae	1,1	0,7	-	-	-	-	-	1,6	0,6	-	2,6	-	-	-	-	1,5
Myodocarpaceae	0,5	-	0,5	-	0,5	-	-	2,5	-	-	0,4	-	-	-	-	-
Thymelaeaceae	2,2	-	-	-	-	-	-	0,6	-	0,5	1,3	0,9	-	-	-	-
Apocynaceae	0,5	0,7	-	1,5	1,8	-	-	0,3	-	-	-	-	-	-	-	-
Gesneriaceae	-	-	-	-	0,5	-	-	-	-	-	1,3	2,6	1,1	-	-	-
Lamiaceae	-	-	-	0,7	-	-	-	-	0,6	1,0	0,4	0,4	-	1,0	2,7	-
Celastraceae	-	-	-	-	0,5	-	0,5	-	2,3	1,0	0,4	-	1,1	-	-	-
Moraceae	0,5	0,7	-	-	-	0,6	-	0,3	1,7	-	0,4	-	1,1	-	-	-
Paracryphiaceae	-	1,4	-	-	-	-	-	1,9	-	-	-	0,4	-	-	-	-

Parcelle Famille	Dawenia_1	Dawenia_2	Dawenia_3	La Guen_1	La Guen_2	La Guen_3	La Guen_4	La Guen_5	Wayem 1	Wayem 2	Wayem 3	Wayem 4	Wewec 1	Wewec 2	Wewec 3	Wewec 4
Nyctaginaceae	0,5	-	-	-	0,5	-	-	-	-	-	-	-	2,3	-	-	3,0
Cardiopteridaceae	0,5	-	0,5	-	-	-	-	1,2	-	-	-	0,4	-	-	-	-
Hernandiaceae	-	0,7	1,5	-	-	-	-	-	-	-	-	-	-	-	-	-
Violaceae	-	-	-	-	-	-	-	-	-	-	-	-	-	1,0	2,7	-
Araucariaceae	0,5	-	-	-	-	-	-	0,6	-	-	-	-	-	-	-	-
Burseraceae	0,5	1,4	-	-	-	-	-	-	-	-	-	-	-	-	-	-
Chloranthaceae	0,5	-	-	-	0,5	-	-	-	-	-	0,4	-	-	-	-	-
Dilleniaceae	-	-	-	0,4	-	-	-	-	-	-	-	0,4	-	-	0,9	-
Oncothecaceae	-	-	-	-	1,4	-	-	-	-	-	-	-	-	-	-	-
Phellinaceae	0,5	-	-	-	-	-	-	0,3	-	-	-	0,4	-	-	-	-
Podocarpaceae	-	-	-	-	-	-	-	0,9	-	-	-	-	-	-	-	-
Anacardiaceae	-	-	-	-	-	-	-	-	-	0,5	0,4	-	-	-	-	-
Aquifoliaceae	-	-	1,0	-	-	-	-	-	-	-	-	-	-	-	-	-
Gentianaceae	-	-	0,5	-	-	-	-	-	-	0,5	-	-	-	-	-	-
Loganiaceae	-	-	-	-	-	-	-	-	0,6	-	-	-	-	1,0	-	-
Piperaceae	-	-	-	-	-	-	-	-	-	-	-	-	-	1,0	0,9	-
Pittosporaceae	-	-	-	-	-	-	0,5	0,3	-	-	-	-	-	-	-	-
Cornaceae	-	-	-	-	-	-	-	-	0,6	-	-	-	-	-	-	-
Escalloniaceae	-	-	-	-	-	-	-	-	-	-	-	-	-	-	-	0,8
Linaceae	-	-	-	-	-	-	-	0,3	-	-	-	-	-	-	-	-
Phyllanthaceae	-	-	-	-	-	-	-	-	-	-	-	-	-	1,0	-	-
Taxaceae	-	-	0,5	-	-	-	-	-	-	-	-	-	-	-	-	-
Trimeniaceae	-	-	-	-	-	-	-	-	-	-	0,4	-	-	-	-	-

Annexe 4 : Noms en Nemi de quelques plantes recontrées lors du RAP 2010 sur le Mont Panié et les Roches de la Ouaième.

Nom en Nemi	Nom en latin
Bhooce	*Semecarpus atra* (G. Forst.) Vieill.
Ce Huc	*Cupaniopsis* Radlk.
Cé Khùra Lé Kùc	*Baloghia inophylla* (G. Forst.) P.S. Green
Ce Mala	*Glochidion billardierei* Baill.
Ce Vaac	*Carpolepis laurifolia* (Brongn. & Gris) J. W. Dawson
Ce Whague	*Deplanchea speciosa* Vieill.
Cero	*Cupaniopsis* Radlk.
Daac	*Smilax* L.
Dayu	*Agathis moorei* (Lindley) Masters
Dayu Biik	*Agathis montana* de Laub.
Dette	*Cryptocarya elliptica* Schltr.
Dhaagûnûk	*Polyscias* J.R.Forst. & G.Forst.
Dhova	*Ptisana attenuata* (Labill.) Murdock
Dhuun	*Piper* L.
Diadik	*Drynaria rigidula* (Sw.) Beddome
Diadiot	*Syzygium* Gaertn.
Djeme	*Aleurites moluccana* (L.) Willd.
Djiimwaake	*Kermadecia sinuata* Brongn. & Gris
Djiimwaake Phûlo	*Acropogon* Schltr.
Djilhoowete	*Barringtonia* J.R.Forst. & G.Forst.
Djoogna	*Ficus racemigera* Bureau
Doolé	*Meryta balansae* Baill.
Famuulip	*Plectranthus* L'Hér.
Filayhac	*Metrosideros operculata* Labill.
Guece	*Fagraea berteroana* A. Gray ex Benth.
Hane	*Plerandra* A.Gray ou *Schefflera* J.R.Forst. & G.Forst.
Hawha	*Cyathea* Sm. **(fougères arborescentes au sens large)**
Him (de forêt)	*Codia incrassata* Pamp.
Him (de savane)	*Codia montana* J.R.Forst. & G.Forst.
Hmoope (sp nov)	*Goniothalamus* (Blume) Hook.f. & Thomson
Hoogne O Duet	*Sannantha virgata* (J.R.Forst. & G.Forst.) P.G.Wilson
Houpe	*Montrouziera cauliflora* Planch. & Triana
Hwamwe	*Araucaria* Juss.
Hwên	*Garcinia densiflora* Pierre
Hwên Hûne	*Diospyros olen* Hiern
Ka	*Dicksonia thyrsopteroides* Mett.
Kavirouk	*Calochlaena straminea* (Labill.) R.White & M.Turner
Khûnke (graines plates avec ligne)	*Mucuna* Adans.
Kîget	*Sannantha pinifolia* (Labill.) Peter G. Wilson
Kobeen	*Archidendropsis fulgens* (Labill.) I. C. Nielsen
Mak	*Geissois racemosa* Labill.
Mii	*Freycinetia graminifolia* Solms
Pio	*Calophyllum caledonicum* Vieill. ex Planch. & Triana
Pwoawasep	*Ficus cataractarum* Vieill. ex Bureau
Thagie Wiwik	*Asplenium australasicum* (J. Smith) Hook. f.

Nom en Nemi	Nom en latin
Thalo	*Elaeocarpus angustifolius* Blume
Thano	*Lygodium* Sw.
Théné	*Weinmannia* L.
Théûk	*Guioa ovalis* Radlk.
Thîgic	*Alstonia costata* (G.Forst.) R. Br.
Thîgic	*Pisonia gigantocarpa* (Heimerl) Stemm.
Udua	*Crossostylis multiflora* Brongn. & Gris
Wê Mia	*Tetracera billardieri* Martelli
Wharak (bord de creek)	*Blechnum* L.
Whiip	*Gardenia oudiepe* Vieill.
Who	*Garcinia amplexicaulis* Vieill.
Ye-Mak	*Geissois* Labill.
Yhaavidjing	*Melastoma malabathricum* ssp. *malabathricum* L.
Yhape	*Neuburgia neocaledonica* (Gilg & Benedict) J.Molina & Struwe
Yhaut	*Guioa crenulata* Radlk.
Yo Duet	*Gymnostoma nodiflorum* (Thunb.) L. A. S. Johnson

Chapter 2

Inventaire ornithologique du massif du Panié et des Roches de la Ouaième, Nouvelle-Calédonie

Birds of the Mt. Panié and Roches de la Ouaième region, New Caledonia

Thomas Duval

MEMBRES DE L'ÉQUIPE

Hervé Wanguene (Dayu Biik, Tribu de Haut-Coulna), Maurice Poitilinaoute (Dayu Biik, Tribu de Haut-Coulna) et Thomas Duval (SCO)

RÉSUMÉ

Durant le mois de novembre 2010, deux observateurs locaux de la tribu de Haut-Coulna ont réalisé 59 points d'écoute sur quatre sites forestiers de la région du Mont Panié (Dawenia, La Guen, Roches de la Ouaième, Wewec). Parmi les trente espèces d'oiseaux contactées, on note la présence d'une zone de reproduction du Pétrel de Tahiti accueillant probablement plusieurs dizaines de couples sur le site des Roches de la Ouaième et la confirmation du Méliphage noir sur le versant Est du massif, contacté dans le cadre d'une mission préparatoire. Cet inventaire aura aussi permis d'expérimenter et de valider la réalisation d'inventaires avifaunistiques participatifs en Nouvelle-Calédonie, moyennant un appui sur les aspects de protocole scientifique et la prise en compte des spécificités culturelles et linguistiques propres à chaque communauté locale.

SUMMARY

We surveyed birds at four forest sites using 59 point counts and other secondary methods in the Mt. Panié region (Dawenia, La Guen, Roches de la Ouaième, Wewec). We confirmed the presence of a breeding site for the Tahiti Petrel, a Near Threatened species which appears to occur in dozens of breeding pairs at Roches de la Ouaième. We also confirmed the presence of the Crow Honeyeater, a Critically Endangered species. As the surveys were conducted by two local members of the Haut-Coulna tribe, this study demonstrates the value of participative bird surveys and traditional knowledge in New Caledonia, coupled with scientific support for protocols and data analysis.

INTRODUCTION

Parmi les Vertébrés, la classe des Oiseaux, riche d'environ 10 000 espèces au niveau mondial (Birdlife 2011), tient une place particulière ; les espèces sont généralement facilement détectables, identifiables, se prêtent aisément à des observations détaillées et, la plupart du temps, à la capture et au marquage, permettant des travaux scientifiques approfondis. Leur place écologique est aussi importante que diversifiée (prédateurs et proies, rôle dans la pollinisation des fleurs, la dissémination des fruits). Les oiseaux constituent aussi un groupe particulièrement bien adapté pour la mise en place de suivis sur le long terme (Bibby *et al* 2000). A ce jour, la Nouvelle-Calédonie, un des 25 hot spots initialement identifiés de la biodiversité mondiale (Myers 2000) compte 116 espèces ou sous–espèces nicheuses indigènes (Barré *et al* 2009, SCO 2011) ; 91 terrestres et 25 marines, dont 12 endémiques menacées et 6 quasi-menacées (Barré *et al* 2009, Birdlife 2011). Avec 24 espèces endémiques terrestres (dont endémisme au niveau de la famille–*Rhynochetidae*–et au niveau du genre–*Eunymphicus* et *Drepanoptila*) et 36 sous-espèces endémiques (dont 32 terrestres, Barré *et al* 2009), ce territoire est considéré comme une des 218 zones mondiales d'endémisme pour les oiseaux (Endemic Bird Area, Birdlife 2011). La plupart des espèces terrestres sont communes et largement réparties sur la Grande Terre. Certaines espèces prennent toutefois une importance toute particulière au regard de leur statut de conservation (comme le méliphage noir *Gymnomyza aubryana*, le cagou *Rhynochetos jubatus*, la perruche à front rouge *Cyanonymphicus saisseti* et la perruche de la chaîne *Eunymphicus cornutus*, voir Table 1), de leur dimension culturelle (le notou *Ducula goliath*, gibier consommé lors des fêtes coutumières de l'igname) ou du manque de données (comme sur le pétrel de Tahiti *Pseudobulweria rostrata trouessarti*). Enfin les oiseaux constituent le groupe le mieux connu des populations locales, leur permettant de s'impliquer dans la réalisation des inventaires. Presque tous ont un nom précis dans la langue de chaque aire linguistique (Chartendrault *et al.* 2007).

Trois espèces endémiques et une sous-espèce endémique ont probablement disparu au cours du XXᵉ siècle en Nouvelle-Calédonie ; l'égothèle calédonien *Aegothelus savesi*, l'engoulevent calédonien *Eurostopodus mystacalis exul*, le râle de Lafresnaye *Gallirallus lafresnayanus* et le lori à diadème *Charmosyna diadema* ; le massif du Panié concentre les dernières ou seules mentions des 3 dernières espèces (Stokes 1979, Whitaker 1997, Ekstrom *et al* 2002).

De nombreuses études ont été consacrées aux oiseaux du massif du Panié ces 15 dernières années, en s'appuyant sur des protocoles variables : mission de Whitaker en 1996 (Whitaker 1997), expédition Diadema en 1997–1998 (Ekstrom *et al* 2002), travaux de l'IAC et de la SCO dans le cadre de l'identification des ZICO en 2003–2005 (Chartendrault & Barré 2005, Spaggiari *et al* 2007), de Conservation International (Tron 2010 b) ou de CORE-NC (Theuerkauf 2010) . L'ensemble de ces travaux a permis la réalisation de listes d'espèces fiables à l'échelle du massif. Aucune de ces missions n'a permis la redécouverte d'une des 4 espèces présumées disparues, et ce au terme d'une pression de prospection importante. Le méliphage noir *Gymnomyza aubryana* a été contacté une fois, lors de l'expédition Diadema (Ekstrom *et al* 2002), mais n'a plus été recontacté lors des missions suivantes (Chartendrault & Barré 2005, Theuerkauf 2010) en dépit de témoignages locaux occasionnels (Tron 2010 a). Enfin le pétrel de Tahiti est fortement suspecté nicheur (Chartendrault & Barré 2005, Baudat-Franceschi 2006).

En conséquence, les objectifs du volet oiseaux du RAP Mont Panié ont été ainsi définis ; réaliser un inventaire des oiseaux des sites retenus pour le RAP, qui permette une comparaison entre sites, avec d'autres massifs forestiers de Nouvelle-Calédonie, ainsi qu'un état initial dans l'éventualité d'un suivi à long terme ; compléter les inventaires déjà réalisés par une recherche spécifique de deux espèces remarquables, le pétrel de Tahiti *Pseudobulweria rostrata* et le méliphage noir *Gymnomyza aubryana*, mais pas des espèces présumées disparues qui demandent un effort spécifique trop important; maximiser l'implication des guides locaux en complétant leur formation naturaliste et scientifique.

MÉTHODES

Les prospections ont été effectuées par Hervé Poitilinaoute et Maurice Wanguene, habitants de la tribu de Haut-Coulna. Tous deux étaient déjà formés à la méthode (SCO 2009) et localement les plus expérimentés (Tron 2010 b) ; leurs compétences ont été renforcées et validées grâce à deux séances de formation préalable dispensées par la SCO (27–30 septembre 2010 au Parc Provincial de la Rivière Bleue et 16–17 octobre 2010 à Tao ; identification de certaines espèces, utilisation du GPS, modes opératoires de prospection notamment du méliphage noir et des pétrels, saisie des données sur le terrain). Sur chaque site, 9 à 15 points d'écoute (Bibby *et al* 2000) de 5 minutes (Ralph *et al* 1995) ont été effectués, par chacun de ces deux observateurs, le long de parcours forestiers–déterminés en

Table 1: Liste des espèces d'oiseaux à statut menacé ou quasi-menacé nicheuses en Nouvelle-Calédonie (UICN 2011). NT = quasi-menacé ; VU = vulnérable ; EN = en danger ; CR = en danger critique d'extinction.

Groupe d'espèces	Nom vernaculaire	Nom latin	UICN 2011
Terrestres	Autour ventre blanc	*Accipiter haplochrous*	NT
	Notou	*Ducula goliath*	NT
	Pigeon vert	*Drepanoptila holosericea*	NT
	Échenilleur de montagne	*Coracina analis*	NT
	Perruche de la chaine	*Eunymphicus cornutus*	VU
	Perruche à front rouge	*Cyanoramphus saisseti*	VU
	Cagou	*Rhynochetos jubatus*	EN
	Perruche d'Ouvéa	*Eunymphicus uvaeensis*	CR
	Méliphage toulou	*Gymnomyza aubryana*	CR
Présumées disparues	Egothèle calédonien	*Aegotheles savesi*	CR
	Râles de Lafresnaye	*Gallirallus lasfresnayanus*	CR
	Lori à diadème	*Charmosyna diamedensis*	CR
Marines / de zones humides	Oedicnème des récifs	*Esacus magnirostris*	NT
	Pétrel de Tahiti	*Pseudobulweria rostrata*	NT
	Sterne néréis	*Sterna nereis exsul*	VU
	Pétrel calédonien	*Pterodroma leucoptera caledonica*	VU
	Butor d'Australie	*Botaurus poiciloptilus*	EN
	Océanite à gorge blanche	*Nesofregetta fuliginosa*	EN

fonction de leur accessibilité et en essayant de parcourir au mieux les diversités d'habitats éventuelles, en partant du campement -, entre 6h00 et 10h00 du matin, et répétés deux matinées consécutives, soit 4 réalisations pour chaque point. Pour l'analyse, pour chaque point, le maximum de contacts parmi les 4 relevés est considéré, afin de minimiser les biais entre observateurs et conditions d'écoute (Blondel *et al* 1981). C'est ce maximum qui est utilisé pour calculer les indices d'abondance relative (nombre moyen de contacts de l'espèce par point pour un site). En fin de nuit, à partir de 4h00 du matin, un ou plusieurs points d'écoute alternant écoute et repasse du chant du méliphage noir (en utilisant Létocart 2001) ont été effectués près du campement afin d'optimiser la détection éventuelle de cette espèce (Meriot *et al* 2004, Tron 2010 a, Angin 2010). En début de nuit, un point d'écoute fixe entre 19h00 et 21h00 est effectué depuis un point haut, destiné avant tout à détecter les contacts de pétrels de Tahiti qui sont alors dénombrés par tranche de 5 minutes (Bretagnolle 2001, Spaggiari *et al* 2004, Delelis *et al* 2007, Riethmuller *et al* 2009, Baudat-Franceschi 2011).

Ces méthodes ont été appliquées successivement dans chacun des sites d'étude prédéfinis du RAP, entre le 1er et le 29 novembre 2010 (Table 2): Roches de la Ouaième (forêts humides de moyenne altitude en pente et en crête, tombants mixtes herbacés forestiers et rocheux, entre 650 et 950 m d'altitude), La Guen (forêt humides de moyenne altitude en pente, crête et thalweg entre 600 et 900 m d'altitude), Dawenia (plateau forestier assez reculé, entre 500 et 900 m d'altitude) et Wewec (zone forestière située sur le versant ouest du Mont Panié et contigu aux limites de la réserve, de 200 à 650 m d'altitude). A l'exception du site des Roches de la Ouaième, les sites sont tous situés dans le périmètre de la ZICO Mont Panié identifiée en 2007 (Spaggiari *et al*, 2007). Seul le site de La Guen est inclus dans le périmètre de la réserve de nature sauvage du Mont Panié.

RÉSULTATS

59 points d'écoute (Figures 1 à 4) ont été réalisés en matinée et simultanément par chacun des 2 observateurs et répétés 2 fois, à l'exception de 14 points sur le site de La Guen, réalisés lors d'une seule matinée. Les résultats sont présentés dans la Table 2 et les indices d'abondance relative sont donnés dans la Table 4.

Le méliphage noir n'a été contacté sur aucun des 4 sites. Le pétrel de Tahiti a été contacté sur deux sites : plus d'une dizaine d'oiseaux différents sur le site des Roches de la Ouaième, et un contact isolé sur le site de Tao. Seul le site des Roches de la Ouaième, déjà connu pour abriter cette espèce, a été prospecté pendant la période optimale de la nouvelle lune du 4 novembre 2010 (Brooke 2004). Les résultats sur ce site sont présentés dans la Table 3.

Le site de Dawenia concentre les contacts d'espèces terrestres à statut de conservation menacé ou quasi menacé (respectivement 1 et 4), avec le site de Wewec (0 et 3), la présence de l'échenilleur de montagne et de la perruche à front rouge étant particulièrement remarquable. Ces 2 sites présentent également les indices les plus importants pour le nombre d'espèces contactées et le nombre total de contacts par point d'écoute. La richesse spécifique totale paraît plus importante sur La Guen, cependant le nombre de points d'écoute réalisé sur cette zone est plus important que sur les autres. Le site des Roches de la Ouaième paraît moins riche que les autres sites sur la base des points d'écoute (9 espèces contactées, 16 contacts par point). Un couple de faucon pèlerin est présent sur le site (sous-espèce *nesiotes*, en attente d'évaluation locale mais particulièrement fragile) et même sans identification directe des terriers (Bretagnolle *et al* 2000, Bretagnolle 2001), on peut confirmer la présence d'une « colonie » de pétrels de Tahiti ; les pétrels ont été vus paradant en début de nuit au ras du col des Roches de la

Table 2: Richesse spécifique et résultats des points d'écoute sur les 4 sites du RAP Mont Panié, novembre 2010

Site	Ouaième	Wewec	Dawenia	La Guen
Date	1–5 nov 2010	6–10 nov 2010	11–15 nov 2010	18–25 nov 2010
Latitude (camp de base)	20°38.394 S	20°35.908 S	20°32.258 S	20°37.508 S
Longitude (camp de base)	164°52.280 E	164°43.845 E	164°40.844 E	164°46.934 E
Nombre de points	11	10	9	29
Durée d'écoute cumulée (mn)	110	100	90	220
Altitude en m (min - max)	770 (600 - 960)	591(400 - 710)	597 (580 - 600)	776 (570 - 940)
Richesse spécifique	9	17	18	21
Indice de Shannon	2,14	2,82	2,89	2,52
Points sans contacts	0	0	0	0
Nb d'espèces moyen par point	6,8	14,2	16	10,4
Nb de contacts moyen par point	16	30,8	29,2	25,2
Nb d'espèces NT UICN	2	4	4	3
Nb d'espèces VU UICN	0	0	1	0

Table 3: Résultats des points d'écoute nocturnes de pétrels de Tahiti sur le site de la Ouaième.

Point	Crête 1				Crête 2	Sommet
Date	02/11/2010	03/11/2010	04/11/2010	20/11/2010	03/11/2010	04/11/2010
Long (X WGS84 UTM 58S)	486145				486495	485106
Lat (Y WGS84 UTM 58S)	7717908				7718036	7717536
Heure du 1er contact	19h11	19h19	19h13	19h33	19h21	19h13
Fin de comptage	21h00	21h00	19h35	21h35	20h40	19h40
Nb de contacts	339	379	106	299	37	201
Nb moyen de contacts / min	3,1	3,8	4,8	2,5	1,9	7,4

Ouaième, et certains terriers sont probablement accessibles depuis cette crête, mais le gros des effectifs est vraisemblablement situé vers le Tonôô, localement tabou et mieux préservé des incendies ; un seul comptage, contrarié par une dépression tropicale, le 4 novembre, a donné le nombre de contacts par minute le plus élevé (7,4 contacts / minute). L'identification de plusieurs chanteurs posés à chaque point d'écoute et le nombre de contacts totaux permettent de proposer de façon réaliste un effectif d'au moins plusieurs dizaines de couples répartis sur l'ensemble du site (Bretagnolle *et al* 2000, Baudat-Franceschi 2011).

DISCUSSION

Méthodes

Les points d'écoute ont été réalisés exclusivement par deux guides locaux de la tribu de Haut Coulna. Seuls deux taxons ont posé des problèmes d'identification ; la distinction à l'oreille des deux zosterops *Zosterops xanthochrous* et *Zosterops lateralis griseonata*, réputée difficile (Whitaker 1997) et l'identification du sourd à ventre roux *Pachycephala rufiventris xanthetraea*, parfois confondu avec le sourd à ventre jaune *Pachycephala caledonica* alors que cris et chants de ces deux espèces sont relativement bien distincts. Les difficultés rencontrées pour ces taxons peuvent être expliquées en partie par l'existence de noms vernaculaires identiques en nemi (langue locale) ; *katamigen* pour les *Pachycephala* et *maap* pour les *Zosterops*. Les résultats pour ces taxa sont donc à prendre avec précaution. Cela mis à part, les points d'écoute réalisés pourront le cas échéant constituer un état de référence pour le suivi et l'évaluation des mesures de conservation futures, notamment en terme de lutte contre les espèces envahissantes.

La richesse spécifique est souvent largement sous-estimée ; en effet, un certain nombre d'espèces communes n'ont pas été détectées lors des points d'écoute mais sont présentes sur ou à proximité immédiate des sites, qu'il s'agisse d'espèces peu détectables en milieu forestier (comme les salanganes), lors de points d'écoute fixes (comme la mégalure *Megalurulus mariei*) ou d'espèces plus particulièrement inféodées aux milieux ouverts ou dégradés (sourd à ventre roux, cardinal *Erythrura psittacea*). Les données de présence / absence de ces espèces n'amènent cependant qu'une information très limitée dans le cadre d'une évaluation de l'avifaune des forêts tropicales humides.

Ces biais considérés, les inventaires réalisés peuvent prétendre à l'exhaustivité, à l'exclusion de deux espèces. Le méliphage noir est une espèce extrêmement discrète et élusive ; l'effort de recherche, limité par les contraintes inhérentes aux autres aspects de l'étude (recherche des pétrels en début de nuit, points d'écoute matinaux) est resté très en deçà de l'effort réclamé par cette espèce et elle est réputée *tabou* parmi les tribus kanak locales, dont font partie les deux observateurs. Le cagou lui chante de façon préférentielle dans la demi-heure précédant ou suivant le lever du jour mais ne chante pas tous les jours (Hunt 1996, Rouys *et al* 2008) ; sa détection peut être plus difficile dans ses zones de faible densité (4 nuits d'écoute dans de bonnes conditions pouvant alors s'avérer insuffisantes–PASC, données non publiées). Son absence sur le massif reste cependant très vraisemblable (Ekstrom *et al* 2002, Chartendrault & Barré 2005, Theuerkauf 2010).

Si l'on s'appuie sur les données d'échouage de pétrels de Tahiti en Nouvelle-Calédonie en 2008 et 2009 (SCO, *données non publiées*), la période de réalisation du RAP (novembre) correspond probablement à la fin de la phase d'exode préposital (phase de nourrissage en mer qui suit l'accouplement et précède la ponte) pour cette espèce, avec retour sur colonies des adultes, ponte et début de l'incubation (Brooke 2004, Villard et al 2006). Les pétrels sont quasi absents des sites de reproduction en phase d'exode préposital (environ 3 à 5 semaines chez les Procellariidae, Brooke 2004 pour une synthèse) et leur activité vocale varie en fonction de la phase lunaire pour atteindre un maximum autour de la nouvelle lune et un minimum autour de la pleine lune. Du fait de cette forte variation de détectabilité en fonction des phases lunaires et des phases de la reproduction, la méthode d'écoute telle qu'elle a été utilisée ne peut pas donner lieu à des comparaisons d'abondance par sites, ni à des suivis dans le temps. Cependant cette méthode s'est avérée très facile à conduire sur le terrain et pourra être réinvestie et améliorée pour des compléments de prospection.

Table 4: Liste des espèces d'oiseaux du massif du Panié et indices d'abondance relative pour les espèces contactées lors du RAP Mont Panié de novembre 2010.

Famille	Nom scientifique	Nom français	Répartition	Endémisme	UICN 2011	La Guen	Daewania	Wewec	Ouaième
Procellaridae	*Pseudobulweria rostrata trouessarti*	Pétrel de Tahiti	GT	SSE	NT				X
Accipitridae	*Accipiter fasciatus vigilax*	Autour australien	NC	LR					
	Accipiter haplochrous	Autour à ventre blanc	GT	EEnd	NT	0,38	0,33	0,60	0,09
	Circus approximans	Busard de Gould	NC	LR					
	Falco peregrinus nesiotes	Faucon pèlerin	NC	LR					X
	Haliastur sphenurus	Milan siffleur	GT	LR				0,10	
	Pandion haliaetus cristatus	Balbuzard pêcheur	GT	LR					
Rallidae	*Gallirallus philippensis swindellsi*	Râle tiklin	NC	SSE					
	Porphyrio porphyrio samoensis	Talève sultane	NC	LR					
Columbidae	*Chalcophaps indica chrysochlora*	Colombine turvert	GT	LR				0,10	
	Columba vitiensis hypoenochroa	Pigeon à gorge blanche	NC	SSE		0,03	0,11		0,09
	Drepanoptila holosericea	Ptilope vlouvlou	GT	EEnd	NT		1,56	1,30	
	Ducula goliath	Carpophage géant	GT	EEnd	NT	2,52	1,56	3,00	0,91
	Ptilinopus greyii	Ptilope de Grey	NC	LR					
Psittacidae	*Cyanoramphus saisseti*	Perruche à front rouge	GT	EEnd	VU		0,11		
	Eunymphicus cornutus	Perruche cornue	GT	EEnd	VU				
	Trichoglossus haematodus deplanchei	Loriquet à tête bleue	NC	SSE		0,24	0,11		
Cuculidae	*Cacomantis flabelliformis pyrrhophanus*	Coucou à éventail	NC	SSE					
	Chrysococcyx lucidus layardi	Coucou éclatant	NC	LR		0,03	1,44	0,40	
Tytonidae	*Tyto alba delicatula*	Effraie des clochers	NC	LR					
Apodidae	*Aerodramus spodiopygius leucopygius*	Salangane à croupion blanc	NC	SSE					
	Collocalia esculenta albidior	Salangane soyeuse	NC	SSE					
Alcedinidae	*Todiramphus sanctus canacorum*	Martin-chasseur sacré	GT	SSE			0,33		
Méliphagidae	*Gymnomyza aubryana*	Méliphage toulou	GT	EEnd	CR				
	Lichmera incana incana	Méliphage à oreillons gris	NC	SSE				0,20	
	Myzomela caledonica	Myzomèle calédonien	GT	EEnd		3,48	3,11	2,90	3,45
	Philemon diemenensis	Polochion moine	NC	EEnd		2,59	1,11	2,20	0,09
	Phylidonyris undulata	Méliphage barré	GT	EEnd		2,03	2,22	2,00	2,00
Acanthizidae	*Gerygone f. flavolateralis*	Gérygone mélanésienne	GT	SSE		0,52	1,44	1,30	0,64
Eopsaltridae	*Eopsaltria flaviventris*	Miro à ventre jaune	GT	EEnd		0,07	0,67	0,40	0,00

Famille	Nom scientifique	Nom français	Répartition	Endémisme	UICN 2011	La Guen	Daewania	Wewec	Ouaième
Pachycephalidae	*Pachycephala caledonica*	Siffleur calédonien	GT	EEnd		3,41*	3,44*	3,30*	3,27*
	Pachycephala rufiventris xanthetraea	Siffleur itchong	GT	SSE					
Corvidae	*Corvus moneduloides*	Corbeau calédonien	NC	EEnd		0,97	1,67	1,70	0,55
Artamidae	*Artamus leucorhynchus melanoleucus*	Langrayen à ventre blanc	NC	SSE					
Campephagidae	*Coracina analis*	Echenilleur de montagne	GT	EEnd	NT	0,07	0,22	0,30	
	Coracina caledonica caledonica	Echenilleur calédonien	GT	SSE		1,14	1,56	1,70	0,36
	Lalage leucopyga montrosieri	Echenilleur pie	GT	SSE		1,14	1,00	0,70	0,00
Rhipiduridae	*Rhipidura fuliginosa bulgeri*	Rhipidure à collier	GT	SSE		1,00	1,00	1,00	1,18
	Rhipidura spilodera verreauxi	Rhipidure tacheté	NC	SSE		0,21	0,78	1,20	0,09
Monarchidae	*Clytorhynchus p. pachycephaloides*	Monarque brun	GT	SSE		0,14	0,89	0,50	
	Myiagra caledonica caledonica	Monarque mélanésien	GT	SSE		0,24	0,33	1,40	0,18
Sturnidae	*Aplonis striatus striatus*	Stourne calédonien	GT	SS/End		1,59	1,78	0,80	0,27
Zosteropidae	*Zosterops lateralis griseonata*	Zostérops à dos gris	GT	SSE					
	Zosterops xanthochrous	Zostérops à dos vert	NC	EEnd		3,41*	2,44*	3,70*	2,82*
Estrildidae	*Erythrura psittacea*	Diamant psittaculaire	GT	EEnd					

Liste réalisée d'après les contacts obtenus lors et hors des points d'écoute effectués dans le cadre du RAP, complétée par les observations faites dans le secteur de Tao en octobre 2010 (M. Wanguene, T. Duval & I. Soukni, *obs. pers.*), les données de Chartendrault & Barré (2005), de Theuerkauf (2010) soit ; 45 espèces terrestres, dont 35 espèces à répartition restreinte, 15 endémiques (dont 2 au niveau du genre), 5 espèces NT, 2 espèces VU et une espèce CR (UICN 2011). Les indices d'abondance relative (tels que définis plus haut) sont donnés pour chaque espèce contactée lors des points d'écoute dans au moins un des 4 sites de la mission. GT= Grande Terre, NC = Nouvelle-Calédonie, LR = Large Répartition, SSE = Sous Espèce Endémique, EEnd = Espèce Endémique, x = contacts remarquables lors de la présente étude.* Voir discussion.

Comparaison des sites

Au regard des contacts d'espèces à statut de conservation menacé ou quasi-menacé, du nombre d'espèces contactées et du nombre moyen de contacts par point d'écoute, les sites de Dawenia et de Wewec paraissent les plus riches et diversifiés. Ces résultats peuvent être dus à l'altitude moyenne inférieure des points d'écoute mais sont concordants avec ceux obtenus par Chartendrault & Barré (2005), où les secteurs sud - ouest du Colnett et du Panié étaient identifiés comme parmi les plus intéressants notamment sur la base de la présence d'indices d'abondance élevés pour l'échenilleur de montagne et la perruche à front rouge.

Inversement, le site des Roches de la Ouaième paraît le moins riche et le moins diversifié. L'échantillonnage est insuffisant pour évaluer un quelconque effet de l'altitude ou du volume annuel de précipitations ; cependant, d'une part le site de la Guen, qui présente un contexte géographique similaire, paraît beaucoup plus riche (21 espèces contactées, 25 contacts par point). D'autre part, des données collectées à plus basse altitude dans la vallée adjacente de Tanghène (Chartendrault & Barré 2005) suggèrent que l'ensemble de ce secteur situé au sud de la rivière Ouaième est effectivement plus pauvre que les sites étudiés plus au nord. Une explication possible est que le site des Roches de la Ouaième est situé en périphérie d'un massif forestier déjà plus restreint, plus fragmenté et très impacté par les incendies (Tron *et al,* 2010).

Espèces remarquables

Aucune des espèces présumées éteintes n'a été contactée durant cette mission. Aucun cagou *Rhynochetos jubatus* non plus n'a été détecté. Sa présence ancienne est avérée mais au début des années 1990 il est considéré comme disparu localement ou extrêmement rare (Hunt 1991) ; il n'est pas non plus contacté lors de l'expédition Diadema (Ekstrom *et al* 2002) mais fait toutefois l'objet de témoignages jusqu'au début des années 2000 au sud de la rivière Hienghène (Baudat-Franceschi, *comm.pers.*). Le secteur du Mont Panié était déjà en marge de l'aire de répartition récente du cagou. L'espèce est très sensible à la prédation par les chiens et à la fragmentation de son habitat (Hunt *et al* 1996, Rouys *et al* 2008) ; or, localement, la pression de chasse est importante sur les ongulés, la problématique incendies est importante, y compris près des sites des Roches de la Ouaième, de La Guen et de Wewec (Tron *et al,* 2010). Une réintroduction du cagou sur le massif implique idéalement l'identification d'un site suffisamment grand, à l'habitat préservé, qui puisse potentiellement être reconnecté aux populations connues les plus proches (limite sud de la commune de Hienghène) et où le contrôle des chiens féraux et des divagations des chiens de chasse est réalisé ou envisageable (Rouys *et al* 2008). En amont, le recueil des données ou témoignages les plus récents paraît opportun, complété ensuite d'une prospection des sites les plus propices à un éventuel maintien du cagou, soit par des écoutes directes, soit à l'aide d'enregistreurs automatiques.

Le méliphage noir *Gymnomyza aubryana* n'a été contacté dans aucun des 4 sites mais sa prospection s'est avérée très délicate (voir précédemment). Cependant, il convient de mentionner le contact d'un méliphage noir réalisé légèrement en marge des sessions du RAP (M. Wanguene, T. Duval & I. Soukni, *obs. pers.*), ce contact auditif nocturne a été réalisé le 17 octobre 2010 à 2h57, sur le versant Est du Mont Panié, dans le secteur de Tao, lors d'une mission dédiée associant parcours d'écoutes nocturnes et matinaux, avec repasse, et sur laquelle était greffée une des sessions de perfectionnement des guides préalables au RAP. La présence d'un individu de cette espèce menacée à un niveau critique (UICN 2011) est une donnée majeure et permet de suspecter fortement l'existence d'une population relictuelle. Cette espèce présente bien une aire de répartition disjointe entre massif du Panié au nord et massifs du « Grand Sud », environ 200 kms plus au sud, où les effectifs semblent tout au plus d'une centaine de couples (Chartendrault & Barré 2005, Angin 2011). Sa biologie, ses effectifs, sa répartition et les causes du déclin sont très mal connus. Un intense effort de prospection spécifique dans la zone du Panié (secteur de Tao en premier lieu, mais aussi tous les autres secteurs potentiels–Tron 2010 a) et l'identification des menaces qui pèsent sur cette population est urgente et prioritaire, afin de définir les mesures de conservation adéquates. Cette espèce, et le secteur dans lequel sa présence est avérée, devront faire l'objet d'une considération majeure dans le cadre de toute décision concernant la gestion de la réserve du Mont Panié.

Des deux perruches présentes sur la Grande Terre, la perruche de la Chaîne *Eunymphicus cornutus* et la perruche à front rouge *Cyanoramphus saisseti*, seule cette dernière a pu être contactée, sur le site de Dawenia. La perruche de la Chaîne est réputée peu fréquente sur ce massif (quelques contacts sur le massif de l'Ignambi et au sommet du Colnett–Chartendrault & Barré 2005, quelques observations sporadiques à Haut Coulna–Maurice Wanguene, *obs. pers.*) alors que la perruche à front rouge y est plus largement présente (versants sud-ouest de l'Ignambi et du Colnett notamment, une observation sur la crête de La Guen - Chartendrault & Barré 2005). Les deux perruches sélectionnent des milieux légèrement différents à l'échelle de la Nouvelle-Calédonie, la perruche à front rouge privilégiant plus particulièrement les forêts sur sols ultramaphiques et la perruche de la Chaîne celles sur sols volcaniques et métamorphiques (Legault *et al* 2011). Elles sont toutefois souvent sympatriques. La perruche de la Chaîne est plus fréquente dans les forêts des fonds de vallée et sélectionne les grands arbres pour s'alimenter, alors que la perruche à front rouge est très associée aux forêts sur pentes, aux lisières forestières et au maquis, s'alimente plus bas dans la végétation, et semble sélectionner les stades plus précoces des successions forestières (Legault *et al* 2012). Les milieux préférés par la perruche de la Chaîne pourraient ainsi être peu représentés sur le massif du Panié ou peu privilégiés dans la plupart des inventaires avifaune réalisés sur cette zone (Whitaker 1997, Ekstrom *et al* 2002, Chartendrault & Barré

2005) ; inversement la perruche à front rouge y trouverait les fortes pentes forestières qu'elle affectionne. Les deux espèces seraient peu sensibles à la prédation des rats exercée dans les nids, qui ne concernerait que les couples nichant au sol (Létocart & Meriot 2003, Gula *et al* 2010). Cependant, cette prédation pourrait être plus importante là où les densités et les masses moyennes des rats sont les plus élevées (Theuerkauf 2010).

Le pétrel de Tahiti *Pseudobulweria rostrata trouessarti* (Gangloff *et al*, in prep) est une espèce atypique nichant à la fois sur les ilots du lagon, dans les massifs miniers (*a priori* son habitat préférentiel) et les massifs sur sol volcano-sédimentaire où il est cependant totalement sous-prospecté. Sur le site des Roches de la Ouaième, il niche probablement dans des terriers sous rochers (V. Bretagnolle, *comm. pers.*), dans les secteurs de forêts humides pentues et relativement dégagées, ou dans les zones dégradées, localement là où les fougères laissent une possibilité de posé et d'envol. L'effectif mondial de l'espèce est évalué à environ 10 000 couples mais les estimations varient beaucoup selon les auteurs (Thibault & Bretagnolle 2007) ; l'espèce est classée NT (UICN 2011). En l'absence de colonies d'étude ou d'observations en mer suffisantes, on ne peut pas statuer sur l'évolution de ses effectifs en Nouvelle-Calédonie. La présence d'une colonie autour des Roches de la Ouaième était fortement suspectée d'après des observations récentes (rassemblement d'oiseaux en mer importants, cadavre d'un individu sur les crêtes, témoignages indirects–Baudat-Franceschi 2006 pour une synthèse) ; c'est *a priori* la première colonie d'importance identifiée dans la chaîne sur la côte Est et la première sur sols volcano-sédimentaires. Rats, chats, chiens et cochons féraux sont des prédateurs avérés ou suspectés des œufs, poussins ou adultes. Les incendies répétés, en plus des mortalités directes et des abandons de terriers, entraînent une destruction du couvert végétal originel pour une lande basse et très dense à fougères (Gleicheniacées) impropre aux déplacements des oiseaux au sol à l'atterrissage et au décollage. Le pétrel de Tahiti est une espèce sous-prospectée en Nouvelle-Calédonie qui nécessite un meilleur effort d'inventaire, d'autant que l'île concentre vraisemblablement le gros des effectifs mondiaux. Il est réparti de façon plus ou moins éparse sur l'ensemble de la Grande Terre, et peut être occasionnellement contacté de nuit un peu partout sur le massif du Panié (J. Theurkauf, *comm. pers.*) comme sur d'autres sites (mêmes observations sur le Massif des Lèvres, T. Duval, *obs. pers.*). La densité des contacts auditifs et des observations directes ou indirectes sur le site des Roches de la Ouaième en font cependant un site très intéressant pour la mise en place d'une colonie d'étude.

Quatre autres espèces quasi-menacées (UICN 2011) ont pu être contactées durant ce RAP ; le notou et l'autour à ventre blanc, assez largement répartis sur la Grande Terre et relativement communs, le pigeon vert, parfois très commun localement mais évitant les zones d'altitude (Chartendrault & Barré 2005) et l'échenilleur de montagne, particulièrement inféodé aux forêts en bon état de conservation, à basse et moyenne altitude. Cette dernière espèce est plus particulièrement présente sur les sites de Dawenia et Wewec, et plus largement sur les secteurs Sud-Ouest du Panié, du Colnett et de l'Ignambi (Chartendrault & Barré 2005).

Le massif du Panié présente ainsi les originalités suivantes en terme d'avifaune; absence du cagou (disparition récente), présence d'une population significative de perruches à front rouge, et surtout persistance remarquable d'une population de méliphage noir, de taille inconnue. Ainsi, paradoxalement, ce massif forestier se démarque des autres grands massifs forestiers calédoniens par la rareté ou l'absence de certains taxons remarquables tout en concentrant les mentions plus ou moins anciennes de taxons aujourd'hui présumés disparus (voir plus haut) et en abritant le seul noyau connu de méliphage noir au nord de la Grande Terre.

Recommandations en termes de conservation

Les grandes menaces et recommandations correspondantes classiques en terme de conservation en Nouvelle-Calédonie sont valables ici aussi sur le massif du Panié : lutte contre les incendies, contre les espèces exotiques de flore et de faune, lutte contre le braconnage et le commerce des espèces gibiers (notous notamment). Le massif du Panié est exceptionnel pour la Nouvelle-Calédonie de part ses niveaux d'endémismes dans tous les taxa, ses habitats spécifiques et son immense forêt d'un seul tenant. En dehors des problématiques spécifiques des espèces patrimoniales, les incendies et les ongulés introduits sont probablement les deux menaces majeures pour la qualité et la continuité du bloc forestier, facteurs déterminants du peuplement avifaunistique.

Les trois sites de Dawenia, Wewec et La Guen présentent des peuplements d'oiseaux similaires, certaines espèces étant plus rares sur le site de La Guen du fait probablement de l'altitude un peu plus élevée du site. L'entrée oiseaux ne permet pas d'identifier, sur ces sites, des priorités plus spécifiques en matière de conservation. Dans l'éventualité d'une réintroduction du cagou sur le massif du Panié, d'autres paramètres seront à prendre en compte pour choisir un site d'accueil, notamment la taille et la composition du bloc forestier, la qualité de l'habitat en terme de ressources alimentaires, l'abondance et l'impact des espèces allochtones (ongulés, chats, chiens), l'existence de corridors écologiques avec les populations proches, des considérations pratiques, sociales, économiques, (accès, perception et accueil du projet, démarche écotouristique)… Enfin, le site de Wewec, inclus dans la ZICO Massif du Panié (Spaggiari *et al*, 2007), est contigu à la réserve du Mont Panié dans sa délimitation actuelle ; il paraît tout à fait indiqué, par son avifaune riche et diversifiée, pour être inclus dans un projet d'extension de la réserve.

Le site des Roches de la Ouaième s'intègre dans un bloc forestier plus réduit et discontinu, sévèrement impacté par des incendies répétés et de grande ampleur. Entre autres conséquences, ces incendies entraînent le développement quasi exclusif d'un faciès à fougères défavorable notamment au pétrel de Tahiti. Sa zone de reproduction est d'un intérêt patrimonial important, justifiant la mise en place d'une colonie d'étude et de mesures de conservation spécifiques ; effort de sensibilisation sur les incendies, et/ou entretien de pare-feux et/ou restauration végétale, lutte contre les espèces envahissantes, notamment prédatrices (cochons, rats, chats)...

Le versant est de la réserve du Panié, au dessus de Tao et sur le sentier menant au sommet, concentre tous les témoignages récents de méliphage noir (Tron 2010 a) ainsi que le contact réalisé dans le cadre de la présente étude ; un important effort de prospection de l'espèce ainsi qu'une évaluation des menaces doivent urgemment être entrepris sur ce secteur, afin de mettre en place les mesures de conservation adéquates. Il s'agit à n'en pas douter d'un site hautement patrimonial au sein de la réserve, voire pour la Nouvelle-Calédonie.

Pour conclure, la taille du massif du Panié et la présence de nombreuses zones difficiles d'accès et non fréquentées laisse la porte toujours ouverte à une redécouverte, probablement ici plus qu'ailleurs, d'un ou plusieurs des taxa présumés disparus ; des compléments de prospection seront donc toujours vivement recommandés.

REMERCIEMENTS

Merci à Maurice Wanguene et Hervé Poitilinaoute, ainsi qu'à toutes les équipes présentes tout au long du RAP Mont Panié et notamment à l'équipe de Dayu Biik, ainsi qu'à Jörn Theuerkauf, Vivien Chartendrault, Nicolas Barré, Jean-Jérôme Cassan, Sophie Rouys et Julien Baudat-Franceschi pour leur relecture et commentaires avisés.

RÉFÉRENCES

Angin, B. 2010. Protocole de recherche du Méliphage Toulou (*Gymnomyza aubryana*) dans la ZICO « Massif du Grand Sud ». Document interne SCO.

Angin, B. 2011. Recherche du méliphage noir *Gymnomyza aubryana* dans la ZICO « Massif du Grand sud ». Rapport final. Février 2011. SCO

Baudat-Franceschi, J. 2006. Oiseaux marins et côtiers nicheurs en province Nord. Evaluation des populations. Enjeux de conservation. Rapport SCO-PN.

Baudat-Franceschi, J. 2011. Etude de faisabilité d'une éradication des rats pour la préservation du pétrel de Tahiti *Pseudobulweria rostrata* sur l'ilot Nemou. SCO.

Bibby, C., D. Hill, N. Burgess & S. Mustoe. 2000. Bird Census Techniques. Second edition. Academic press.

Birdlife International. 2011. Website: birdlife.org/datazone/info/taxonomy

Blondel J., C. Ferry & B. Frochot. 1981. Point counts with unlimited distance. Studies in Avian Biology. 6 : 414–420.

Bretagnolle, V., C. Attié & F. Mougeot. 2000. Audubon's shearwaters *Puffinus lherminieri* on Réunion Island, Indian Ocean : behaviour, census, distribution, biometrics and breeding biology. Ibis. 142 : 399–412.

Bretagnolle, V. 2001. Le pétrel de la Chaîne *Pterodroma (leucoptera) caledonica* : statut et menaces. Rapport CNRS / PS.

Brooke, M. 2004. Albatrosses and Petrels across the World. Oxford University Press.

Chartendrault, V. & N. Barré. 2005. Etude du statut et de la distribution des oiseaux menacés de la province Nord de Nouvelle-Calédonie. Rapport IAC, Programme Elevage et Faune Sauvage n°2/2005.

Chartendrault, V., F. Desmoulins & N. Barré. 2007. Oiseaux de la chaîne centrale. Province nord de Nouvelle-Calédonie. IAC / Province nord.

Delelis, N. & N. Barré. 2007. Oiseaux menacés du massif du Koniambo. Etat des populations, recommandations d'atténuation et de compensations. Rapport d'étude n°4/2007. Institut Agronomique Calédonien et Koniambo Nickel.

Ekstrom, J., J. Jones, J. Willis, J. Tobias, G. Dutson & N. Barré. 2002. New information on the distribution, status and conservation of terrestrial bird species in Grande Terre, New Caledonia. Emu. 102 : 197–207.

Gangloff, B., H. Shirihai, D. Watling, C. Cruaud, A. Couloux, A. Tillier, E. Pasquet & V. Bretagnolle. *(in prep)*. The complete phylogeny of the most endangered seabird genus: systematics, species status and conservation implications.

Gula, R., J. Theuerkauf, S. Rouys & A. Legault. 2010. An audio/video surveillance system for wildlife. European Journal of Wildlife Research 56: 803–807.

Hunt, G. 1992. Census of Kagus *Rhynochetos jubatus* on the main island of New Caledonia during 1991/1992. Unpublished report.

Hunt, G., R. Hay & C. Veltman. 1996. Multiple kagu *Rhynochetos jubatus* deaths caused by dog attacks at a high-altitude study site on Pic Ningua, New Caledonia. Bird Conservation International. 6: 295–306.

Hunt, G. 1996. Environmental variables associated with population patterns of the Kagu *Rhynochetos jubatus* of New Caledonia. Ibis. 138 : 778–785.

Legault, A., V. Chartendrault, J. Theuerkauf, Rouys S. & N. Barré. 2011. Large scale habitat selection by parrots in New Caledonia. J. Ornithol.

Létocart, Y. 2001. Chants des oiseaux de Nouvelle-Calédonie : songs of new-caledonian birds. Disque compact Tourou Images. Mont- Dore.

Létocart, Y. & J. M. Meriot. 2003. Rapport d'observations sur la perruche huppée (*Eunymphicus cornutus*). Observations réalisées dans la région de Farino–Col d'Amieu. Province sud, Nouvelle-Calédonie.

Mériot, J-C., J. Delafenêtre & Y. Létocart. 2004. Étude du Méliphage Noir (*Gymnomyza aubryana*) dans le Parc Provincial de la Rivière Bleue (de septembre à novembre 2003). Service des Parcs et Réserves terrestres, Direction des Ressources Naturelles. Province sud Nouvelle-Calédonie.

Myers, N., R. Mittermeier, C. Mittermeier, G. da Fonseca & J. Kent. 2000. Biodiversity hotspots for conservation priorities. Nature. 403 : 853–858.

Ralph, C., J. Sauer & S. Droege. 1995. Monitoring Bird Populations by Point Counts. Gen. Tech. Rep. PSW-GTR-149, U.S. Department of Agriculture, Forest Service, Pacific Southwest Research Station, Albany, CA.

Riethmuller, M. & F. Jan. 2009. Mission de recherche des colonies de Pétrel noir de Bourbon. SEOR/Parc National de La Réunion.

Rouys, S., V. Chartendrault & J. Spaggiari. 2008. Plan d'action pour la sauvegarde du cagou 2009–2020. SCO.

SCO. 2009. Rapport final de la convention Province nord / SCO n° 179/2008, daté du 30 septembre 2009 et complété au 31 octobre 2009.

SCO. 2011. Bulletin le Cagou. 30.

Legault A., J. Theuerkauf, S. Rouys, V. Chartendrault, N. Barré. 2012. Temporal variation in flock size and habitat use of parrots in New Caledonia. Condor : in press.

Spaggiari, J. & N. Barré. 2004. Inventaire complémentaire des sites de nidification du pétrel de Tahiti *Pseudobulweria rostrata trouessarti* sur le massif du Koniambo. Rapport d'étude n° 8/2004. Institut Agronomique Calédonien et Société Calédonienne d'Ornithologie.

Spaggiari, J., V. Chartendrault & N. Barré. 2007. ZICO de Nouvelle-Calédonie. SCO et Birdlife International. Nouméa.

Stokes, T. 1979. Note on the landbirds of New Caledonia. Emu. 80 : 81–86.

Theuerkauf, J. 2010. Espèces exotiques envahissantes et avifaune du Mont Panié. Note de contribution au plan de gestion de la réserve du Mont Panié. CORE.NC.

Thibault, J.C. & V. Bretagnolle. 2007. Atlas des oiseaux marins nicheurs de Polynésie française et du groupe Pitcairn. SOP Manu.

Tron, F. 2010 a. Rapport d'expédition de recherche du Méliphage noir sur le massif du Panié. Conservation International.

Tron, F. 2010 b. Programme intégré de contrôle des Espèces exotiques envahissantes de la Réserve de nature sauvage du Mont Panié. Etat initial Oiseaux 2009. Conservation International.

Tron, F., R. Franquet & J. J. Folger. 2010. Cartographie des feux à Hienghène. Conservation International & Dayu Biik.

UICN. 2011. Website: iucnredlist.org/

Villard, P., S. Dano & V. Bretagnolle. 2006. Morphometrics and the breeding biology of the Tahiti petrel *Pseudobulweria rostrata*. Ibis. 148 : 285–291

Whitaker, A. 1997. Province nord Biodiversity Project: The avifaunas of five selected forested sites in Province nord, New Caledonia. Unpublished report to Maruia Society/ Conservation International, Auckland, New Zealand.

Chapter 3

Herpetofauna of the Mt. Panié and Roches de la Ouaième region, New Caledonia

Inventaire herpétologique du massif du Panié et des Roches de la Ouaième, Nouvelle-Calédonie

Stephen Richards, Stéphane Astrongatt and Phillip Skipwith

EQUIPE – TEAM

Stephen Richards (Conservation International, Team leader), Stéphane Astrongatt (Consultant), Phillip Skipwith (Villanova University), Gillio Farino (Dayu Biik, Tao) and Jacob Hiandondimat (Dayu Biik, Tribu de Bas-Coulna)

SUMMARY

We conducted an intensive herpetofaunal inventory at four sites around Mt. Panié, province Nord, New Caledonia between 1–25 November 2010 including the first structured surveys for lizards on the Roches de la Ouaième. A total of 18 species (17 reptiles and one frog) were documented, of which the frog and one gecko are recent introductions to New Caledonia. Four species of lizards encountered are listed as Endangered by IUCN, and one as Critically Endangered. A further two species are listed as Near Threatened and one species is listed as Data Deficient. At least one, and possibly three species are new to science, though one of these is also known from outside the Mt. Panié area. The Mt. Panié massif and nearby Roches de la Ouaième provide critical habitat for rare and restricted-range species reliant on humid forest including several taxa that are suffering population declines due to mining activities in other areas. However wildfires and the impacts from exotic predators and pigs still pose threats to these species within the protected areas around Mt. Panié. Two species of skink, *Marmorosphax tricolor* and *Caledoniscincus aquilonius*, were abundant and easy to sample, and therefore may provide good indicator taxa for quantifying the impacts of invasive rats and feral pigs on this group of lizards.

RÉSUMÉ

Un inventaire herpétologique a été conduit du 1–25 novembre 2010 sur 4 sites du massif du Panié et des Roches de la Ouaième. 18 espèces (17 reptiles et une grenouille) ont été documentées, y compris une grenouille et un gecko d'introduction récente en Nouvelle-Calédonie. Quatre espèces de lézards sont considérées comme vulnérables (VU) par l'UICN, et une critiquement menacée d'extinction (CR). Deux autres espèces sont classées comme Quasi menacées (NT) et une espèce est inscrite comme Données insuffisantes (DD). Au moins une -et peut-être trois espèces sont nouvelles pour la science ; l'une d'elles est également connue en dehors de la région du Mont Panié. Le massif du Panié et les Roches de la Ouaième fournissent un habitat essentiel pour plusieurs espèces rares et à répartition restreinte, y compris plusieurs taxons affectés par les activités minières ailleurs en Nouvelle-Calédonie. Les feux de brousse et les espèces exotiques envahissantes sont des menaces potentielles sur ces espèces, y compris au sein de la réserve du Mont Panié. Deux espèces de scinque (*Marmorosphax tricolor* et *Caledoniscincus aquilonius*), sont suffisamment abondantes pour permettre des études quantitatives sur l'impact des rats et des chats sur ce groupe de lézards.

INTRODUCTION

The herpetofauna of New Caledonia is remarkable for its high levels of endemism, and for spectacular radiations within the skink and gecko faunas (e.g., Bauer and Sadlier 2000). However the fauna remains incompletely documented as evidenced by the many species new to science that have been described from New Caledonia in recent decades. Many of these taxonomic novelties are known only from ultramafic habitats in southern and western New Caledonia, but opportunistic and targeted herpetological work in the well-forested north-eastern region around Mt. Panié (Conservation International et al. 1998; Ekstrom et al. 2000) has also revealed new and endemic lizard species (e.g., Bauer et al. 2000, Sadlier et al. 2002). Whitaker (2003) has provided an excellent illustrated guide to the reptiles of Mt. Panié that remains the most comprehensive overview of the local lizard fauna to date.

The current report presents the herpetofaunal results of a RAP biodiversity survey conducted at four sites around Mt. Panié in north-eastern New Caledonia.

FIELD METHODS AND STUDY SITES

We conducted intensive surveys for herpetofauna at four main sites around Mt. Panié in province Nord between 1–25 November 2010 (see Table 1 for site locations and schedule). At each site we conducted intensive searches for frogs and reptiles along trails and river banks. During the day we searched for heliothermic (basking) reptiles along trails through forest, in forest clearings, and on stream banks. We turned stones and logs, opened rotting logs, and raked litter to reveal hiding lizards. Small lizards were collected by hand or were stunned with a large rubber band. Large lizards were collected by hand. We searched for frogs and nocturnal reptiles, including geckos, by walking along forest trails and stream banks at night with a headlamp. A series of five transects each consisting of ten 11 × 16.5 cm 'sticky traps' placed at approximately 10 m intervals on the forest floor were also established at each site to trap small ground-dwelling lizards. Traps were placed in sites considered most likely to encounter lizards including under ledges, in root-hollows, among tree roots, under large logs and exposed on the forest floor. All traps were on or near (< ~30 cm high) the ground. Traps rendered inefficient due to rain degrading the glue were replaced daily. Traps were checked 1–2 times each day and lizards were released from the traps using non-toxic cooking oil. Traps were run for 72 hours (3 days and nights at each

Table 1: Major survey localities and dates for Mt. Panié herpetofauna survey.

Location	Coordinates	Altitude(m)	Dates (2010)
Roches de la Ouaième	20°38.394S, 164°52.280E	591	1–5 November
Wewec	20°35.908S, 164°43.845E	359	6–10 November
Dawenia	20°32.258S, 164°40.844E	586	11–15 November
La Guen	20°37.508S, 164°46.934E	570	18–25 November

Table 2: Herpetofauna documented at four sites around Mt. Panié during November–December 2010.

Species	R. de la Ouaième	Wewec	Dawenia	La Guen	IUCN Status*
Reptiles					
Gekkonidae					
Bavayia montana		X	X	X	DD
Bavayia cf *sauvagii*	X	X		X	**
Dierogekko validiclavis	X?	X	X		EN
Eurydactylodes agricolae	X	X	X	X	NT
*Hemidactylus frenatus****				X	LC
Scincidae					
Caledoniscincus aquilonius	X	X	X	X	NT
Caledoniscincus austrocaledonicus	X	X	X		LC
Caledoniscincus festivus			X	X	LC
Caledoniscincus haplorhinus		X	X		LC
Caledoniscincus orestes				X	EN
Lioscincus nigrofasciolatum	X		X	X	LC
Lioscincus novaecaledoniae				X	LC
Lioscincus steindachneri	X				EN
Celatiscincus similis or sp. nov.				X	EN
Marmorosphax tricolor	X	X	X	X	LC
Nannoscincus exos	X				CR
Tropidoscincus boreus	X	X	X	X	LC
Frogs					
Hylidae					
*Litoria aurea****		X		X	VU
TOTALS	10	10	10	13	

*LC = Least Concern; NT = Near Threatened; VU = Vulnerable; EN = Endangered; CR = Critically Endangered; DD = Data Deficient
**Not applicable – species is undescribed and yet to be assessed by IUCN
***Not native to New Caledonia

site) giving a total 'trap-effort' of 3,600 'trap-hours' at each site.

All species were photographed alive, and several individuals of each reptile species were prepared as voucher specimens to permit accurate identification of taxonomically difficult taxa with collecting permit from Province nord. These specimens were euthanized by lethal injection of Lethabarb. Specimens were fixed in 10% formalin solution, and then stored in 70% ethanol. Samples of liver tissue for DNA analyses were extracted from voucher specimens and stored in 95% ethanol. Voucher specimens are deposited in the Australian Museum, California Academy of Sciences and the South Australian Museum.

RESULTS AND DISCUSSION

A total of 18 species (17 reptiles and one frog) were documented during this survey (Table 2). The frog *Litoria aurea* is a species introduced from Australia (Tyler 1982) where it has undergone significant population declines. It is listed as Vulnerable by the IUCN but occurs in large and healthy populations in New Caledonia.

Overall species richness was extremely similar at each site, with three sites having 10 species and one (La Guen) having 13 species, two of which are exotic (Table 2). The reptile fauna was dominated by skinks (12 species), all of which are endemic to New Caledonia. Geckos included five species, one of which (*Hemidactylus frenatus*) is an invasive non-native species. The remaining four gecko species are endemic to New Caledonia. The gecko referred to here as *Bavayia* cf *sauvagii* (Table 2) is an undescribed species belonging to a complex that is currently being revised and is known from several additional sites beyond the Mt. Panié area (A. Bauer, pers. comm.). Of particular interest among the skinks is a species tentatively identified as *Celatiscincus similis* that was found only at La Guen. Its identity needs to be confirmed through genetic analysis.

Although substantial effort was put into establishing transects of 'sticky traps', only eight of the 17 species, all skinks, were trapped this way. Of 159 individual captures on sticky traps, 77 (48%) were *Caledoniscincus aquilonius* and 72 (45%) were *Marmorosphax tricolor*. The remaining 7% of captures were made up by *Celatiscincus similis* (4 captures; 2.5%), *Caledoniscincus orestes* and *Tropidoscincus boreus* (2 captures or 1.25% each), *Caledoniscincus haplorhinus* and *Lioscincus nigrofasciolatum* (1 capture or 0.62% each). The absence of arboreal reptiles from sticky traps, which were set on or near the ground, is not surprising. The traps also failed to detect the rare terrestrial skink *Nannoscincus exos*, presumably because densities of this species are extremely low or because they have patchy distributions and limited mobility and so they did not encounter the traps.

Species accounts (species name followed by IUCN Red List category)

Gekkonidae

Bavayia montana (Data Deficient)
This is a moderately robust gecko that inhabits closed, humid lowland to montane forests (Bauer and Sadlier 2000). Recent genetic studies indicate that the species as currently recognized includes a number of cryptic taxa, but that the Mt. Panié population represents 'true' *B. montana* (A. Bauer pers. comm.). Although assessed as Data Deficient, Whitaker and Sadlier (2010a) note that the known extent of occurrence of true *B. montana* is <100 km^2 and suggest that once the taxonomic revision of this complex is completed many of the new taxa will likely be assigned to one of IUCN's threatened categories. Forests of the Mt. Panié area are one of the few known habitats for true *B. montana.*

Bavayia cf *sauvagii*
Specimens of an undescribed species of the *B. sauvagii* complex were found at Roches de la Ouaième, Wewec and La Guen. This species was abundant in forest at all three sites, where they were found at night on low vegetation. It is also known from several sites outside the Mt. Panié area (A. Bauer pers. comm.)

Dierogekko validiclavis (Endangered)
This small, slender gecko was abundant at Roches de la Ouaième, Wewec and Dawenia. It is considered to be Endangered (Whitaker and Sadlier 2010b) because of its extremely restricted distribution; it was known from only two sites on the Mt. Panié massif prior to this RAP survey. Our survey extends the known distribution of this species to Roches de la Ouaième, a massif isolated from the main Panié range. However genetic data indicate that the population from Roches de la Ouaième may be distinct and may ultimately warrant recognition as a new species (A. Bauer, pers. comm). If these preliminary results are confirmed then this population will represent another extremely restricted-distribution species in the Panié region.

Eurydactylodes agricolae (Near Threatened)
This gecko is known from a range of habitats across a relatively wide area of province Nord and was documented at each of the four RAP survey sites. It was encountered mostly at night perched on branches and twigs in forest. Although considered Near Threatened by the IUCN due to possible impacts of expanding nickel mining on populations in the north-west of the Grande Terre (most of the species distribution) (Whitaker and Sadlier 2010c), the populations in the Mt. Panié area appear to be secure at this stage.

Hemidactylus frenatus (Least Concern)
This invasive, exotic gecko has colonized most of the South Pacific and was found only on buildings at La Guen during this survey.

Scincidae

Caledoniscincus aquilonius (Near Threatened)
This species has a moderately broad distribution in montane forests in northern New Caledonia and was documented at each of the four RAP survey sites around Mt. Panié. It occurs in primarily forest habitats but is considered to be Near Threatened (Whitaker and Sadlier 2010d) because of numerous threats, particularly introduced ants, wildfires and, on the north-west massifs, the expansion of nickel mining. It was common at all four sites during this survey.

Caledoniscincus austrocaledonicus (Least Concern)
This widespread and common skink is capable of persisting in degraded and modified habitats. It was found at Roches de la Ouaième, Wewec and Dawenia during the RAP survey.

Caledoniscincus festivus (Least Concern)
This is a widespread species that is known to persist in a broad range of habitats (Bauer and Sadlier, 2000). During this RAP survey it was encountered only at Dawenia and La Guen.

Caledoniscincus haplorhinus (Least Concern)
This widespread and common lizard is capable of persisting in degraded and modified habitats. *C. haplorhinus* was found only at Dawenia and Wewec during the RAP survey.

Caledoniscincus orestes (Endangered)
This species is known from two widely separated 'groups' of populations, and is considered to be Endangered because the isolated populations tend to be genetically sub-structured, and those populations in forests on ultramafic surfaces have been localized and fragmented (Whitaker and Sadlier 2010e). This species was found only at La Guen during this RAP survey.

Lioscincus nigrofasciolatum (Least Concern)
This species has a very wide distribution in New Caledonia and is known to persist in degraded habitats. It was found at Roches de la Ouaième, Dawenia and La Guen during this survey.

Lioscincus novaecaledoniae (Least Concern)
This species has a broad range in New Caledonia, but is known from relatively few sites (Whitaker and Sadlier, 2010f). It was previously known from the Mt. Panié massif and was found at La Guen during this survey.

Lioscincus steindachneri (Endangered)
This species is known from only three disjunct locations, one of which is the Mt. Panié massif. Unlike the other two known locations populations on the Mt. Panié massif appear to be secure, although there are threats to key habitat (humid forest) from wildfires and clearing and to resident populations from invasive species (Whitaker and Sadlier 2010g) in this area. The Panié massif, and particularly Mt. Panié, provides habitat critical for the survival of this species. During the RAP survey it was found at Roches de la Ouaième.

Celatiscincus similis (Endangered)
This species is known from only four sites in northern New Caledonia (Whitaker and Sadlier 2010h), two on ultramafic massifs on the northwest coast and two on the northeast coast at Ouaième and Tao. Further genetic studies are required to assess the status of populations in the northeast, but it is clear that Mt. Panié represents a critical habitat for this taxon in the northeast.

Marmorosphax tricolor (Least Concern)
A very widespread but forest dependent species, *M. tricolor* was extremely common at all four RAP sites.

Nannoscincus exos (Critically Endangered)
This species was known from only a few samples at two sites prior to the surveys undertaken here, one in the Hienghène valley and one at Ouenghip on Roches de la Ouaième. The additional samples collected during the survey are from the Ouenghip population. Because of its extremely limited distribution and threats from habitat degradation, invasive predators and the introduced Little Red Fire Ant (Whitaker and Sadlier 2010i) the species is considered to be Critically Endangered.

Tropidoscincus boreus (Least Concern)
This fast-moving diurnal lizard occupies a broad range of habitats and occurs widely in New Caledonia. It was moderately common at all four sites sampled during this RAP survey.

Frogs

Litoria aurea (Vulnerable)
The frog *Litoria aurea* is an exotic species that has flourished in New Caledonia. It is listed as Vulnerable by the IUCN on the basis of severe population declines in its native range (southeastern Australia), but this species is abundant wherever it occurs in New Caledonia. *L. aurea* was found along streams at Wewec and La Guen during this survey.

CONSERVATION ISSUES AND RECOMMENDATIONS

The forests of the Mt. Panié area provide an important refuge for a number of rare and potentially new reptile species, including several endemic to the region. Four species found during the survey are listed as Endangered by the IUCN and one, the restricted-range *Nannoscincus exos* that was found at Roches de la Ouaième, is listed as Critically Endangered (Table 2). The potentially new species of *Dierogekko* known only from Roches de la Ouaième, if confirmed, will almost certainly also warrant listing in a threatened category due to its extremely limited distribution. Only eight of the

17 reptile species documented during this survey are listed as Least Concern by the IUCN.

Despite the significant survey effort undertaken in both time and geographic coverage, two regionally endemic species, *Bavayia madjo* and *Bavayia ornata*, were not recorded, indicating that both species likely have restricted distributions on the Panié Massif. *Bavayia madjo* is known from only two high elevation sites (Panié and Ignambi), and *Bavayia ornata* from low-mid elevation forest adjacent to the Cascade de Tao. Targeted survey work for these species should be undertaken to fully assess their distribution, and in the case of *B. ornata* the population status and immediate threats (presence/extent of the fire ant *Wasmannia auropunctata*; potential impact of fire on forest edge; impact of pigs on critical sheltering sites such as logs on the forest floor).

Each of the sites surveyed during this RAP project supported at least one Endangered species (Table 2) while two Endangered and one Critically Endangered species were found at Roches de la Ouaième. It is clear that each of these areas, but particularly Roches de la Ouaième, provide critical habitats for rare endemic reptile species. In their recent assessments of the conservation status of New Caledonian reptiles, the most common threats identified by Whitaker and Sadlier (see refs below) were population fragmentation through forest destruction due to rapidly expanding nickel mining or agriculture, predation by rodents and feral cats, the impact of the introduced Little Red Fire Ant *Wasmannia auropunctata* (Jourdan *et al.* 2001), habitat loss and degradation from introduced ungulates (deer and pigs), and wildfires.

Nickel mining is not a threat in the region of the Mt. Panié massif, but rodents and feral cats occur throughout the region and probably exert severe predation pressure on lizards there. The introduced ant *Wasmannia auropunctata* is also widespread in lowland and some mid elevation forests in the region and is likely to also have a significant impact on lizard populations where infestation is extreme. The impact of pigs on lizards in the Mt. Panié area is difficult to assess but modification of terrestrial habitats in moist forests may be having severe impacts on some terrestrial skinks. Wildfires are also a threat, particularly on the lower slopes of the Mt. Panié area where fires significantly modify and degrade the moist forest habitats required by several endangered lizard species.

Understanding the impacts of introduced predators (particularly rats) and of pigs on the endemic lizard fauna of the Mt. Panié region will be critical for developing long-term management programs for this important area. For example during this study we trapped numerous rats in sticky traps that were also trapping ground-dwelling skinks confirming that these predators are occupying the same microhabitats as these endemic lizards.

Results of our trapping program indicate that sticky traps may be a powerful quantitative technique to study the impacts of feral animals (pigs, rats) on native lizards. This is because the traps were extremely successful at catching two terrestrial species, *Caledoniscincus aquilonius* and *Marmorosphax tricolor*, that can 1) be identified with relative ease, at least when adult, 2) appeared to be abundant based not only on trapping but also on field observations, and 3) can be released unharmed after capture. These two terrestrial species occur in sufficient numbers that changes in population size are likely to be detected during predator-control studies. In contrast rarely encountered species are unlikely to provide sufficient data for statistical analyses of observed population changes. We recommend that a carefully designed study that aims to monitor population responses of these two species to predator/pig removal should be considered. Such a study will provide extremely useful information about the impacts of these exotic species on terrestrial lizards in the Mt. Panié area.

Further field research is required in adjacent areas to fully assess the apparent uniqueness of the lizard fauna of the Panié massif and Roches de la Ouaième and the contribution of its forests to the conservation of the lizard fauna in the northeast of the Grande Terre.

REFERENCES

Bauer, A. M., J. Jones, and R. A. Sadlier. 2000. A new high-elevation *Bavayia* (Reptilia: Squamata: Diplodactylidae) from northeastern New Caledonia. *Pacific Science* 54:63–69.

Bauer, A. M. and R. A. Sadlier. 2000. The herpetofauna of New Caledonia. SSAR. Ithaca, New York.

Conservation International, Washington DC and Maruia Society, New Zealand in association with Province nord Provincial Government, New Caledonia, 1998. Conserving Biodiversity in Province nord, New Caledonia: Volume 1: Main Report: 113 pp; Volume 2: Appendices: 85 pp.

Ekstrom, J. M. M., J. P. G. Jones, J. Willis, and I. Isherwood. 2000. The humid forests of New Caledonia: biological research and conservation recommendations for the vertebrate fauna of Grande Terre. CSB Conservation Publications. 100 pp.

Jourdan, H., R. A. Sadlier and A. M. Bauer. 2001. Little Fire Ant Invasion (*Wasmannia auropunctata*) as a Threat to New Caledonian Lizards: Evidences from a Sclerophyll Forest (Hymenoptera: Formicidae). *Sociobiology* 38: 283–301.

Sadlier, R. A., A. M. Bauer, and A. H. Whitaker. 2002. The scincid lizard genus *Nannoscincus* Günther from New Caledonia in the southwest Pacific: a review of the morphology and distribution of species in the *Nannoscincus mariei* species group, including the description of three new species from the Province nord. Zoologica Neocaledonia 5, *Mémoires du Muséum National d'Histoire Naturelle, Paris* 187:269–276.

Tyler, M. J. 1982. The hylid frog genus *Litoria* Tschudi: An overview. Pp. 103–112. In: D. G. Newman (editor).

New Zealand Herpetology. New Zealand Wildlife Service Occasional Bulletin (2):1–495.

Whitaker, A. H. 2003. Les reptiles (geckos et scinques) sur le massif du Mont Panié et la côte nord-est, Nouvelle-Calédonie. Whitaker Consultants Limited. Motueka.

Whitaker, A. H. and R. A. Sadlier, 2010a. *Bavayia montana.* In: IUCN 2011. IUCN Red List of Threatened Species. Version 2011.1. <www.iucnredlist.org>.

Whitaker, A. H. and R. A. Sadlier. 2010b. *Dierogekko validiclavis.* In: IUCN 2011. IUCN Red List of Threatened Species. Version 2011.1. <www.iucnredlist.org>.

Whitaker, A. H. and R. A. Sadlier. 2010c. *Eurydactylodes agricolae.* In: IUCN 2011. IUCN Red List of Threatened Species. Version 2011.1. <www.iucnredlist.org>.

Whitaker, A. H. and R. A. Sadlier. 2010d. *Caledoniscincus aquilonius.* In: IUCN 2011. IUCN Red List of Threatened Species. Version 2011.1. <www.iucnredlist.org>.

Whitaker, A. H. and R. A. Sadlier. 2010e. *Caledoniscincus orestes.* In: IUCN 2011. IUCN Red List of Threatened Species. Version 2011.1. <www.iucnredlist.org>.

Whitaker, A. H. and R. A. Sadlier. 2010f. *Lioscincus novaecaledoniae.* In: IUCN 2011. IUCN Red List of Threatened Species. Version 2011.1. <www.iucnredlist.org>.

Whitaker, A. H. and R. A. Sadlier. 2010g. *Lioscincus steindachneri.* In: IUCN 2011. IUCN Red List of Threatened Species. Version 2011.1. <www.iucnredlist.org>.

Whitaker, A.H. & Sadlier, R.A. 2010h. *Celatiscincus similis.* In: IUCN 2011. IUCN Red List of Threatened Species. Version 2011.1. <www.iucnredlist.org>.

Whitaker, A.H. & Sadlier, R.A. 2010i. *Nannoscincus exos.* In: IUCN 2011. IUCN Red List of Threatened Species. Version 2011.1. <www.iucnredlist.org>.

Chapter 4

Freshwater fishes & crustaceans of the Mt. Panié and Roches de la Ouaième watersheds, New Caledonia

Inventaire des poissons et des crustacés d'eau douce du massif du Panié et des Roches de la Ouaième, Nouvelle-Calédonie

L. Taillebois, G. Marquet et P. Keith

EQUIPE

Laura Taillebois (MNHN, Team leader), Gérard Marquet (MNHN), David Boseto (Texas A&M University-Corpus Christi), Lekima Copeland (University of South Pacific), Elodie Teimpouene (Dayu Biik, Tribu de Haut-Coulna), Ronald Tein (Dayu Biik, Tribu de Bas-Coulna), Jacob Hiandondimat (Dayu Biik, Tribu de Bas-Coulna), Gabriel Teimpouene (Dayu Biik, Tribu de Haut-Coulna) and Jonas Tein (Dayu Biik, Tribu de Bas-Coulna)

SUMMARY

The freshwater fauna of New Caledonia is rich and consists of 101 described species (64 fish and 37 decapoda crustaceans). Among these species, 25 are endemic to New Caledonia ; Mt. Panié holds many of them and is therefore a priority area for new-caledonian freshwater conservation. Fish and crustaceans of this area were investigated during a rapid assessment survey (RAP) from 10/10/2010 to 21/10/2010 at three sites: La Guen (4 stations), Wewec (5 stations) and Roches de la Ouaième (1 station). We collected ten species of crustaceans and 9 species of fish, all of which are diadromous amphidromous. Only one species was introduced. Considering the number of species found, crustaceans are more diverse in La Guen than in Wewec and on the contrary, fish are more diverse in Wewec than in La Guen. Roches de la Ouaième is the poorest site in terms of fish and crustacean richness. The RAP sites do not have high species richness compared with those from nearby coastal rivers on the eastern side of Mt. Panié.

As all fish and crustacean species caught are diadromous, they are highly sensitive to human impacts on aquatic habitats, particularly in estuarine habitats. These species have to undertake two migrations between freshwater and the sea. The success of such a life cycle - *i.e.* production of larvae for downstream migration after hatching and restocking rivers with post-larval and juvenile upstream colonisation after recruitment in freshwater – depends on maintaining the mountain-ocean corridor to allow movements between both habitats.

RESUME

La riche faune d'eau douce de Nouvelle-Calédonie comprend 101 espèces (64 poissons et crustacés décapodes 37). Parmi ces espèces, 25 sont endémiques et la région du Mont Panié, l'un des sites prioritaires pour la conservation du groupe taxonomique en Nouvelle-Caledonie. Poissons et crustacés de cette région ont été étudiés du 10 au 21 octobre 2010 sur trois sites: La Guen (4 stations), Wewec (5 stations) et Roches de la Ouaième (1 station). Dix espèces de crustacés et 9 espèces de poissons ont été inventoriées ; elles sont principalement diadromes. Une seule espèce introduite a été trouvée. Les crustacés sont plus diversifiés dans La Guen que dans la Wewec et, au contraire, les poissons sont plus diversifiés dans la Wewec que dans La Guen. Le site des Roches de la Ouaième est le plus pauvre en termes de richesse spécifique en poissons et crustacés. Globalement ces sites sont moins riches que ceux du littoral de la côte Est du Mont Panié. Toutes les espèces capturées sont diadromes et tous les impacts des activités humaines sur les habitats aquatiques sont très significatifs, en particulier sur les habitats estuariens. En effet ces especes doivent procéder à deux migrations entre l'eau douce et la mer. Le succès d'un tel cycle de vie - à savoir la production de larves migrant vers la mer et le repeuplement des rivières par les post-larves et juvéniles - repose sur le maintien de corridors montagne-océan fonctionnels pour permettre les mouvements entre les deux habitats.

INTRODUCTION

The freshwater fauna of New Caledonia is rich and has Australian, Indonesian and Indo-Pacific affinities. The fauna consists of 101 species: 64 fishes and 37 decapoda crustaceans. Among these 101 species, 25 (24.8%) are endemic to New Caledonia (17.2 % for fishes and 37.8 % for crustaceans) (Marquet et al., 2003; Keith et al., 2009a).

The size of the hydrographic network of New Caledonia increases with average altitude. River flows depend on various factors such as climate, soils, vegetation cover and catchment basin morphology. Rivers and streams usually flow perpendicularly to the coast, and catchment areas are generally small. In Grande-Terre, two major types of riverine hydrosystems can be distinguished: the short and oxygenated streams in the northeast of the province Nord, generally on metamorphic substrate, and the large streams of the province Sud, generally on ultramaphic substrate.

Streams of Mt. Panié catchment share similar flow characteristics to those of streams found elsewhere in Grande Terre. However, some streams are ephemeral or may have sub-surface flows during the drier months. The run-off varies considerably, depending on the site's orographic characteristics, the season, and the forest cover. It is also liable to changes that reflect specific weather episodes linked to the tropical climate extremes such as cyclonic floods or droughts.

Between 1998 and 2003, the Museum national d'Histoire naturelle (MNHN) conducted an exhaustive inventory of freshwater fish in New Caledonia, with the help of the provincial and territorial authorities. Inventories were undertaken on the major hydrosystems of Grande-Terre and Loyalties Islands (see Marquet et al., 2003). Additional inventories were completed between 2004 and 2010 , particularly in Mt. Panié region, Côte oubliée and Bélep Islands (Keith et al., 2009b; Keith et al., 2010). Many new species were found during surveys carried out over the last decade (see Marquet et al., 2003; Keith et al., 2009; Keith et al., 2010a). In 2004, Keith et al. showed that the province Nord, and particularly the Mt. Panié area, is one of the most important sites for conservation of endemic freshwater fish (Keith et al., 2004). This RAP survey was conducted in order to improve our knowledge of species distribution in the Mt. Panié area, in order to mitigate the decline of freshwater species due to overfishing and anthropogenic disturbances.

Fish and crustacean species of Mt. Panié catchment are mainly diadromous. Diadromous fishes are migratory and alternate between freshwater and saltwater according to their life cycle. Diadromous species are classified in three sub categories:

1. Anadromous species spend the majority of their life in salt water and migrate to freshwater to reproduce (e.g., Salmonidae).
2. Catadromous species spend the majority of their life in freshwater and migrate to saltwater to reproduce (e.g., Anguillidae)
3. Amphidromous species: females spawn many ova in freshwater, which are then fertilised by the males. After hatching the larvae are carried by the current out to sea where they spend a variable amount of time (Valade et al., 2009; Lord et al., 2010; Taillebois et al., 2012). The young fry then go back to freshwater to resume their growth (Keith et al., 2008). The migration has no reproductive goal, unlike the two former categories (Fig. 1). Amphidromy is a major adaptation to insular environments (Mc Dowall, 2007), and is the main type of life cycle for the New Caledonian fish and crustaceans.

METHODS

Streams

The streams of New Caledonia can be divided into three zones defined according to the river slope, the average

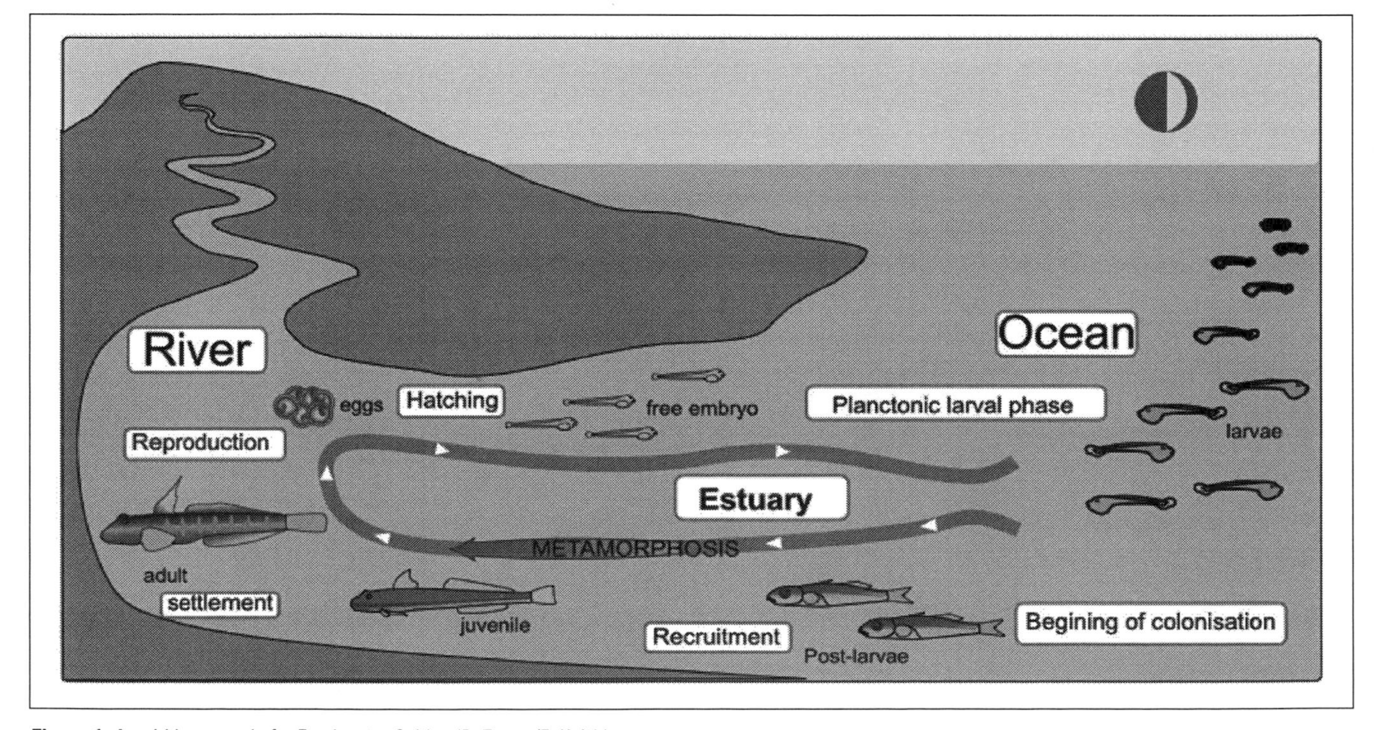

Figure 1: Amphidromy cycle for Freshwater Gobies (P. Torres/F. Keith)

current velocity and the size of the substrate: *higher course*, *middle course*, and *lower course*. These three zones represent distinct habitats for different fishes and crustaceans. Specific criteria define these three zones (Marquet et al., 2003):

*The *higher course* is characterised by a steep slope (generally more than 10%), with fast current. The substrate is usually composed of large boulders and cobbles directly coming from the parent-rock. The delimitation with the middle course often corresponds to a topographical accident, like a cascade. The distance between this reach and the river mouth is highly variable and largely depends on the catchment area's geological characteristics.

*The *middle course* has an average slope generally under 10%. The riverbed is covered in pebbles and rocks. Sometimes, sandy bottoms can be found in slow current reaches. The length of this zone depends on the geological origins of the catchment area.

* The *lower course* is the part of the stream located in the usually narrow coastal plain; its length is thus generally reduced. Two areas can be distinguished in this zone: the estuary, immediately under marine influence, and the upstream part, where the water's conductivity is lower than in estuaries.

Some estuaries can be very broad (i.e. Ouaième River), and the intrusion of salt water reaches relatively far upstream. The slope and the current speed are low to nil, resulting in a high accumulation zone of sediment. In estuaries, the sediments are composed of sand and silt, but higher upstream the grain size is coarser (gravel, pebbles and rocks). This lower course is not present in all streams, the marine influence being somewhat lesser.

There is a relation between the river course facies and the species found within each zone. The majority of species are found in facies where the current is relatively slow. On the contrary, populations found in facies where the current is very strong (rapids or steps) are characterised by the presence of species with specific adaptations to this type of environment. This is, for example, the case for gobies of the *Sicyopterus* genus that are capable of resisting very strong currents by sticking to the substrate using a ventral suction cup. In these mountainous streams where rainfall is high, one facies can quickly be replaced by another one because of the flow variability and the torrential regime. Nevertheless, the distribution of all populations of new caledonian aquatic fish and crustacean species is influenced by elevation and ecological preferences. Indeed, some species favour living exclusively in the lower course, whereas others are found only in the higher course.

Fish and crustaceans

Fishes and crustaceans were investigated from 10/10/2010 to 21/10/2010 on three sites at Mt. Panié: La Guen (4 stations), Wewec (5 stations) and Roches de la Ouaième (1 station) using electric fish sampling techniques. Mt. Panié is the highest summit of New Caledonia (1629 m), located in the central chain of Grande-Terre, and has a nature reserve of 5,400 hectares. Streams from this conservation area are very steep with a high flow-rate and consist mainly of middle and higher courses. Their beds consist of metamorphic rocks (blue schist type) and waters are very lightly mineralised (around 15–55 microS.cm-1).

A generator (Dekka Lord 2000) was used for the sampling. The portable machine that was used had a battery with an output power of 180 W. It gives rectangular impulses at a fixed frequency of 100 Hz or 400 Hz. The duty cycle is controllable and is of 5 to 25 %. It has three voltage outputs: 150, 200 and 300 V. Electric fishing is performed by wading upstream in order to keep the water clear in front of the person sampling. A fishing electrode is placed near habitat shelters in which the animals are found; the electrode creates an electrical field which has an attraction effect within a radius of a one-metre zone under average conditions. When a fish comes within this field, it is stunned, and can then be caught easily with a hand net.

Snorkeling with mask and handnets was also used as a complementary method of fishing. Each species caught was identified and, when preserved, the material was deposited in the collection of the MNHN in Paris according to the provincial permit N°60912–2320-2010/JJC.

RESULTS AND DISCUSSION

10 species of crustaceans (belonging to 6 genera) and 9 species of fish (belonging to 7 genera) were collected at the three sites (Table 1; Appendix 1). Only one species was introduced, a mosquito fish.

Out of the the 9 fish species caught during the RAP, 8 belong to Gobiidae and Anguillidae famillies. All the Gobiidae found are amphidromous and belong to the Gobionellinae (*Awaous guamensis*) or the Sicydiinae (*Sicyopterus lagocephalus, Smilosicyopus chloe, Sicyopus zosterophorum, Lentipes kaaea*) sub-families. The crustaceans caught are amphidromous and belong mainly to Atyidae and Palaemonidae families.

More specifically, 9 species of crustaceans and 5 species of fish belonging to respectively 5 and 4 genera were collected from La Guen sites; 7 species of crustaceans and 8 species of fish belonging to respectively 4 and 6 genera were collected from Wewec sites; and 4 species of 8 crustaceans and 2 species of fish belonging to respectively 4 and 2 genera were collected from Roches de la Ouaième site.

COMPARISON BETWEEN RAP SITES

Considering the number of genera found, La Guen sites are more diverse than Wewec sites. Considering the number of species found, crustaceans are more diverse in La Guen than in Wewec and, on the contrary, fish are more diverse in Wewec than in La Guen. Roches de la Ouaième is the poorest site in terms of fish and crustacean species richness.

Table 1: Species collected at the three different sites (*introduced)

	Species	La Guen	Wewec	Roches de la Ouaième
Fish	**Anguillidae**			
	Anguilla marmorata	✔	✔	
	Anguilla megastoma	✔	✔	✔
	Poeciliidae			
	*Poecilia reticulata**	✔		
	Gobiidae			
	Awaous guamensis		✔	
	Lentipes kaaea		✔	
	Sicyopterus lagocephalus	✔	✔	✔
	Smilosicyopus chloe		✔	
	Smilosicyopus sp		✔	
	Sicyopus zosterophorum	✔	✔	
	SUB-TOTAL	5	8	2
Crustaceans	**Atyidae**			
	Atyoida pilipes	✔	✔	✔
	Atyopsis spinipes	✔	✔	✔
	Paratya bouvieri	✔		
	Caridina weberi	✔	✔	
	Caridina peninsularis	✔		
	Caridina novaecaledoniae	✔	✔	
	Palaemonidae			
	Macrobrachium lar	✔	✔	✔
	Macrobrachium aemulum	✔	✔	
	Macrobrachium latimanus	✔	✔	
	Grapsidae			
	Varuna litterata			✔
	SUB-TOTAL	9	7	4
	Total	14	15	6

Fish

On La Guen river, the prospected sites above the highest elevation waterfall had no fish. Indeed, fish (except eel) do not appear to have climbed this last waterfall despite being usually able to do so elsewhere. The only site containing fish were under the first waterfall. Among the 5 species found in La Guen, one is an introduced species (*Poecilia reticulata*), 2 are Anguillidae and 2 are Sicydiinae (Gobiidae).

On Wewec river, prospected stations 1 and 2 are on the deforested side of the mountain and stations 3, 4 and 5 are on the side with pristine forest. Stations 1 and 2 supported 3 species, whereas 7 species occurred at stations 3, 4 and 5. In contrast to La Guen, we found fish above waterfalls on Wewec River. Among the 7 species found in Wewec River, one is endemic to the Vanuatu/New Caledonia region (*Smilosicyopus chloe*) and one is endemic to Vanuatu/New Caledonia/Fiji/Futuna (*Lentipes kaaea*). Another species from the genus *Smilosicyopus* was caught in Wewec river ; this species has a wide distribution in the Pacific and was already known in New Caledonia. Its exact taxonomic situation and name is still a work in progress.

Only two species were caught in the river Pwé Kedivin at Roches de la Ouaième.

Crustaceans

On La Guen river, we found 9 species of crustaceans from two families (Atyidae and Palaemonidae). Some crustaceans are excellent at climbing, that is why they could be found at higher altitudes above the waterfalls. We found two endemic species to New Caledonia (*Paratya bouvieri* and *Caridina novaecaledoniae*).

On Wewec river, 7 species of crustaceans from two families (Atyidae and Palaemonidae) were caught. Only one endemic species was found (*Caridina novaecaledoniae*).

Only 4 species were caught in the river Pwé Kedivin at Roches de la Ouaième.

The results conform well to what is commonly found for regional fish and crustaceans in terms of altitudinal distribution (Keith et al., 2003; Keith and Lord, 2011), with species richness declining from estuary to high elevation. The fact that ecological conditions become increasingly constraining with altitude (strong current, unavailability of food) probably explains why only three species (*Sicyopterus lagocephalus, Macrobrachium lar, Anguilla marmorata*) can be found from the lower course to the higher course of the river, and that only three species live only in the higher course (*Anguilla megastoma, Lentipes kaaea, Macrobrachium latimanus*). The decline in species richness is especially strong for fish above waterfalls, which act as geographical barriers. Concerning fish species, only *Sicyopterus lagocephalus, Lentipes kaaea, Sicyopus zosterophorum* and *Smilosicyopus chloe, Anguilla marmorata* and *Anguilla megastoma* are able to climb waterfalls..

Comparisions of Mt. Panié area with other sites

From data obtained during the RAP survey, we conclude that the RAP sites do not have high species richness compared with others sites that have previously been sampled in the province Nord, or more broadly in New Caledonia, especially when compared to the nearby coastal rivers from the eastern side of Mt. Panié. Nevertheless, two sites in this study, Wewec and La Guen rivers, are important for the conservation of *Lentipes kaaea*, *Sicyopus zosterophorum* and *Smilosicyopus chloe,* because these species do not occur in many places outside Mt. Panié area and/or because they are threatened species.

IMPORTANT SPECIES

Endemic species

Among the species caught, one fish species endemic to the Vanuatu/New Caledonia region and one to the Vanuatu/New Caledonia/Fidji/Futuna region were found in Wewec river: *Smilosicyopus chloe* and *Lentipes kaaea* respectively. These two species were so far only known in New Caledonia from the North-eastern coast in Panié-Colnett-Ignambi-Mandjélia catchments to Poindimié (Fig. 3).

Smilosicyopus chloe occurs in clear, fast flowing (40 to 80 cm.s-1 ; Keith et al., 2004) and oxygen rich streams.

It prefers rocky substrate. It is found in middle and higher courses of rivers, up to an altitude of 50 to 100 m. It is carnivorous and feeds on small aquatic insects and crustaceans (Watson et al., 2001). This species is amphidromous. After reproduction, larvae are carried to sea where they stay several months. They recolonise fresh water when they reach the juvenile stage (Marquet et al., 2003; Keith et al., 2010b). It is listed 'Least concerned' by the IUCN on the red list of threatened species.

Lentipes kaaea occurs in small, clear and oxygen-rich streams. It lives on rocky substrate, in fast flowing currents (between 30 and 80 $cm.s^{-1}$; Keith et al., 2004) or in counter-currents and up to 200 to 300 m in altitude. It is probably one of the species capable of migrating further upstream. It lives on the bottom or swims freely in its territory, especially during courtship. The species is amphidromous: during reproduction, the female lays the eggs on top of rocks. Larvae travel to sea after hatching, where they remain for several months. When larvae reach 13 to 16 mm, they return to fresh water to resume growth (Marquet et al., 2003; Keith et al., 2010b). It is listed 'Least concerned' by the IUCN on the red list of threatened species.

Two endemic crustaceans species from New Caledonia were found in La Guen (*Paratya bouvieri* and *Caridina novaecaledoniae*) and one in Wewec (*Caridina novaecaledoniae*). Both species are found in the lower and mid courses of the rivers. They can be found in zones where the current is slow (under 30 $cm.s^{-1}$) and rich in vegetation debris, as well as in zones where the current is strong (0.25 to 2 $m.s^{-1}$), on gravels and stone substrates. Both species are detritivores, feeding on detritus and algae by scraping and picking them off the rocks with both claws, which are extended by long setae.

All of these freshwater fish and crustaceans species are indicators of good water quality (Keith, 2003), and they are somewhat threatened by anthropogenic alterations (see recommendations).

Threatened, indicator and key species

Other species are also threatened and/or represent indicator or key species, including *Anguilla marmorata* (the Giant mottled-eel), *Anguilla megastoma* (Polynesian Longfinned Eel), *Sicyopus zosterophorum, Sicyopterus lagocephalus* (Red-tailed Goby), *Macrobrachium lar* and *Macrobrachium latimanus.*

Anguilla marmorata (the Giant mottled-eel) occurs both in the Indian and Pacific Oceans. It lives in fast flowing water from estuaries to the higher reaches, but it can also be found in stagnant waters. It feeds at night. Young eels feed on prawn larvae (*Macrobrachium*) and fish fry. Giant mottled-eels have a weakly developed caudal spot whereas their medio-lateral line bears many melanophores. Glass eels arrive in estuaries between October and April, with a peak season in January-February. Glass eels measure 47 to 57 mm (Marquet et al., 2003). The species is present across the Indo-Pacific area and is highly fished (Keith et al., 2010b) and is listed 'Least concerned' by the IUCN on the red list of threatened species.

Anguilla megastoma (Polynesian Longfinned Eel) is found in the Pacific area (Solomon Islands, French Polynesia, Vanuatu, New Caledonia, Pitcairn, etc.). It lives in the higher reaches of the rivers and is an indicator of good water quality (Keith et al., 2010b). It feeds at night. It eats crustaceans (prawns) and fish. Glass eels have a relatively well-developed caudal spot whereas the medio-lateral line has few melanophores. Glass eels arrive in estuaries between April and July. They measure 47 to 49 mm (Marquet et al., 2003). Less common than *Anguilla marmorata* and also fished, this eel need to be given the highest level of protection and should be monitored in New Caledonia.

Sicyopus zosterophorum is found from Sumatra in the Indian Ocean and southern Japan to Vanuatu, New Caledonia and Fiji. This species occurs in clear, fast flowing and oxygen rich streams. It prefers substrate with pebbles and cobbles. It is found in the middle course of the river, up to 200 m in altitude. It is carnivorous and feeds on small aquatic insects and crustaceans. It is an amphidromous species. After reproduction, larvae are carried to sea where they stay several months. They recolonise fresh water after a couple months spent in the sea (Taillebois et al., 2012). This species is an indicator of good water quality (Keith et al., 2010b).

Sicyopterus lagocephalus (Red-tailed Goby) adults are extremely rheophilic and they generally live in fast flowing zones with fast current (130 to 160 $cm.s^{-1}$) in more or less deep areas (20 to 40 cm deep). They adhere to pebbles and cobbles using a ventral sucker. It feeds by scraping diatoms from the rocky substrate. This species is amphidromous and reproduces in rivers. The female lays 50,000 to 70,000 eggs. The embryonic development takes place in fresh water. The larvae are carried to sea after hatching where they develop into post-larvae. When this competent stage is reached (after nearly 130 to 240 days spent at sea), they regroup near river mouths in order to start migrating upstream. It seems that post-larvae are drawn to fresh water flowing into the sea along coastal zones. With their sucker, they can climb waterfalls and therefore colonise high elevation streams (Lord et al., 2010). This species is widespread in the Indo-Pacific area; it occurs in the Western Indian Ocean, from the Comoros Islands to the Mascarenes, and in the Pacific, in New Caledonia and Vanuatu, as far as French Polynesia and Japan. *Sicyopterus lagocephalus* is an indicator of good water quality (Lord et al., 2010) and is listed 'Least concerned' by the IUCN on the red list of threatened species.

Finally, the two *Macrobrachium* prawns are fished in many rivers in New Caledonia and need to be protected.

Macrobrachium lar (Giant jungle prawn) is found in the Indo-Pacific region (East-African coasts, Seychelles, Mascarenes, Philippines, Indonesia, Vanuatu, New Caledonia, Philippines, Fiji and French Polynesia). This species is found in the rivers from the lower to the higher courses. It colonises well oxygenated streams as well as river mouths. This species is amphidromous. The reproduction takes place in fresh or brackish waters. Courtship behaviour precedes mating. The eggs are relatively small and a single female can carry more than 40,000. The incubation period lasts about 20 days (Marquet et al., 2003). There are ten larval stages. After hatching the larvae are carried to sea. The juveniles migrate towards freshwater as they reach 30 to 35 mm in length. The feeding habits of this species are varied and omnivorous (Keith et al., 2010b).

Macrobrachium latimanus (Mountain river prawn) is found in the Indo-Pacific region (Western Indian coast, Japan, Fiji, Vanuatu, New Caledonia and French Polynesia). This species is found in the medium course of rivers but mostly in the higher courses, in zones where the current is medium to strong, in water pits and cascades (Keith et al., 2010). It prefers substrates with pebbles, rocks and boulders enabling it to hide easily. In these zones the water temperature rarely exceeds 20° C and they are well oxygenated. The species is amphidromous. *Macrobrachium latimanus* has an omnivorous feeding mode, and is quite opportunistic (Keith et al., 2010b).

The Noreil *Rhyacichthys guilberti* was not found during the RAP, even though its original range in New Caledonia included the area between the Ouaième River and the Tité River. It appears to have disappeared prior to 1985 from the Ouaième River, and seems very rare in New Caledonia, if not extinct. In Vanuatu, where the species is still present, it prefers clear, well oxygenated waters, both in gently sloping rivers and in wider streams. It inhabits a restricted river stretch, between the estuary and the first impassable cascade. The species is benthic and probably nocturnal. *Rhyacichthys* belongs to the most specialized group of hill-stream fish characterized by their depressed bodies, by various attachment mechanisms, and by an herbivorous and insectivorous diet of algae and insects plucked from the surface of stones.

CONSERVATION RECOMMENDATIONS

It has been commonly found in many studies that, in the surveyed areas, the number of species is greater in rivers flowing under natural vegetation cover and where the flow is unmodified (Keith, 2003; Keith and Lord, 2011). This is confirmed in the Mt. Panié RAP, where the deforested sites (Wewec) supported fewer species than forested sites. This result is likely explained by current knowledge about amphidromous species and their dependence on intact river-forest systems (see Keith 2003). Intact vegetation cover regulates river flow and maintains cool temperatures and well-oxygenated water. Riparian vegetation produces exogenous food inflows for aquatic species, which is especially important in insular river systems which are generally poor in nutritional elements. The vegetation cover thus raises the river's trophic complexity, while favouring habitat diversity (shelter for crustaceans for example) and water filtration (Keith et al., 2010b).

Amphidromous species colonising the rivers are distributed along the river from the estuary to the higher reaches according to their ecology. Some are therefore only found at a certain altitude according to physical and chemical parameters of the aquatic environment, including water temperature. The majority of species encountered during the Mt. Panié RAP are rheophilic (living in strong currents). This is particularly the case for the endemic and key species caught. In order to maintain a high level of biodiversity, it is therefore necessary to maintain high flow rates. The seasonal variability favours massive freshwater flow in estuaries, thus allowing post-larvae from the sea to colonise the rivers.

Moreover, the shorter the river and steeper its slope, the higher the success of downstream migration of larvae to the sea. Fish larvae have less than three days after hatching to reach the estuary. In these kinds of rivers, the colonisation of rivers by post-larvae will also be more successful. As they return, they must climb upstream as fast as possible in order to escape predators which predominate in the lower course and to find suitable territory.

The current state of knowledge on the life cycle of diadromous species (biology, ecology) of New Caledonia, the length of the larval phase and the part it plays in the dispersal of larvae, is of direct relevance to management and conservation. The management and the conservation of species must take into account both the dependency of adult populations on the larval pool for replacement, and the contribution of each reproductive population to the larval pool (Murphy and Cowan, 2007). The length of the marine phase might increase the probability of finding a river for colonisation, as will the strength and the direction of marine currents. The survival of species in New Caledonia depends also on the ability of existing populations to provide enough larvae to maintain appropriate adult numbers. The Mt. Panié region is one of the main population sources for several endemic species and needs to be protected, particularly its pristine forested areas.

Seasonal variables (e.g., rainfall, drought, floods, typhoons, etc.) have a major impact on the survival of populations. Biological events such as reproduction, spawning, and the dispersal of larvae, are dependent on these events and are synchronised with them. Anthropogenic impact on aquatic habitats -that are usually restricted on islands- is strong, particularly in estuarine habitats which are crucial for amphidromous species that migrate between freshwater and the sea. The success of such a life cycle, i.e., production of larvae and restocking rivers in the study area, depends on maintaining the mountain-ocean corridor in Ouaième river to allow movement between both habitats.

It is essential to allow species to move freely between the upstream and downstream reaches for trophic or gamic migrations or for downstream migration of larvae, as well as between the downstream and upstream reaches for river colonisation by post-larvae and juveniles. Ensuring free circulation of these species requires that there are no geographic barriers in the river that cannot be crossed both up and downstream, although the ecological and biological characteristics of these species still need to be studied. It is also important to note that fishways are effective only if adapted to the requirements of individual fish species.

The different ecological studies carried out show that a minimum flow has to be maintained in order to maintain rheophilic zones (strong current and high water oxygenation) in the river and thus enable the species adapted to such an environment to complete their biological cycle. The flow rates must be high and must follow seasonal variations: freshwater discharging into the sea attracts post-larvae which then colonise the rivers. The disappearance of these rheophilic areas would rapidly lead to the extinction of these endemic species.

The riparian vegetation cover must be maintained or restored along rivers. This forest cover ensures that the water remains cool and well oxygenated. It also ensures regular rainfall supplying the catchment area with water. Forest cover provides a high diversity of habitats and therefore of species. It also supplies exogenous elements for the nourishment of certain species.

The installation of structures modifying the flow rate, degrading habitats or causing pollution should be avoided. River eutrophication (as it could be seen in some parts of Ouaième river) would lead to the disappearance of rare and/or endangered species because of the modification of the physical and chemical parameters of the water. Moreover, the proliferation of filamentous algae could restrain the development of amphidromous species which graze short algae from pebbles and rocks.

The Ouaième river estuary must be preserved in its natural state, since it encompasses key areas where certain species disperse: larvae of amphidromous species exit to sea and post-larvae and juveniles from the sea colonise rivers.

Although prawn (*Macrobrachium lar, Macrobrachium latimanus*) fisheries are a tradition in New Caledonia, this type of exploitation may be unsustainable when used during the reproductive period (november-december). In the long run, this is likely to lead to a decline of stocks, as it has already been observed around Mt. Panié by local communities (cf Mt. Panié reserve management plan). People harvesting prawns and fish may however not be the single, nor the main threat in the study area. Regulation of prawn fisheries, such as in Réunion Island or French Polynesia, should be introduced.

Finally, urgent studies on the life cycle and ecology of diadromous species, especially gobies and eels, are needed. Man-made developments on these streams can alter larval dispersion and therefore recruitment success. Consequently, it is necessary to understand the biology of these species in order to develop regional management and restoration strategies.

ACKNOWLEDGEMENTS

First we would like to thank D. Boseto and L. Copeland who helped us during the field expedition and all the partners that have financially supported this work, especially the new caledonian Province nord (J-J Cassan), the National Museum of Natural History (UMR 7208 BOREA (MNHN/CNRS/UPMC/IRD)) and Aimara. We also thank the new caledonian Province nord for allowing sampling. We thank Conservation International and the association Dayu Biik for great logistical support and coordination with local people. Finally we extend our thanks to Bas-coulna and Haut-Coulna tribes, Elodie, Gabi, Jacob, Jonas, Ronald and our field collegue, Milen for invaluable assistance in the field.

REFERENCES

Keith, P. 2003. Review paper: Biology and ecology of amphidromous Gobiidae of the Indo-Pacific and the Caribbean regions. Journal of Fish Biology. 63: 831–847.

Keith P. and Lord C., 2011. Tropical freshwater gobies: Amphidromy as a life cycle *In* The Biology of Gobies (R.A. Patzner, J.L. Van Tassell, M. Kovacic & B.G. Kapoor ed.), Science Publishers Inc, 685p.

Keith, P., G. Segura, P. Lim and F. Busson. 2004. Etude des espèces dulçaquicoles (poissons et crustacés décapodes) des cours d'eau pérennes du massif Panié-Colnett-Ignambi- Mandjelà (province Nord, Nouvelle-Calédonie). Aimara, Paris.

Keith, P., T. B. Hoareau, C. Lord, O. Ah-Yane, G. Gimonneau, T. Robinet and P. Valade. 2008. Characterisation of post-larval to juvenile stages, metamorphosis, and recruitment of an amphidromous goby, *Sicyopterus lagocephalus* (Pallas, 1767) (Teleostei: Gobiidae: Sicydiinae). Mar. fresh. Res. 59 (10): 876–889.

Keith P., C. Lord, Marquet G. and D. Kalfatak. 2009a. Biodiversity and biogeography of amphidromous fishes from New Caledonia, a comparison to Vanuatu. *in* Grandcolas P. (ed.), Zoologica Neocaledonica 7. Biodiversity studies in New Caledonia. Mémoires du Muséum national d'Histoire naturelle. 198: 175–183.

Keith, P., G. Marquet, and M. Pouilly. 2009b. *Stiphodon mele*, a new species of freshwater goby from Vanuatu and New Caledonia (Teleostei: Gobioidei: Sicydiinae), and comments about amphidromy and regional dispersion. Zoosystema. 31(3): 471–483.

Keith, P., C. Lord, and L.Taillebois. 2010a. *Sicyopus (Smilosicyopus) pentecost*, a new species of freshwater goby from Vanuatu and New Caledonia (Gobioidei: Sicydiinae). Cybium. 34(3): 303–310.

Keith P., G. Marquet, C. Lord, D. Kalfatak, and E. Vigneux. 2010b. Vanuatu Freshwater fish and crustaceans. SFI (eds.), Paris.

Lord C., C. Brun, M. Hautecoeur, and P. Keith. 2010. Comparison of the duration of the marine larval phase estimated by otolith microstructural analysis of three amphidromous *Sicyopterus* species (Gobiidae: Sicydiinae) from Vanuatu and New Caledonia: insights on endemism. Ecol. Freshw. Fish. 19: 26–38.

Marquet, G., P. Keith, and E.Vigneux. 2003. Atlas des Poissons et Crustacés d'eau douce de Nouvelle-Calédonie. Patrimoines naturels 58. Muséum national d'Histoire naturelle, Paris.

McDowall R.M. 2007. On amphidromy, a distinct form of diadromy in aquatic organisms. Fish Fisheries. 8: 1–13.

Murphy C.A., and J.H. Cowan. 2007. Production, marine larval retention or dispersal, and recruitment of amphidromous Hawaiian Gobioids: issues and implications. Bish. Mus. Bull. Cult. Envir. Stud. 3: 63–74.

Taillebois L., K. Maeda, S. Vigne, P. Keith. 2012. Pelagic larval duration of three amphidromous Sicydiinae gobies (Teleostei: Gobioidei) including widespread and endemic species. Ecology of freshwater Fish. 21: 552–559.

Valade P., C. Lord, H. Grondin, P. Bosc, L. Taillebois, M. Iida, K. Tsukamoto, and P. Keith.2009. Early life history and description of larval stages of an amphidromous goby, *Sicyopterus lagocephalus* (Pallas, 1767) (Teleostei: Gobiidae: Sicydiinae). Cybium. 33(4): 309–319.

Watson R.E., P. Keith and G. Marquet. 2001. Sicyopus (Smilosicyopus) chloe, a new species of freshwater goby from New Caledonia (Teleostei: Gobioidei: Sicydiinae). Cybium. 25: 41-52.

Appendix 1

Genus	Species	Date_obs	X_coord	Y_coord	Locality	T°	Conductivity
Anguilla	*marmorata*	11/10/10	164°47'59,874" E	20°38'29,178" S	La Guen ST_1	21.5 °C	18 µS/cm
Poecilia	*reticulata*	11/10/10	164°47'59,874" E	20°38'29,178" S	La Guen ST_1	21.5 °C	18 µS/cm
Sicyopterus	*lagocephalus*	11/10/10	164°47'59,874" E	20°38'29,178" S	La Guen ST_1	21.5 °C	18 µS/cm
Sicyopus	*zosterophorum*	11/10/10	164°47'59,874" E	20°38'29,178" S	La Guen ST_1	21.5 °C	18 µS/cm
Atyoida	*pilipes*	11/10/10	164°47'59,874" E	20°38'29,178" S	La Guen ST_1	21.5 °C	18 µS/cm
Atyopsis	*spinipes*	11/10/10	164°47'59,874" E	20°38'29,178" S	La Guen ST_1	21.5 °C	18 µS/cm
Paratya	*bouvieri*	11/10/10	164°47'59,874" E	20°38'29,178" S	La Guen ST_1	21.5 °C	18 µS/cm
Caridina	*weberi*	11/10/10	164°47'59,874" E	20°38'29,178" S	La Guen ST_1	21.5 °C	18 µS/cm
Caridina	*peninsularis*	11/10/10	164°47'59,874" E	20°38'29,178" S	La Guen ST_1	21.5 °C	18 µS/cm
Macrobrachium	*lar*	11/10/10	164°47'59,874" E	20°38'29,178" S	La Guen ST_1	21.5 °C	18 µS/cm
Macrobrachium	*aemulum*	11/10/10	164°47'59,874" E	20°38'29,178" S	La Guen ST_1	21.5 °C	18 µS/cm
Atyopsis	*spinipes*	12/10/10	164°46'52,518" E	20°37'27,678" S	Kompwara ST_2	18.5 °C	15 µS/cm
Paratya	*bouvieri*	12/10/10	164°46'52,518" E	20°37'27,678" S	Kompwara ST_2	18.5 °C	15 µS/cm
Caridina	*weberi*	12/10/10	164°46'52,518" E	20°37'27,678" S	Kompwara ST_2	18.5 °C	15 µS/cm
Macrobrachium	*aemulum*	12/10/10	164°46'52,518" E	20°37'27,678" S	Kompwara ST_2	18.5 °C	15 µS/cm
Macrobrachium	*latimanus*	12/10/10	164°46'52,518" E	20°37'27,678" S	Kompwara ST_2	18.5 °C	15 µS/cm
Atyopsis	*spinipes*	12/10/10	164°46'54,150" E	20°37'25,986" S	La Guen ST_3	17.5 °C	15 µS/cm
Paratya	*bouvieri*	12/10/10	164°46'54,150" E	20°37'25,986" S	La Guen ST_3	17.5 °C	15 µS/cm
Caridina	*weberi*	12/10/10	164°46'54,150" E	20°37'25,986" S	La Guen ST_3	17.5 °C	15 µS/cm
Macrobrachium	*aemulum*	12/10/10	164°46'54,150" E	20°37'25,986" S	La Guen ST_3	17.5 °C	15 µS/cm
Anguilla	*megastoma*	13/10/10			La Guen ST_4	17.7 °C	15 µS/cm
Sicyopterus	*lagocephalus*	13/10/10			La Guen ST_4	17.7 °C	15 µS/cm
Atyoida	*pilipes*	13/10/10			La Guen ST_4	17.7 °C	15 µS/cm
Atyopsis	*spinipes*	13/10/10			La Guen ST_4	17.7 °C	15 µS/cm
Paratya	*bouvieri*	13/10/10			La Guen ST_4	17.7 °C	15 µS/cm
Caridina	*novaecaledoniae*	13/10/10			La Guen ST_4	17.7 °C	15 µS/cm
Caridina	*weberi*	13/10/10			La Guen ST_4	17.7 °C	15 µS/cm
Macrobrachium	*aemulum*	13/10/10			La Guen ST_4	17.7 °C	15 µS/cm
Macrobrachium	*latimanus*	13/10/10			La Guen ST_4	17.7 °C	15 µS/cm
Awaous	*guamensis*	15/10/10	164°43'41,340" E	20°35'39,342" S	Pwé Teao ST_5	18.5 °C	55 µS/cm
Sicyopterus	*lagocephalus*	15/10/10	164°43'41,340" E	20°35'39,342" S	Pwé Teao ST_5	18.5 °C	55 µS/cm
Sicyopus	*zosterophorum*	15/10/10	164°43'41,340" E	20°35'39,342" S	Pwé Teao ST_5	18.5 °C	55 µS/cm
Atyoida	*pilipes*	15/10/10	164°43'41,340" E	20°35'39,342" S	Pwé Teao ST_5	18.5 °C	55 µS/cm
Atyopsis	*spinipes*	15/10/10	164°43'41,340" E	20°35'39,342" S	Pwé Teao ST_5	18.5 °C	55 µS/cm
Caridina	*novaecaledoniae*	15/10/10	164°43'41,340" E	20°35'39,342" S	Pwé Teao ST_5	18.5 °C	55 µS/cm
Macrobrachium	*lar*	15/10/10	164°43'41,340" E	20°35'39,342" S	Pwé Teao ST_5	18.5 °C	55 µS/cm
Macrobrachium	*latimanus*	15/10/10	164°43'41,340" E	20°35'39,342" S	Pwé Teao ST_5	18.5 °C	55 µS/cm
Sicyopterus	*lagocephalus*	15/10/10	164°43'57,240" E	20°36'28,938" S	Wewec ST_6	18.5 °C	55 µS/cm
Atyoida	*pilipes*	15/10/10	164°43'57,240" E	20°36'28,938" S	Wewec ST_6	18.5 °C	55 µS/cm
Atyopsis	*spinipes*	15/10/10	164°43'57,240" E	20°36'28,938" S	Wewec ST_6	18.5 °C	55 µS/cm
Caridina	*novaecaledoniae*	15/10/10	164°43'57,240" E	20°36'28,938" S	Wewec ST_6	18.5 °C	55 µS/cm
Macrobrachium	*lar*	15/10/10	164°43'57,240" E	20°36'28,938" S	Wewec ST_6	18.5 °C	55 µS/cm
Macrobrachium	*aemulum*	15/10/10	164°43'57,240" E	20°36'28,938" S	Wewec ST_6	18.5 °C	55 µS/cm
Macrobrachium	*latimanus*	15/10/10	164°43'57,240" E	20°36'28,938" S	Wewec ST_6	18.5 °C	55 µS/cm
Lentipes	*kaaea*	16/10/10	164°44'16,920" E	20°35'29,922" S	Pwé Tiera ST_7	21°C	43 µS/cm

Genus	Species	Date_obs	X_coord	Y_coord	Locality	T°	Conductivity
Sicyopterus	*lagocephalus*	16/10/10	164°44'16,920" E	20°35'29,922" S	Pwé Tiera ST_7	21°C	43 µS/cm
Sicyopus	*zosterophorum*	16/10/10	164°44'16,920" E	20°35'29,922" S	Pwé Tiera ST_7	21°C	43 µS/cm
Atyoida	*pilipes*	16/10/10	164°44'16,920" E	20°35'29,922" S	Pwé Tiera ST_7	21°C	43 µS/cm
Atyopsis	*spinipes*	16/10/10	164°44'16,920" E	20°35'29,922" S	Pwé Tiera ST_7	21°C	43 µS/cm
Macrobrachium	*aemulum*	16/10/10	164°44'16,920" E	20°35'29,922" S	Pwé Tiera ST_7	21°C	43 µS/cm
Macrobrachium	*latimanus*	16/10/10	164°44'16,920" E	20°35'29,922" S	Pwé Tiera ST_7	21°C	43 µS/cm
Anguilla	*megastoma*	17/10/10	164°44'7,356" E	20°36'54,402" S	Wé Djao ST_8	20.5 °C	39 µS/cm
Lentipes	*kaaea*	17/10/10	164°44'7,356" E	20°36'54,402" S	Wé Djao ST_8	20.5 °C	39 µS/cm
Sicyopterus	*lagocephalus*	17/10/10	164°44'7,356" E	20°36'54,402" S	Wé Djao ST_8	20.5 °C	39 µS/cm
Smilosicyopus	*chloe*	17/10/10	164°44'7,356" E	20°36'54,402" S	Wé Djao ST_8	20.5 °C	39 µS/cm
Sicyopus	*zosterophorum*	17/10/10	164°44'7,356" E	20°36'54,402" S	Wé Djao ST_8	20.5 °C	39 µS/cm
Smilocyopus	*sp*	17/10/10	164°44'7,356" E	20°36'54,402" S	Wé Djao ST_8	20.5 °C	39 µS/cm
Atyoida	*pilipes*	17/10/10	164°44'7,356" E	20°36'54,402" S	Wé Djao ST_8	20.5 °C	39 µS/cm
Atyopsis	*spinipes*	17/10/10	164°44'7,356" E	20°36'54,402" S	Wé Djao ST_8	20.5 °C	39 µS/cm
Caridina	*weberi*	17/10/10	164°44'7,356" E	20°36'54,402" S	Wé Djao ST_8	20.5 °C	39 µS/cm
Macrobrachium	*aemulum*	17/10/10	164°44'7,356" E	20°36'54,402" S	Wé Djao ST_8	20.5 °C	39 µS/cm
Macrobrachium	*latimanus*	17/10/10	164°44'7,356" E	20°36'54,402" S	Wé Djao ST_8	20.5 °C	39 µS/cm
Anguilla	*marmorata*	18/10/10	164°44'9,084" E	20°35'38,928" S	Wewec ST_9	21.2 °C	28 µS/cm
Lentipes	*kaaea*	18/10/10	164°44'9,084" E	20°35'38,928" S	Wewec ST_9	21.2 °C	28 µS/cm
Sicyopterus	*lagocephalus*	18/10/10	164°44'9,084" E	20°35'38,928" S	Wewec ST_9	21.2 °C	28 µS/cm
Smilosicyopus	*chloe*	18/10/10	164°44'9,084" E	20°35'38,928" S	Wewec ST_9	21.2 °C	28 µS/cm
Smilosicyopus	*sp*	18/10/10	164°44'9,084" E	20°35'38,928" S	Wewec ST_9	21.2 °C	28 µS/cm
Sicyopus	*zosterophorum*	18/10/10	164°44'9,084" E	20°35'38,928" S	Wewec ST_9	21.2 °C	28 µS/cm
Atyopsis	*spinipes*	18/10/10	164°44'9,084" E	20°35'38,928" S	Wewec ST_9	21.2 °C	28 µS/cm
Macrobrachium	*lar*	18/10/10	164°44'9,084" E	20°35'38,928" S	Wewec ST_9	21.2 °C	28 µS/cm
Macrobrachium	*aemulum*	18/10/10	164°44'9,084" E	20°35'38,928" S	Wewec ST_9	21.2 °C	28 µS/cm
Macrobrachium	*latimanus*	18/10/10	164°44'9,084" E	20°35'38,928" S	Wewec ST_9	21.2 °C	28 µS/cm
Atyopsis	*spinipes*	19/10/10	164°44'56,940" E	20°37'53,256" S	Wewec ST_10	24.3 °C	34 µS/cm
Caridina	*weberi*	19/10/10	164°44'56,940" E	20°37'53,256" S	Wewec ST_10	24.3 °C	34 µS/cm
Macrobrachium	*lar*	19/10/10	164°44'56,940" E	20°37'53,256" S	Wewec ST_10	24.3 °C	34 µS/cm
Macrobrachium	*aemulum*	19/10/10	164°44'56,940" E	20°37'53,256" S	Wewec ST_10	24.3 °C	34 µS/cm
Anguilla	*megastoma*	21/10/10	164°51'52,300" E	20°37'57,100" S	Pwé Kedivin ST_11	21.1 °C	45 µS/cm
Sicyopterus	*lagocephalus*	21/10/10	164°51'52,300" E	20°37'57,100" S	Pwé Kedivin ST_11	21.1 °C	45 µS/cm
Atyoida	*pilipes*	21/10/10	164°51'52,300" E	20°37'57,100" S	Pwé Kedivin ST_11	21.1 °C	45 µS/cm
Atyopsis	*spinipes*	21/10/10	164°51'52,300" E	20°37'57,100" S	Pwé Kedivin ST_11	21.1 °C	45 µS/cm
Macrobrachium	*lar*	21/10/10	164°51'52,300" E	20°37'57,100" S	Pwé Kedivin ST_11	21.1 °C	45 µS/cm
Varuna	*litterata*	21/10/10	164°51'52,300" E	20°37'57,100" S	Pwé Kedivin ST_11	21.1 °C	45 µS/cm

Chapter 5

Damselflies and Dragonflies (Insecta: Odonata) of the Mt. Panié and Roches de la Ouaième region, New Caledonia

Inventaire odonatologique du massif du Panié et des Roches de la Ouaième, Nouvelle-Calédonie

Milen Marinov, Stephen Richards and Jörn Theuerkauf

TEAM MEMBERS

Milen Marinov (University of Canterbury, Team leader), Stephen Richards (Conservation International), Jörn Theuerkauf (Museum and Institute of Zoology, Polish Academy of Sciences) and Gillio Farino (Dayu Biik, Tao)

SUMMARY

We surveyed odonates at 46 sites in north-eastern New Caledonia, including 38 primary sites in three catchments on and around Mt. Panié. A total of 23 species were recorded during this survey, which comprises 41% of the 56 species known for the country. The lowest number of species was documented within the La Guen river catchment, where less species were found than in the Dané Yém river catchment despite only limited sampling (half a day) at this latter site. Localities within the La Guen catchment also appeared to suffer from higher disturbance compared to those in the Wewec river catchment where species richness was high. They had lower water pH, higher amounts of filamentous algae and an apparently low abundance of primary consumers (macroinvertebrates). Anthropogenic impacts, including bushfires and introduced mammals, may these differences. Our results suggest that odonates are useful bioindicators within the Mt. Panié area. This survey has provided baseline data on species occurrence and abundance at a range of sites, and identified several questions regarding disturbance to aquatic ecosystems that require further investigation.

RESUME

En Octobre 2010, les Odonates de 46 sites de la région du Mont Panié ont été évalués, dont 38 sites principaux au sein de trois bassins versants autour du Mont Panié. 23 taxons ont été inventoriés soit 41% des 56 espèces connues en Nouvelle-Calédonie. Le bassin versant de La Guen, moins riche que les autres sites, semble être perturbé : pH de l'eau inférieur, importantes quantités d'algues filamenteuses et faible abondance des consommateurs primaires (macroinvertébrés). Les impacts anthropiques, y compris les feux de brousse et les mammifères exotiques envahissants, peuvent contribuer à ces observations. Nos résultats suggèrent que les Odonates peuvent être d'utiles bioindicateurs des cours d'eau de la région du Mont Panié et cette évaluation a fourni des données de base sur la présence et l'abondance des espèces sur une série de sites. Les questions concernant les perturbations des écosystèmes aquatiques nécessiteraient un travail de recherche.

INTRODUCTION

Spellerberg (2005) comments on the importance of national and international State of the Environment (SoE) reporting for answering crucial questions about the trends, pattern and changes in our environment. He lists 41 countries which already have produced these valuable assessments on their environments and emphasises the importance of "scientifically defendable information on the environment at different stages in time so that we can make temporal comparisons" (Spellerberg 2005: 80). Plant and animal species used as bioindicators play a vital role in this process. The United States' Environmental Protection Agency developed six general criteria for an environmental indicator to be considered as "useful; objective; transparent; and based on data that are high-quality, compatible, and representative across space and time" (U.S. EPA 2008). Following these criteria, and applying them to the characteristics of biological organisms that may be used as bioindicators requires consideration of a) their biological and ecological potential for answering specific questions, b) confidence that data about the group come from accurate statistical procedures and scientifically robust methods, and c) knowledge that these organisms can be used at different temporal and spatial scales for providing information about changes in ecological systems.

Odonata (hereafter *odonates* or *dragonflies*) qualify as reliable indicators based upon all the criteria above. These insects have been intensively studied worldwide because they have an important role as indicators of the ecological quality

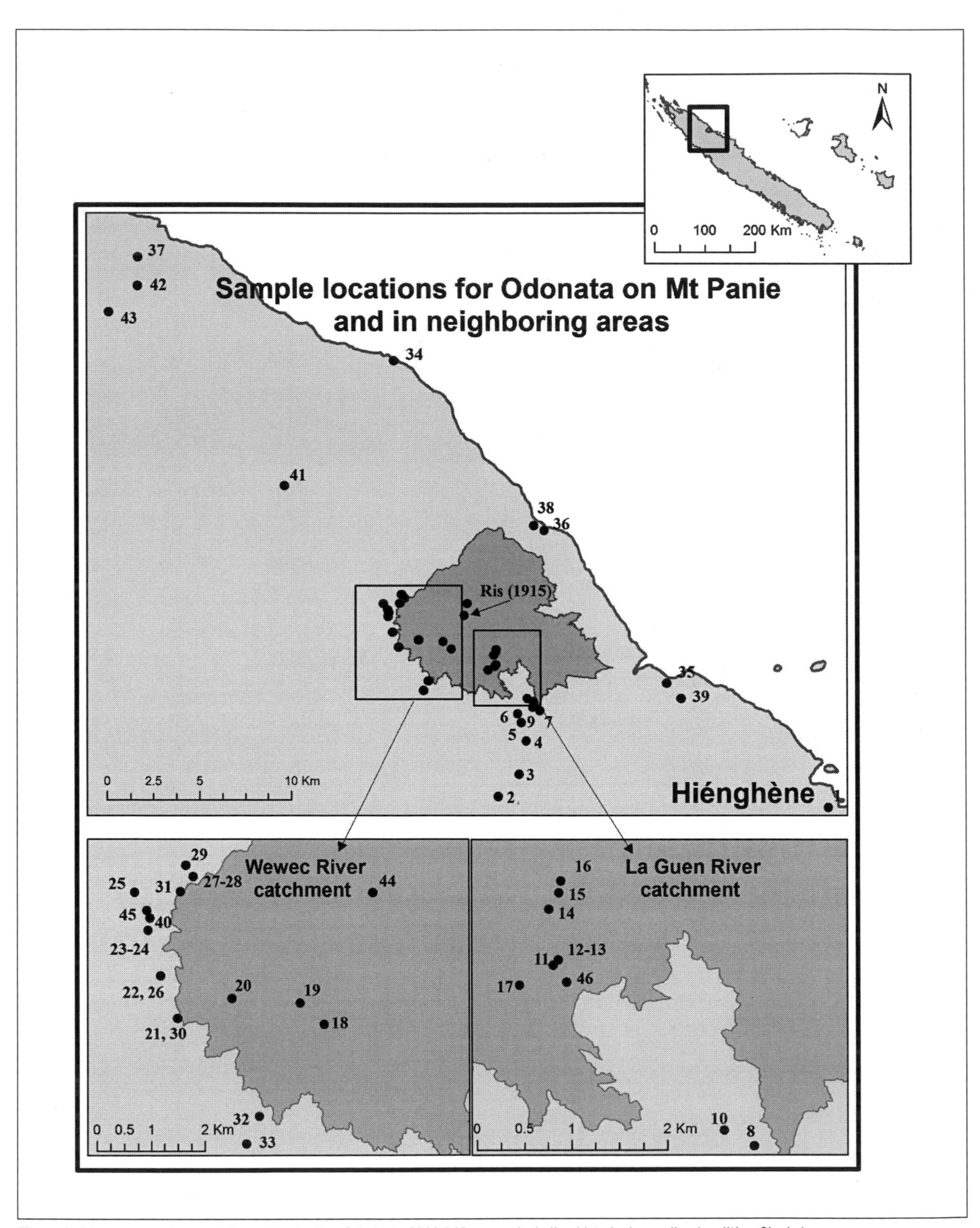

Figure 1: Odonata sampling localities during the New Caledonia 2010 RAP survey, including historical sampling localities. Shaded area represents the Mt. Panié Wilderness Reserve.

of land-water ecotones, habitat heterogeneity (Chovanec 2000), water pH, salinity and pollution (Corbet 1993), and have been used for developing various biotic indices (Simaika and Samways 2009). Several morphological features and behaviour patterns make these insects important in environmental assessment projects and fulfil the set of criteria introduced by U.S. EPA (2008). Dragonflies are large and conspicuous (Sahlén and Ekestubbe 2001) and therefore much easier to detect and to identify in flight; imagos (males particularly) usually stay close to water bodies where the development of the larvae takes place (Corbet 1999); species inhabit a wide spectrum of aquatic and terrestrial habitats as larvae and adults (Briers and Biggs 2003); and populations respond rapidly when terrestrial or aquatic environments are disturbed by human-induced or natural environmental changes (Catling 2005), such as temperature shifts (Oertli 2010). In summary many dragonflies need water of specific quality, specific sediment composition and aquatic/terrestrial vegetation of unique structure in order to complete their life cycles. Because different species require different combinations of natural features (both aquatic and aerial), regions with higher habitat heterogeneity tend to have correspondingly higher species diversity. Some species are highly specialised (*stenotopic*) and populations will therefore respond rapidly and drastically to modification of any environmental parameters. These species may be powerful bioindicators of ecosystem health.

However, the indicator value of species must be assessed separately for each country. This is especially true for regions exhibiting endemism at higher taxonomic levels – genus and above. Unfortunately such evaluations are largely lacking for the Pacific island nations even for those with very thorough faunistic data. New Caledonia exemplifies this situation. No in-depth ecological evaluation of the odonate fauna of the country has been yet undertaken. Previous studies have mainly focused on taxonomy and distribution, although Winstanley (1983, 1984a) provided useful ecological information about the larvae of several species. As a result the bioindicator value of New Caledonian Odonata species is still underestimated, although the two biotic indices of water quality developed for the country – the Biotic Index of New Caledonia (IBNC) and Bio-Sedimentary Index (IBS) – use Odonats at the family taxonomic level (Mary 1999, Mary com pers). Considering the importance of this issue for future environmental assessments within the region, the present study was specifically designed to improve understanding of New Caledonian dragonfly ecology, biology and taxonomy.

METHODS AND DESCRIPTION OF STUDY SITES

A total of 38 primary and 8 additional localities were sampled within the study area and some adjacent sites along the north-eastern coast of New Caledonia between 09–21 October and 01–15 November 2010. Initials in brackets relate to the names of the authors who provided the data. Identification was done either by direct observation in natural conditions with binoculars (Opticron Discovery 10×42) or by capture with a collecting permit issued by Province nord. Adults (*imago*) were captured with an aerial net (45 cm ring diameter and 60 cm handle length) and 112 individuals were killed in 90% ethanol or in acetone. Later, they were dried at air temperature, transferred to paper envelopes and kept in a water-proof box containing silica gel. Larvae were collected with a dip net from vegetated stream banks or from under stones on the stream bed. Sites were also checked for freshly emerged individuals (*tenerals*) and larval skins (*exuviae*). Totals of two larvae, 26 tenerals (some with their exuviae) and 37 exuviae were collected.

Environmental characteristics important for description of the individual species' habitat types were measured at primary sampling locations. These are given below with the type of equipment (in brackets) used for each measurement:

1. vegetation cover (convex spherical densitometer Model A)
2. light intensity (digital lux tester YF-1065)
3. water pH (Whatman paper strips)
4. water temperature (Brannan hand thermometer)
5. river/stream width and depth (Celco ruler)
6. sediment depth (Celco ruler)
7. water velocity (ruler method according to Harding et al. (2009))

These were required for preparing both qualitative and quantitative assessments of the sites according to the protocol described in Harding et al. (2009). For this publication, we present a qualitative approach to data analysis; a more quantitative assessment of habitat relationships of each species will be published separately. Additional measures of algal and invertebrate abundance were estimated visually.

Coded species abundance was estimated per locality following Stark et al. (2001). Dragonfly species fell into four classes: 1) **R** (rare) – 1 to 4 individuals; 2) **C** (common) – 5 to 19 individuals; 3) **A** (abundant) – 20 to 99 individuals; and 4) **VA** (very abundant) – 100 to 499 individuals.

Species of conservation importance have been assessed in terms of their rarity within the region, their global distribution, general impressions of population size, and possible threats observed during the Mt. Panié RAP survey.

A list of localities in the Mt. Panié area is presented in Fig. 1, including all places sampled during the Mt. Panié RAP survey with additional information collected by one of the authors (JT) in earlier years. Unless specified, all dates refer to the actual period of the Mt. Panié RAP (October - November 2010). Locality names (Appendix 1) were specified after consultations with the local guides.

RESULTS AND DISCUSSION

We recorded 23 species (Appendix 2) and collected 177 individuals. The primary localities sampled around Mt. Panié occur within three catchments: Dané Yém river, La Guen river and Wewec river (Fig. 1; Appendix 1). The lowest number of species was documented within the La Guen river catchment (10 species), where less species were found than in the Dané Yém river catchment (11 species) despite the limited sampling effort (half a day) at this latter site (Appendix 2). The Wewec river catchment supported the richest odonate community, with 19 species.

Species abundance varied strongly among catchment areas (Fig. 2) and sampling sites (Appendix 2). Peaks in the abundance of individual species, especially in the Dané Yém and La Guen river catchments, probably reflect the distribution of habitat types and the degree of habitat disturbance. Total abundance in the Dané Yém river catchment may have been reduced by lower sampling effort, although the abundance peaks of both *Diplacodes haematodes* and *Agriocnemis exsudans* probably reflect the prevalence of sunny banks along the main river, springs with corresponding pools, and backwaters (stagnant water bodies connected to the main stream) lined with rocks and marginal vegetation. All but one biotope visited in the Dané Yém river catchment could be characterised in this way. The only exception is locality 5 – a stream flowing through forest area with densely vegetated banks and a high percentage of tree canopy cover over the water surface. Boulders inside the stream contributed to high habitat heterogeneity, which may explain the comparatively high number of species despite the short visit (Appendix 1).

The dominance of shady forest streams and rivers up to 10 m wide could also explain the peaks in abundance of certain species within the La Guen river catchment area. This is especially true for *I. spinipes* which has apparent affinity towards such habitats. The peaks observed for *C. sarasini* could be linked to the preferences of adults towards cascades and small waterfalls, which are quite typical among the biotopes visited within this area. *O. caledonicum* is another species which shows high relative abundance within this catchment. Most adults of this species were encountered on the slopes above the main water bodies, which are likely to represent individuals wandering from their typical reproductive sites. *A. ochraceus* is the last species with very high abundance in one particular locality. No obvious explanation is available for this phenomenon so far. It may reflect species-specific responses to habitat disturbance or to altitudinal effects but these possibilities require further investigation. Some further comments are provided below.

Out of species occurring at multiple sites, only one species showed a peak in abundance within the Wewec catchment, while several species showed a peak in abundance at La Guen (Dane Yem is excluded from this comparison since precise environmental variables were not measured). These particular species may tolerate and/or benefit from higher disturbance at La Guen. Sites within the La Guen river catchment (especially localities 11–12) had lower water pH, higher amounts of filamentous algae and low abundance of primary consumers (macroinvertebrates). Only one locality (number 23) from Wewec river had similar water pH and correspondingly high algae, and this site is adjacent to the gite of Thao. It has experienced severe anthropogenic impacts and receives high input of nutrients such as nitrogen and phosphorus. Human activities on their own, however, do not appear to explain the situation observed at Sites 11–12 (Kompwara river), where human impact appeared to be minimal. The main anthropogenic impacts within the area used to be, and occasionally still are, bush fires. They may increase the nutrient load in waterways and could be a great danger in ecological systems like lakes and marshes where runoff is captured due to the inflow from surrounding slopes, leading to an overall increase in water mineralization. Smith et al. (2011) provide an overview of experiments associated with

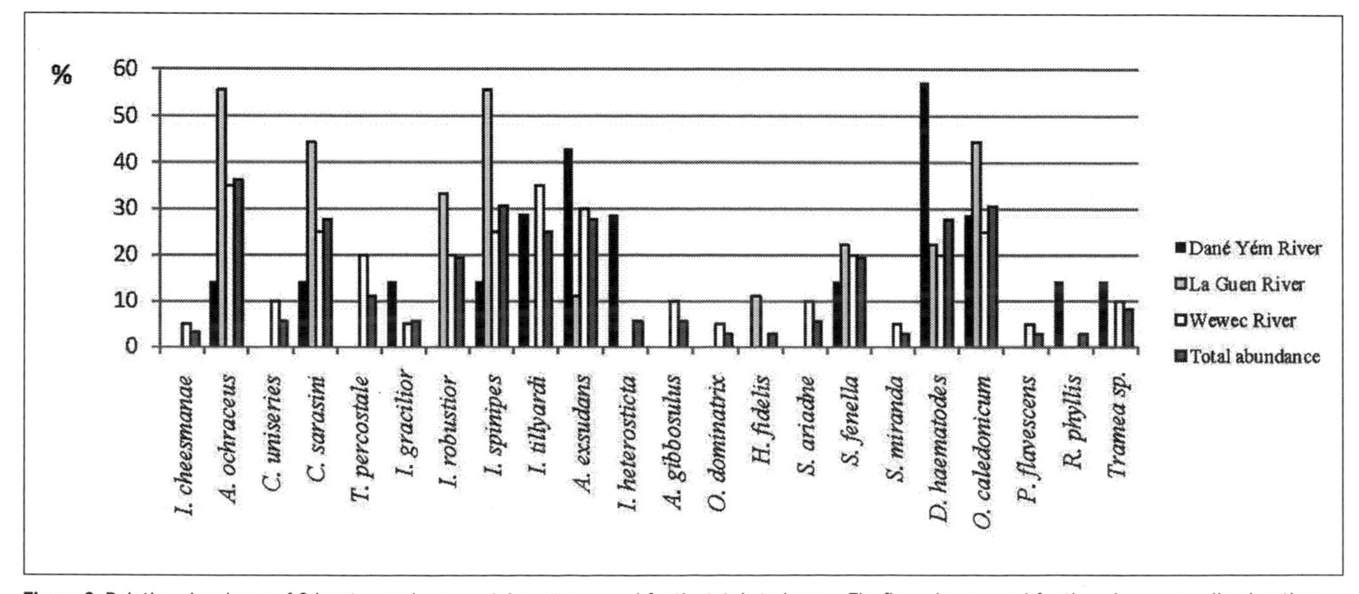

Figure 2: Relative abundance of Odonata species per catchment area and for the total study area. The figure is prepared for the primary sampling locations and does not include *Isosticta humilior* discovered at the additional sampling localities.

bush fires, which have found increased levels of nitrogen and phosphorus associated with post-fire atmospheric and runoff inputs such as ash, as well as soil erosion. However, the persistent algae observed just below Refuge Blaffart is unlikely to be influenced by bush fires, since the upper part of the catchments are fully forested. Also, the current in the river was as fast as 140 cm/s which should be enough to flush the captured nutrients and release the system of the overload. Dense tree canopy is usually associated with lower primary production of the water compared to stretches exposed to sunlight, and should suppress algal growth (Bernot et al. 2010). The filaments at locality 11, however, were observed under mean vegetation cover of 95% (ranging between 30%-100%) and covered as much as 80% of the stone surfaces, suggesting other anthropogenic causes of algae proliferation.

Bush fires could have other impacts – for example by increasing water alkalinity, which could be a big shock for aquatic communities (Earl and Blinn 2003). Even though the stream current washes away the ash, the sudden change in water chemistry might be fatal for invertebrates. Low abundance of macroinvertebrates may indicate a disturbed aquatic system. Mayfly or stonefly larvae are usually abundant in a healthy aquatic system and are often sampled together with odonate larvae. However, they were completely lacking in the samples at sites 11 and 12. In fact the only invertebrates found at those sites were oligochaetes, which are usually given very low sensitivity scores (Stark and Maxted 2007). A lack of primary consumers in the system, where they act as grazers on the growing algae, reduces the self-purification abilities of the rivers and could explain the low species diversity of predatory organisms like odonates. Only one Odonata species (*I. robustior*) was confirmed to be breeding at these sites, based on a single specimen with its exuvia, although six species (*A. ochraceus, C. sarasini, H. fidelis, S. fenella, O. caledonicum* and *D. haematodes*) may also find suitable habitats to breed there. *A. ochraceus* was the dominant species at site 16 too, where it was observed in relatively high numbers compared to the other sites within the catchment. Its prevailing role in the system at this altitude should be investigated further because a sole organism dominating a normally diverse community may be an alarming indicator of disturbance. Death and Winterbourn (1995) commented on species diversity that declined following the decrease of stream stability (measured as discharge variability, physical and chemical characteristics) in Cass-Craigieburn region, New Zealand.

Altitudinal effects also influence species composition and community structure. Fewer odonate species within La Guen catchment could be a result of the higher elevations (ranging between 522–760 m a.s.l.; locality 8 situated at 83 m a.s.l. is excluded as it was sampled during bad weather conditions) of localities there than in the Wewec catchment which were just 55–472 m a.s.l. Also, the field surveys took place early in the flying season. Although the phenology of New Caledonian dragonflies is poorly understood, Davies (2002) found only two species flying from October onwards. The beginning of the flying season at higher altitudes is usually postponed (Corbet 1962) so sampling regimes that include periods of peak flying season might provide quite different results from those reported here.

The observed differences in species abundances between the two catchments are unlikely to be attributed to bad weather. Poor atmospheric conditions (dense cloudiness, rain and lower temperatures) could definitely have a negative effect on dragonfly flight activity, however they do not appear to explain the low abundance of macroinvertebrate taxa within La Guen catchment. Aquatic larvae have no other place to hide during rain and would be present within the sampling localities. Moreover the bad weather conditions were experienced only once during the sampling period. Unfortunately that was the day when the La Guen main river stream was investigated, which probably led to the low species richness observed at this site. No habitat comparable to this site was encountered within La Guen catchment, although locality 26 within Wewec catchment resembled the general appearance of La Guen. Locality 26 contributed one new species for the RAP and five more were collected as well. Six species (all of them collected as breeding) is a number that ranks this site amongst the localities with highest species diversity. High species diversity is typical of other localities within Wewec catchment (localities 20, 27, 32 and to some extent 23, 29). Small densely vegetated springs situated at the bottom of deep gullies were another peculiarity of sites visited within Wewec catchment. Some of them (localities 28 and 29) were investigated for a very short time, but the results were evident of their high conservation importance. Five of the species listed below as "Interesting" (*Caledargiolestes uniseries, Trineuragrion percostale, Caledopteryx sarasini, Isosticta spinipes* and *Argiolestes ochraceus*) were discovered in both of them. Although not included in any particular conservation list *Indolestes cheesmanae* deserves special attention and was represented by only two males found in Wewec catchment. Its typical habitat is comprised of small shady slow flowing streams with plenty of aquatic vegetation.

INTERESTING SPECIES OR GENERA

A total of 23 taxa were recorded during this survey, which is 41% of the 56 species known for the country (Appendix 2). Accounts for all species are given in Appendix 3 and short accounts for individual species of conservation importance are given below. They emphasize particularly those species with restricted ecological niches and area of occupancy, which are often referred to as *rare* species, those included on the IUCN Red List (2010) and those species that constitute potentially good bio-indicators. Endemism alone, at the scale of New Caledonia, is not considered to be of critical importance because several endemic species occur in very large numbers across much of the country. Davies (2002) is used here as the primary reference for previous records for the country. Nine species accounts are presented here in decreasing importance according to conservation priority rather than following any particular taxonomic order.

Synthemis ariadne. Only three previous records are known for the country (Lieftinck 1975, Winstanley 1984a, b), with four observations during this survey near sites 20, 39 and 40. The presence of a newly emerged male indicates that the species possibly breeds in locality 20 although one female was observed at site 18 about 1,700 m away from water, providing evidence of the long distance that individuals of this species can travel. Its conservation status within the Mt. Panié area remains unclear.

Isosticta robustior. Regionally common in shallow stony rivers, this species was found (including breeding individuals) at nine sites, but represented by single individuals only. This low abundance probably reflects the fact that our observations were made early in the flying season. Its conservation status within the Mt. Panié area remains unclear.

Caledargiolestes uniseries. Davies (2002) lists this species as common and widespread in New Caledonia, but *C. uniseries* was found in only four small streams during the present research. It may be that our survey was conducted outside the typical flying season for this species, which was given as November to April by Davies (2002).

Trineuragrion percostale. This species is listed as Least Concern by the IUCN. It was found mainly within the Wewec catchment area and in one locality (locality 35) near the coast.

Caledopteryx sarasini. This species is listed as Least Concern by the IUCN. It is one of the most abundant species along streams around Mt. Panié where it was mainly encountered near waterfalls (see Appendix 3). Consequently, this species may serve as an indicator of fast flowing streams with boulders and frequent waterfalls.

Hemicordulia fidelis. This species is listed as Least Concern by the IUCN. It was confirmed at three localities (localities 13, 39, 40) within the study area, but possibly is more common, as many *Hemicordulia* spp. individuals were spotted flying at other places.

Isosticta spinipes. This species is listed as Least Concern by the IUCN. It is one of the most abundant species around Mt. Panié. Since it showed a preference for deep, shady parts of streams, *I. spinipes* is a potential indicator of flowing waters with banks overgrown by tall trees.

Synthemis miranda. This species is listed as Least Concern by the IUCN. It was found at four localities within the study area, but probably will be discovered in other sites, since Davies (2002) reports that it is a common species in all wooded areas of New Caledonia.

Argiolestes ochraceus. One of the most common species within the investigated area, *A. ochraceus* is also regularly reported from other parts of the country. The reason it is included among the priority species is its probable value as an indicator species. It is unmistakable in flight and normally occurs at similar or lower abundance than other species from the same site. *A. ochraceus* was the dominant species at site 16, with numerous individuals flying. This locality had clear water, no fish, was free of algae and looked very good for odonates, yet no other species were found. We cannot yet explain the dominance of *A. ochraceus* at this site relative to other sites. Whether this dominance is related to altitudinal preferences or has anything to do with significant disturbance of the area must be established with further research.

CONSERVATION RECOMMENDATIONS FOR EACH SITE

Our qualitative observations on water quality and odonate faunas of the two main catchment areas investigated raise some important issues. The inferred disturbance of the La Guen river system should be a priority for future investigations. The main focus should be on determining the reasons for algae proliferation in this catchment. Samples should be taken and analyzed in order to establish: a) what algae species is blooming in the sites; b) any information about the biology and ecology of this algae species; c) its global distribution; d) potential threats caused by this species (if any) reported in other regions; e) management practices already undertaken.

If human activities (especially bushfires) are not responsible, another possible explanation for algae proliferation could be underground discharge to aquatic systems. The geology of the region should also therefore be considered. Potential pollutants, if any, may be in the form of heavy metals introduced to the system, leaf litter decomposition and leakage of low pH waters, or nutrient enrichment from the faeces of invasive mammals. An experimental pest control programme focusing on deer and pigs might reveal the potential threats to the water quality and associated dragonfly communities. Lack of hunting activities, for example, could be an explanation if the pest control program establishes that there are increased numbers of invasive mammals within the La Guen catchment area.

Invasive mammals may also impact waterways by eroding steep slopes, thereby increasing levels of fine sediments, like silt and sand, in the rivers.

The conservation measures proposed above address the broad environmental issues observed within the study area and should be considered for both main catchment areas. Wewec catchment may look better in terms of species number, relative abundance and species autochthony, but this situation could easily change if our recommendations are not addressed appropriately. Wewec also harbours an interesting type of habitat not encountered in La Guen – little streams (trickles at some places) which flow on the bottom of shady gullies. The stream slopes rise almost perpendicularly to the ground and the bottom is covered by bed-rock and boulders. A recommendation here would be to check with local people for any other streams that match this description in both catchments and to map them for future planning of conservation activities focusing on Odonata. These activities are outlined below, and they reflect the fact that the region's odonate fauna remains poorly documented. Basic species inventory remains a priority for future research on dragonflies, and should be conducted in all seasons for at least two consecutive years. These results are required to build upon the preliminary results reported here, and to establish each species' flight periods, daily activities, preferences for specific habitats and altitudinal distribution. Broader ecological studies that attempt to link individual species' activity patterns and habitat occupancy with local climatic attributes, and with physical and biological (especially invasive species abundance and impact) attributes of local aquatic and nearby terrestrial environments, will help in establishing specific Odonata Habitat Indices similar to those generated in other countries (Chovanec and Waringer 2001, Simaika and Samways 2009). Such indices are easy to use and do not require highly specialised skills for utilisation in the field. Moreover they can be adapted to the local situation before being incorporated into site management practices, making them a very powerful tool. With a little training they could be introduced to and become part of the community engagement practices. Two-year monitoring would contribute to a more complete understanding of the Odonata fauna of the region. These species could be highlighted in simple to use colour guides and given to local communities that would like to be engaged in the process of data collection.

The advantage of using odonates is related to their morphological structure (which makes them highly conspicuous), ecology and biology, which is commented upon in the introduction. However, preliminary work is required before utilising these, and any other, particularly sensitive insects (bioindicators) for environmental appraisals (Mary 1999). The two biotic indices for New Caledonia operate on high taxonomic level (family) for odonates. The Biotic Index of New Caledonia (IBNC) shows the disturbance of the water quality by organic pollution (Mary 1999) and the Bio-Sedimentary Index (IBS) reflects the state of the rivers in terms of sediment transport and pollution from the mining industry (F. Tron pers. comm.). Family level works well for Lestidae where only one species (*Indolestes cheesmanae*) is known as a possible inhabitant of lotic habitats in New Caledonia. However, even for this species the larva has been described by supposition in Lieftinck (1960) and the actual association to the adult needs verification. Family level may also be used for monotypic groups such as Isostictidae with only one genus (*Isosticta*) established for the country. The present study, however, provides evidences for individual species preferences to a particular type of habitat (explained in greater details in Appendix 3). Assigning one value for all five *Isosticta* species may not be appropriate for assessments at a regional level. Similar pitfalls may arise for representatives of Megapodagrionidae. There are six species from four genera known from New Caledonia. Some of the preliminary quantitative results of the current study show that species distribution, and probably also morphology, within the country are influenced by the type of stream/river, altitude and geographical location. This is why the application of IBNC for Mt. Panié must be done after further work on the individual species' indicator value.

There is good existing information to assist such a study. Larvae of new caledonian odonates have not been studied since Lieftinck (1976) which presents the only identification keys for some of the pre-imaginal stages of these insects. However, the opportunistic samples that followed this study (including the present research) shed some light on particular morphological structures that enable species identification during these early stages. The larva of *Trineuragrion percostale* was discovered during the current study and its description was published in Marinov (2012). This would make a considerable contribution to the identification of all Megapodagrionidae larvae. Two more megapodagrionids belonging to separate genera still lack larval description, but could probably be identified based upon larvae of their closest relatives from the same genus that have already been described. Lieftinck (1976) provides a key for distinguishing between three *Isosticta* species (*robustior*, *spinipes* and *tillyardi*). Larva of the fourth species (probably *gracilior*) was discovered from La Guen river and needs to be associated to the actual species. This would nearly complete the morphological description of the entire family for New Caledonia. The revision of genus *Synthemis* is undergoing, with all but one species (*pamelae*) already with known larvae (G. Fleck pers. comm.). A revision on the collected material during the preparation of the IBNC is planned. It will definitely increase the understanding of the new caledonian odonates larval fauna and probably will result in the first complete larval identification key for the country. Such tools are especially important for countries like New Caledonia and other Pacific island nations where the degree of faunal endemism is very high.

Endemic species have frequently been the focus of conservation assessments and other studies, but their importance should not be assessed to the exclusion of other taxa inhabiting the studied area. A conservation list will be most useful when each species is given a relative conservation value in terms of its local and global distribution, ecological plasticity and vulnerability. Such a list may indicate that endemism is not the only predictor of vulnerability, and that non-endemic species face greater threats due to climatic shift, habitat disturbance, predation, or impacts of invasive species. Monitoring of dragonfly populations will reveal trends in their populations and will help to identify species that should be conservation priorities.

Monitoring is also important for understanding the impact of invasive dragonfly taxa, especially those with long distance dispersal capacity. Species from the genera *Anax*, *Pantala*, *Tramea* are known as occupiers of new territories, being ubiquitous flyers and having special morphological features to support them during migration (Johansson et al. 2009). Specimens from all three genera were found within the investigated territory. The five *Tramea* specimens (Appendix 3) are supposed to belong to an endemic subspecies that possibly evolved on the island. *Anax* and *Pantala* are well distributed across the Pacific islands. No historical or molecular data are available to establish the time of their occupation on New Caledonia. However, their impact on local species is possibly negligible because they were found only in single localities, which were not in accordance with their typical habitat requirements. Both *Anax* and *Pantala* prefer standing water bodies and if they complete their life cycle within Mt. Panié, they possibly choose pools formed by the main rivers passing slowly through flat areas.

A monitoring program will also help to establish individual species' habitat preferences. It will not only increase knowledge about the ecology and biology of these interesting animal species, but could be used as a base for building special habitat models for the country, using GIS to incorporate habitat models with climatic trends, land use, and the geomorphological structure of the terrain. Habitat models may also predict other regions that are important to prioritise for future conservation actions. They could improve the global understanding of this poorly known study group and provide predictions about difficult to access sites or regions where field work is impossible, which seems to be the case in large areas around Mt. Panié.

ACKNOWLEDGEMENTS

We thank our local guides for providing us with the best possible assistance in the field, and for kindly hosting us on their land. Our special gratitude goes to the organisers of the 2010 New Caledonia RAP, particularly to François Tron and Romain Franquet but also to the whole Conservation International-New Caledonia staff, their partner organisation Dayu Biik, and J.J. Cassan of Province nord.

We would like also to express our deepest gratitude to all the scientists who helped us with literature, comments and advice on the earlier drafts of this report. Here are their names in alphabetical order: Clementine Flouhr, Günther Fleck, John Marris, Jon O'Brian, Jon Harding, Martin Schorr, Nathalie Mary, Pete McHugh and Richard Seidenbusch.

REFERENCES

Bernot, M., D. Sobota, R. Hall, P. Mulholland, W. Dodds, J. Webster, J. Tank, L. Ashkenas, L. Cooper, C. Dahm, S. Gregory, N. Grimm, S. Hamilton, S. Johnson, W. McDowell, J. Meyer, B. Peterson, G. Poole, H. Maurice Valett, C. Arango, J. Beaulieu, A. Burgin, C. Crenshaw, A. Helton, L. Johnson, J. Merriam, B. Niederlehner, J. O'Brien, J. Potter, R. Sheibley, S. Thomas and K. Wilson. 2010. Inter-regional comparison of land-use effects on stream metabolism. Freshwater Biology. 55: 1874–1890.

Bigot, L. 1985. Contribution à l'étude des peuplements littoraux et côtiers de la Nouvelle-Calédonie (Grand Terre, Ile des Pins) et d'une des îles Loyauté (Ouvéa): premier inventaire entomologique. Annales de la Societé entomologique de France. 21(3): 317–329.

Briers, R., and J. Biggs. 2003. Indicator taxa for the conservation of pond invertebrate diversity. Aquatic conservation: marine and freshwater ecosystems. 13: 323–330.

Catling, P. 2005. A potential for the use of dragonfly (Odonata) diversity as a bioindicator of the efficiency of sewage lagoons. Canadian Field-Naturalist. 119(2): 233–236.

Chovanec, A. 2000. Dragonflies (Insecta: Odonata) as indicator of the ecological integrity of aquatic systems – a new assessment approach. Verhandlungen Internationale Vereinigung für Theoretische und Angewandte Limnologie. 27: 1–4.

Chovanec, A., and J. Waringer. 2001. Ecological integrity of river–floodplain systems—assessment by dragonfly surveys (Insecta: Odonata). Regulated rivers: Research and Management. 17: 493–507.

Corbet, P. 1962. A biology of dragonflies. H. F. & G. Witherby LTD, Northumberland Press Limited.

Corbet, P. 1993. Are Odonata useful as bioindicators? Libellula. 12(3/4): 91–102.

Corbet, P. 1999. Dragonflies: Behaviour and Ecology of Odonata. New York: Comstock.

Davies, D. 2002. The odonate fauna of New Caledonia, including the descriptions of a new species and a new subspecies. Odonatologica. 31(3): 229–251.

Death, R., and M. Winterbourn. 1995. Diversity patterns in stream benthic invertebrate communities: The influence of habitat stability. Ecology. 76(5): 1446–1460.

Earl, S. and D. Blinn. 2003. Effects of wildfire ash on water chemistry and biota in South-Western U.S.A. streams. Freshwater Biology. 48: 1015–1030.

Harding, J., J. Clapcott, J. Quinn, J. Hayes, M. Joy, R. Storey, H. Graig, J. Hay, T. James, M. Beech, R. Ozane, A. Meredith, and I. Boothroyd. 2009. Stream habitat assessment protocols for wadeable rivers and streams of New Zealand. School of Biological Sciences, University of Canterbury, Christchurch, New Zealand.

IUCN Red List of Threatened species. 2010. Web site: http://www.iucnredlist.org/.

Johansson, F., M. Söderquist, and F. Bokma. 2009. Insect wing shape evolution: independent effects of migratory and mate guarding flight on dragonfly wings. Biological Journal of the Linnean Society. 97: 362–372.

Karube, H. 2000. Records of the New Caledonian Odonata. Aeschna. 37: 37–42.

Lieftinck, M. 1960. Consideration of the genus *Lestes* Leach with notes on the classification and description of new Indo-Australian species and larval forms (Odonata: Lestidae). Nova Guinea, Zoology 8: 127–171.

Lieftinck, M. 1975. The dragonflies (Odonata) of New Caledonia and the Loyalty Islands – Part 1. Imagines. Cahiers O.R.S.T.O.M., Série Hydrobiologie. 9: 127–166.

Lieftinck, M., 1976. The dragonflies (Odonata) of New Caledonia and the Loyalty Islands – Part 2. Immature stages. Cahiers O.R.S.T.O.M., Série Hydrobiologie. 10: 165–200.

Marinov, M. 2012. Description of the larva of Trineuragrion percostale Ris (Odonata: Megapodagrionidae) with a key to the larvae of New Caledonian genera of Megapodagrionidae. International Journal of Odonatology 15(3): 1–8.

Mary, N. 1999. Qualités physico-chimiques et biologique des cours d'eau de la Nouvelle-Calédonie. Proposition d'un Indice Biotique fondé sur l'étude des macroinvertébrés benthiques. Thèse de Doctorat, Université Française du Pacifique, Nouvelle-Calédonie. 182 pp. + annexes.

Oertli, B. 2010. The local species richness of Dragonflies in mountain waterbodies: an indicator of climate warming? *In*: Ott, J. (ed.) 2010. Monitoring climatic change with dragonflies. BioRiks. 5. Pp. 243–251.

Ris, F. 1915. Libellen (Odonata) von Neu-Caledonien und den Loyalty-Inseln. *In*: Sarasin. F., & J. Roux, 1915. Nova Caledonia. Forsdiungen in Neu-Caledonien und auf den Loyalty-Inseln, A. Zoologie, Vol. II, L. I: 55–72.

Sahlén, G. and K. Ekestubbe. 2001. Identification of dragonflies (Odonata) as indicators of general species richness in boreal forest lakes. Biodiversity and Conservation. 10: 673–690.

Simaika, J., and M. Samways. 2009. An easy-to-use index of ecological integrity for prioritizing freshwater sites and for assessing habitat quality. Biodiversity Conservation. 18: 1171–1185.

Smith, H., G. Sheridan, P. Lane, P. Nyman, and S. Haydon. 2011. Wildfire effects on water quality in forest catchments: A review with implications for water supply. Journal of Hydrology. 396: 170–192.

Spellerberg, I. 2005. Monitoring ecological change. Second Edition. Cambridge University Press.

Stark, J., I. Boothroyd, J. Harding, J. Maxted, and M. Scarsbrook. 2001. Protocols for sampling macroinvertebrates in wadeable streams. New Zealand Macroinvertebrate Working Group Report No. 1. Prepared for the Ministry for the Environment. Sustainable Management Fund Project No. 5103.

Stark, J., and J. Maxted. 2007. A biotic index for New Zealand's soft-bottomed streams. New Zealand Journal of Marine and Freshwater Research. 41: 43–61.

U.S. Environmental Protection Agency (EPA). 2008. EPA's 2008 Report on the Environment. National Center for Environmental Assessment, Washington, DC; EPA/600/R-07/045F. Available from the National Technical Information Service, Springfield, VA, and web site: http://www.epa.gov/roe.

Vick, G., and D. Davies. 1990. A new species of *Oreaeschna* from New Caledonia (Anisoptera: Aeshnidae). Odonatologica. 19(2): 187–194.

Winstanley, W. 1983. Terrestrial larvae of Odonata from New Caledonia (Zygoptera: Megapodagrionidae; Anisoptera: Synthemistidae). Odonatologica. 12(4): 389–395.

Winstanley, W. 1984a. The larva of the New Caledonian endemic dragonfly, *Synthemis ariadne* Lieftinck (Anisoptera: Synthemistidae). Odonatologica. 13(1): 147–157.

Winstanley, W. 1984b. Odonata from New Caledonia. Weta. 7(1): 8.

Appendix 1: List of odonate sampling locations during Mt. Panié RAP survey.

Initials in parentheses indicate which author sampled each locality

Primary sampling localities (MM):

1. Gite Ka Waboana. Hienghène (-20.6921; 164.9425; 0 m a.s.l.): 09 October.
2. Dané Yém river by the village of Bas Coulna (-20.6869; 164.7828; 188 m a.s.l.): 10 October.
3. Stream crossing the track Bas Coulna-Tamak area about 1.5 km NE from the village of Bas Counla (-20.6763; 164.793; 191 m a.s.l.): 10 October.
4. Lithotelm about 3.3 km NE from the village of Bas Coulna (-20.6603; 164.7966; 204 m a.s.l.): 10 October.
5. Stream crossing the track Bas Coulna-Tamak area about 4.0 km NE from the village of Bas Coulna (-20.6516; 164.7941; 188 m a.s.l.): 10 October.
6. Small creek flowing through a forested area about 4.5 km N-NE from the village of Bas Coulna (-20.6473; 164.7924; 296 m a.s.l.): 10 October.
7. Spring within the Tamak area (-20.6459; 164.8033; 140 m a.s.l.): 10 October.
8. La Guen river about 500 m before the mouth to Ouaième river (-20.6414; 164.8; 83 m a.s.l.): 11 October.
9. Stream passing near the RAP-New Caledonia Camp site 1 within the Tamak area (-20.6442; 164.7998; 147 m a.s.l.): 11 October.
10. Top of the ridge between RAP-New Caledonia Camp site 1 and refuge Blaffart (-20.6399; 164.7972; 280 m a.s.l.): 11 October.
11. Kompwara river below refuge Blaffart (right branch) (-20.6244; 164.7813; 560 m a.s.l.): 12 October.
12. Kompwara river below refuge Blaffart (left branch) (-20.6239; 164.7817; 522 m a.s.l.): 12 October.
13. Pool of the Kompwara river below refuge Blaffart (-20.6239; 164.7817; 510 m a.s.l.): 12 and 13 October.
14. Tributary of La Guen river flowing on the opposite slope of refuge Blaffart about 530 m from the bottom of the slope (-20.6191; 164.7808; 739 m a.s.l.): 13 October.
15. Tributary of La Guen river flowing on the opposite slope of refuge Blaffart about 700 m from the bottom of the slope (-20.6176; 164.7818; 756 m a.s.l.): 13 October.
16. Tributary of La Guen river flowing on the opposite slope of refuge Blaffart about 820 m from the bottom of the slope (-20.6165; 164.782; 760 m a.s.l.): 13 October.
17. Track on the ridge between refuge Blaffart and Gite Thao about 470 m NW from refuge Blaffart (-20.6263; 164.778; 706 m a.s.l.): 14 October.
18. Track on the ridge between refuge Blaffart and Gite Thao about 2.6 km NW from refuge Blaffart (-20.6161; 164.7602; 810 m a.s.l.): 14 October.
19. Track on the ridge between refuge Blaffart and Gite Thao about 3.2 km NW from refuge Blaffart (-20.6125; 164.7561; 886 m a.s.l.): 14 October.
20. Wé Djao stream crossing the track between refuge Blafart and Gite Thao about 4.3 km NW from refuge Blaffart (-20.6118; 164.7445; 472 m a.s.l.): 14 and 17 October.
21. Wewec river on the track between refuge Blafart and Gite Thao (-20.6151; 164.7354; 228 m a.s.l.): 14 and 17 October.
22. Pool by Wewec river on the track between refuge Blafart and Gite Thao about 840 m N from the place where river crosses the track (-20.608; 164.7326; 239 m a.s.l.): 14 October.
23. Pwé Teao river by Gite Thao (-20.6004; 164.7304; 310 m a.s.l.): 14–19 October.
24. Small creek flowing through densely vegetated area and entering Pwé Teao river by Gite Thao (-20.6004; 164.7304; 310 m a.s.l.): 15 October.
25. Pwé Teao river above Gite Thao (-20.5943; 164.7281; 324 m a.s.l.): 15 October.
26. Wewec river about 880 m downstream from Gite Thao (-20.608; 164.7326; 210 m a.s.l.): 15 October.
27. Pwé Tiera river about 1.2 km straight line NE from Gite Thao (-20.5916; 164.738; 265 m a.s.l.): 16 October.
28. Small spring by Pwé Tiera river about 1.2 km straight line NE from Gite Thao (-20.5916; 164.738; 265 m a.s.l.): 16 October.
29. Small spring by Pwé Tiera river about 1.3 km straight line NE from Gite Thao (-20.5898; 164.7368; 410 m a.s.l.): 16 October.
30. On the tack between refuge Blafart and Gite Thao. Left slope above the place where the river crosses the track (-20.6151; 164.7354; 160 m a.s.l.): 17 October.
31. Pwé Tiera river about 920 m straight line from Gite Thao (-20.5941; 164.7359; 168 m a.s.l.): 18 October.
32. Wewec river about 4.0 km downstream from Gite Thao (-20.6315; 164.7491; 108 m a.s.l.): 19 October.
33. Wewec river about 4.3 km downstream from Gite Thao (-20.6361; 164.7469; 55 m a.s.l.): 19 October.

34. Wan Pwé On river crossing the road Hienghène-Pouébo about 32.3 km NW of Hienghène (-20.4781; 164.7334; 0 m a.s.l.): 20 October.
35. Pwé Kédivin river crossing the road Hienghène-Pouébo about 10.4 km NW of Hienghène (-20.6325; 164.8645; 40 m a.s.l.): 21 October.
36. Small river crossing the road Hienghène-Pouébo about 20.5 km NW of Hienghène (-20.5592; 164.8056; 0 m a.s.l.): 21 October.
37. Small creek crossing the road Hienghène-Pouébo about 45.5 km NW of Hienghène (-20.4285; 164.6093; 20 m a.s.l.): 21 October.
38. Small creek crossing the road Hienghène-Pouébo about 21.2 km NW of Hienghène (-20.5569; 164.8006; 10 m a.s.l.): 21 October.

Additional sampling localities:

39. Roches de Wayem camp (-20.6397; 164.8711; 591 m a.s.l.): 1–5 November (SR).
40. Gite Thao (-20.5983; 164.7306; 359 m a.s.l.): 6–10 November (SR).
41. Dawenia camp (-20.5375; 164.6806; 586 m a.s.l.): 11–15 November (SR).
42. Mt. Ignambi, river (-20.4422; 164.6092; 580 m a.s.l.): 06 April 2003 (JT).
43. Mt. Ignambi, river (-20.4548; 164.5948; 1000 m a.s.l.): 08 April 2003 (JT).
44. Refuge Blaffart, creek (-20.5943; 164.7681; 1350 m a.s.l.): 12–13 January 2006 (JT).
45. Wewec river (-20.5972; 164.7302; 360 m a.s.l.): 16 November 2010 (JT).
46. La Guen, river (-20.6259; 164.7825; 600 m a.s.l.): 08 January 2006 (JT).

Appendix 2: Species checklist number and abundance per catchment and locality (primary sampling localities included only).

X indicates presence within each catchment.

Abundance categories within each locality: R (rare) – 1 to 4 individuals; 2) C (common) – 5 to 19 individuals; 3) A (abundant) – 20 to 99 individuals; and 4) VA (very abundant) – 100 to 499 individuals.

Catchment or locality	*Indolestes cheesmanae*	*Argiolestes ochraceus*	*Caledargiolestes uniseries*	*Caledopteryx sarasini*	*Trineuragrion percostale*	*Isosticta gracilior*	*Isosticta robustior*	*Isosticta spinipes*	*Isosticta tillyardi*	*Argiocnemis exsudans*	*Ischnura heterosticta*	*Anax gibbosulus*	*Oreaeschna dominatrix*	*Hemicordulia fidelis*	*Synthemis ariadne*	*Synthemis fenella*	*Synthemis miranda*	*Diplacodes haematodes*	*Orthetrum caledonicum*	*P. flavescens*	*R. phyllis*	*Tramea sp.*	Total species number
Dané Yém		x		x				x	x	x	x					x		x	x		x	x	11
La Guen		x		x		x	x	x		x				x		x		x	x				10
Wewec	x	x	x	x	x	x	x	x	x	x		x	x		x	x	x	x	x	x		x	19
Locality 1										R													1
Locality 2											A							A	C		R	R	5
Locality 3									R									C	C				3
Locality 4										C													1
Locality 5		R						C			R					R		R					5
Locality 6										R								R					2
Locality 7										C													1
Locality 8						R		R	R	C						R		R	R				7
Locality 9				R																			1
Locality 10																			R				1
Locality 11		C						A								R							3
Locality 12				C			R	A															3
Locality 13		R		C			R	C						R				A	A				7
Locality 14		R		R			R	C															4
Locality 15		R																					1
Locality 16		A		R																			2
Locality 17																			R				1
Locality 18															R								1
Locality 19																							0
Locality 20		C		A	A		C	C	R						R								7
Locality 21		R					R											C	C				4
Locality 22		R								A									C				3
Locality 23									C	A								VA	VA			C	5
Locality 24	1																						1
Locality 25								C	A							C							3
Locality 26		R			R		C		C							R	R						6
Locality 27				C			R	R	C			R				C							6
Locality 28			R					C															2

Catchment or locality	*Indolestes cheesmanae*	*Argiolestes ochraceus*	*Caledargiolestes uniseries*	*Caledopteryx sarasini*	*Trineuragrion percostale*	*Isosticta gracilior*	*Isosticta robustior*	*Isosticta spinipes*	*Isosticta tillyardi*	*Argiocnemis exsudans*	*Ischnura heterosticta*	*Anax gibbosulus*	*Oreaeschna dominatrix*	*Hemicordulia fidelis*	*Synthemis ariadne*	*Synthemis fenella*	*Synthemis miranda*	*Diplacodes haematodes*	*Orthetrum caledonicum*	*P. flavescens*	*R. phyllis*	*Tramea sp.*	Total species number
Locality 29		C	R	R	R			C															5
Locality 30													1										1
Locality 31						R																	1
Locality 32										C		R						A	A	R		R	6
Locality 33									C							R							2
Locality 34										R													1
Locality 35		R		R	R																		3
Locality 36										R													1
Locality 37				C					C									A	C				4
Locality 38		R								R													2

Appendix 3: Odonate species accounts for species observed during Mt. Panié RAP survey.

Each species encountered during the Mt. Panié RAP is presented with locality numbers corresponding to sites where they were collected (see Appendix 2). Short taxonomic notes are provided for clarification where necessary to justify the nomenclature adopted here. Biological and/or ecological information based on the RAP field studies is provided with brief details on species' national and global distribution status.

Lestidae

***Indolestes cheesmanae* (Kimmins, 1936)**

Localities: 24, 40.

This species' taxonomy still poses some uncertainties. It was originally described under *Austrolestes*. Lieftinck (1960) proposed subgeneric status as *Lestes* (*Indolestes*) *cheesmanae* and confirmed this view in Lieftinck (1975). Recently *Indolestes* is preferably given with a generic rank and used as such here.

The species is an inhabitant of streams running downhill through densely vegetated areas with 100% tree canopy cover, especially where the amount of water is much reduced or absent in sections forming shallow pools amongst the aquatic vegetation. No larva were found to check which sections of the actual stream are used. In the only description of the larvae by supposition Lieftinck (1960) does not state the type of habitat the larvae have been collected from.

I. cheesmanae is restricted to New Caledonia and Vanuatu.

Megapodagrionidae

***Argiolestes ochraceus* (Montrousier, 1864)**

Localities: 5, 11, 13, 14, 15, 16, 20, 21, 22, 26, 29, 35, 38, 39, 40, 41, 42, 43.

This species was observed in a variety of lotic habitats ranging from 2 to 24 m in width. In wider rivers they were recorded mainly as accidental species. The width of 10 m was the maximum where *A. ochraceus* was established as possibly breeding. Vegetation cover does not seem to play a significant role in adult choice for perching sites. Males were usually observed occupying twigs and leaves close to the banks, but also sitting on the top of stones exposed in the middle course of the rivers barely protected by the canopy.

A. ochraceus is endemic to New Caledonia. It is widely distributed throughout the country.

***Caledargiolestes uniseries* (Ris, 1915)**

Localities: 28, 29, 41, 43.

This small cryptic species was discovered in small (up to 2 m wide) creeks flowing on steep slopes with banks going almost vertically down the valley. It occurred at water depths from 1.5 to 20 cm, where trees completely covered the water and sunlight over the preferred perching places was much reduced. It was scarcely observed within the study area, and we found no clear evidence of breeding.

C. uniseries is endemic to New Caledonia, and has been recorded from all around the country.

***Caledopteryx sarasini* (Ris, 1915)**

Localities: 9, 12, 13, 14, 16, 20, 27, 29, 35, 37, 39, 40, 41, 42, 43, 44.

This species was encountered at various types of lotic biotopes ranging from 2 to 7 m in width. Possibly breeding individuals were mainly found close to waterfalls where they were choosing large rocks exposed to the sunlight as perching places. Twigs and leaves of the bank vegetation were occasionally used as well. Adults seemed to prefer sunlight even in places measured with vegetation cover of nearly 100%. Feeding was observed near pools of the main river preceding the waterfall. At those places adults could perch on stones just a few centimetres from the water edge with their head orientated towards the water surface. Prey was seized on the wing above the water and the individual quickly returned to the initial perching position while chewing. Three copulating pairs were observed, all of which selected stones by the waterfalls as perching substrates. On one occasion, we observed the entire mating following the initial grasp. The couple remained in this position for 17.8 minutes. The female left the spot quickly after separation and was not observed ovipositing.

C. sarasini is endemic to New Caledonia. It is confined mainly to the north of the country with Col de Nassirah as the southernmost point in its distribution known so far.

***Trineuragrion percostale* Ris, 1915**

Localities: 20, 26, 29, 35, 39, 40, 41, 42, 43.

This species is an inhabitant of moderate size rivers up to 5–6 m wide, where river banks were densely vegetated with the tree canopy ranging from 70% to 97%. Fallen tree trunks and branches in the middle course of the river were found to be of great importance. Copulating pairs (n=6) were observed perched on the trunks well above the water surface. The mating followed one general scheme with varieties observed in the duration of different stages. The couple stayed perched preferably on a dry branch or tree trunk bark (one occasion on a stone) usually for 2.50 to 4.30 minutes. One exceptionally long copulation took place for 114.35 minutes. After separation the partners always stayed perched (between 0.35–1.25 minutes) with the female behind the male holding their abdomens parallel to each other. Oviposition took place on the tree trunk, again just a few millimetres above the water surface. The female laid eggs alone while the male stayed up to 55 cm away facing her. We did not observe any other potential rivals within this territory in order to test whether the male was guarding his partner from a distance. We observed the male mating with other females which happened to pass through the place. The longest oviposition lasted for 143.35 minutes. A teneral female individual with its exuviae was observed on the same oviposition substrate.

On one occasion, exuviae were found in a river more than 20 m wide. They were exposed on boulders about 1 m from the bank inside the river. These exuviae were identified based on the teneral female with its exuviae described above.

T. percostale is confined in its distribution to New Caledonia and Vanuatu.

Isostictidae

***Isosticta gracilior* Lieftinck, 1975**

Localities: 8, 31.

Teneral individuals were collected only from some of the largest rivers within the region (13–30 m wide). In both localities, adults were observed sitting on the top of large boulders close to the bank of the river under a canopy cover of up to 87%. Unidentified larvae from locality 8 possibly belong to this species. Larvae of this species have never been described and the determination here is based on the wing venation visible from the wing-sheaths.

I. gracilior is endemic to New Caledonia, and has so far been reported only from the southern part of the country.

***Isosticta humilior* Lieftinck, 1975**

Localities: 44.

One dead teneral specimen was found on a *Pandanus* sp. leaf near the Wewec river.

I. humilior is endemic to New Caledonia and is known from only 11 localities.

***Isosticta robustior* Ris, 1915**

Localities: 12, 13, 14, 20 (17 October), 21 (17 October), 26, 27, 39, 41.

This species was recorded as breeding in the study area due to exuviae discovered in streams and rivers of varying size (6.5–24 m wide and 10.6–21.4 cm deep) and stream velocity (70 to 171 cm/s). Emerging individuals were collected inside river beds on exposed boulders with no tree canopy above. All had selected sites on the rocks that were well protected from eventual flushes and direct sunlight. Near shore boulders were primarily chosen as a substrate for emergence, but individuals were also observed in the middle of rivers. The vegetation cover was between 34–59% close to the banks. Adults were encountered in shady rivers also, but always at places with increased insolation.

I. robustior is endemic to New Caledonia. It is widely distributed on the main island and is also reported from Lifou Island, Loyalty Islands (Ris 1915).

***Isosticta spinipes* Selys, 1885**

Localities: 5, 8, 11, 12, 13, 14, 20, 25, 27, 28, 29, 39, 40, 41.

This species was observed predominantly in shady places with vegetation cover ranging between 90–100%. Adults were found mainly along rivers 6 to 10 m wide, but teneral individuals were collected from a river about 30 wide. Although encountered at many places in Mt. Panié, only one record was made of a breeding individual. We are confident that the species is reproducing at other sites within the study area, although more data are necessary to obtain a better understanding of its environmental preferences

I. spinipes is endemic to New Caledonia, where it is mostly reported from observations of single individuals from the north and south of the main island and also from Lifou Island, Loyalty Islands (Ris 1915). Due to the relatively high local abundance we observed for the species during this RAP, we believe its apparent rarity may be due to the fact that the species has been overlooked in its specialized habitat. Further study may reveal a broader distribution.

***Isosticta tillyardi* Campion, 1921**

Localities: 3, 8, 20, 23, 25, 26, 27, 33, 37, 40.

This species was generally found in streams and rivers with less vegetation cover (59–87%). Adults were collected from more densely vegetated areas (up to 99%), but we consider it as accidental at these sites. *I. tillyardi* was observed flying above the mid-sections of the streams and even near some stretches with no visual surface flow. However, we did not find any evidence of reproduction in these parts of the river. Exuviae were found along fast flowing sections of the river with stream velocity of 160 cm/s.

I. tillyardi is endemic to New Caledonia and is distributed throughout the country.

Coenagrionidae

***Agriocnemis exsudans* Selys, 1877**

Localities: 1, 4, 6, 7, 8, 22, 23, 32, 34, 36, 38, 40, 44, 45.

This species prefers standing or slowly moving waters. It is a typical inhabitant of oxbow lakes, densely vegetated pools and backwaters formed by the floods along the river banks or inside the main stem of the river. Shady springs flowing through forested areas and lithotelms well exposed to the sunlight constituted other biotope types for this species. Submerged aquatic vegetation seems to be an important feature that determines the presence of *A. exsudans* within the study area. Exuviae and mating pairs were observed among the low growing stems just above the water surface.

A. exsudans is widely distributed across the Pacific from New Caledonia to Tonga. It is commonly reported from all over New Caledonia including Ouvea Island, Loyalty Islands (Lieftinck 1976, Bigot 1985).

***Ischnura heterosticta* (Burmeister, 1839)**

Localities: 2, 5, 45.

This species usually inhabits stagnant waters, but probably also develops in vegetated pools formed inside the main river stem or backwaters by the banks. It was rarely encountered within the study area, with only locality 2 established as typical *I. heterosticta* habitat and where the species was confirmed to breed.

I. heterosticta is widely distributed across the Pacific ranging from New Caledonia and Australia to Tonga. It is commonly reported from all over New Caledonia including Ouvéa Island, Loyalty Islands (Lieftinck 1976, Bigot 1985).

Aeshnidae

***Anax gibbosulus* Rambur, 1842**

Localities: 27, 32, 40.

Individuals from the same genus were recorded in flight in localities 2, 21 and 35, but could not be identified. As there are two species reported for the country (Davies 2002) and both are powerful fliers, further information is needed to confirm which species inhabits these additional three localities.

A. gibbosulus was recorded within the study area by males only, which could be just accidental visitors. On both occasions they were discovered close to fast flowing large rivers up to 24 m wide. Two of them were flying at a height of about 2 m above the water surface, which represent feeding behaviour. More investigation is needed to confirm whether this species is a regular inhabitant of these biotopes, especially since species from the genus are typical of standing water bodies.

A. gibbosulus occurs in Australia, Moluccas, Samoa and French Polynesia. Davies (2002) reports it as common all through the season, but it was reported only twice by other explorers of New Caledonia (Lieftinck 1975, Karube 2000).

***Oreaeschna dominatrix* Vick & Davis, 1990**

Localities: 30, 40.

Only one accidental male was collected from the entire study area. Previous data (Vick & Davies 1990, Karube 2000, Davies 2002) report it as a frequent inhabitant of mountainous regions,which suggests that *O. dominatrix* could be widely distributed across Mt. Panié. Further research is needed to assess its actual status within the area.

O. dominatrix is endemic to New Caledonia and is reported for Lifou, Loyalty Islands (Vick & Davies 1990). It is perhaps more widely distributed than presently known, as most of the current records come from unpublished data.

Corduliidae

***Hemicordulia fidelis* McLachlan, 1886**

Localities: 13 (12 October), 39, 40.

This species was recorded as possibly breeding within the study area. A female ovipositing about 1.5 m from the bank was observed in a pool section of the river with gravelly bottom.

H. fidelis is restricted to New Caledonia and Vanuatu. It is commonly observed in New Caledonia.

Synthemis ariadne **Lieftinck, 1975**
Localities: 18, 20 (17 October), 39, 40.

One teneral male was discovered at locality 20. It took off the ground in the same manner typical of individuals performing their maiden flight. Although no exuviae were found, we consider the species to be breeding at this site. The female encountered at locality 18 suggests that adults may fly up to 1,700 m from their breeding sites and ascend 400 m to hill tops.

Another *Synthemis* individual was recorded at locality 19, but not caught. Based on the proximity of this site to the other two localities where *S. ariadne* was observed, this individual probably represents *S. ariadne.*

S. ariadne is endemic to New Caledonia. It has been reported from the north and south, although only single individuals have been observed.

Synthemis fenella **Campion, 1921**
Localities: 5, 8, 11, 25, 26, 27, 33, 39, 40, 41, 44.

This species was typical of rivers with large exposed boulders at the mid-sections. Adults used these boulders as perching sites with no preferences observed for sunny versus shady areas. The fact that they were mainly observed at the middle of the river suggests a tendency towards sunny substrates, although this conclusion should be further tested. Although many individuals were found during the study, only three exuviae were collected, indicating that the species is breeding at localities 8, 26 and 33. For the moment it is considered as possibly breeding at locality 11.

S. fenella is endemic to New Caledonia and is widely distributed throughout the country.

Synthemis miranda **Selys, 1871**
Localities: 26, 39, 40, 41.

We observed breeding individuals of this species at a large river (about 20 m wide) with large boulders across the whole width. A teneral male with its exuviae were attached to one of the boulders situated about 1 m from the bank. Larvae were also collected from the same site.

S. miranda is endemic to New Caledonia. It is commonly encountered throughout the country.

Libellulidae

Diplacodes haematodes **(Burmeister, 1839)**
Localities: 2, 3, 5, 6, 8, 13, 21 (17 October), 23, 32, 37, 40, 44, 45, 46.

This species was observed predominantly within the sunny sections of rivers on boulders and bed rocks. Adults showed no preference to the particular position of their perching substrate; either rocks inside or along the bank of the rivers were chosen as long as they received enough sunlight. Vegetation seems to be of secondary importance, if any, for *D. haematodes* along flowing waters. These places were occupied by males or mating pairs. Females were mainly encountered away from the water. Females arrived along the rivers females only for mating and ovipositing.

D. haematodes ranges from Australia to New Guinea, and reaches Vanuatu to the east. It is among the most common species in New Caledonia.

Orthetrum caledonicum **(Brauer, 1865)**
Localities: 2, 3, 8, 10, 13, 17, 21, 22, 23, 32, 37, 40, 44.

This species inhabited the same type of habitats described for *D. haematodes.* Both species were commonly encountered together. Their activity appears to depends on sunlight and air temperature. Adults stayed inactive until their preferred spots were totally insolated and the temperature rose above 20oC.

O. caledonicum is reported also from Australia and New Guinea. Along with *D. Haematodes,* it is one of the most common species for New Caledonia.

Pantala flavescens **(Fabricius, 1798)**
Localities: 32.

The single observation reported here comes from a flying individual passing through the locality. For the moment it is considered as an accidental species for Mt. Panié.

P. flavescens is a cosmopolitan species. It is widely distributed in New Caledonia and possibly will be confirmed as breeding within Mt. Panié.

Rhyothemis phyllis **(Sulzer, 1776)**
Localities: 2.

The individual we observed probably belong to *R. p. apicalis* Kirby, 1889, which is found throughout the country. Since we only observed a single individual from a distance, we cannot be certain about subspecies identification.

R. phyllis is a species with wide distribution across the Pacific, SE Asia and Australia. It is represented by various subspecies across its range, with *R. p. apicalis* endemic to New Caledonia.

Tramea **sp.**
Localities: 2, 23, 32, 40.

We collected 5 specimens from the four localities listed above. Species identification is difficult due to taxonomic uncertainties. Four of the specimens have features that match well with the description of Lieftinck (1975) for *T. transmarina intersecta.* The fifth specimen differs from the others by the intensity of the dark area at the base of the hind wings, but not by any other morphological characters that we could determine. Four *Tramea* species have been reported for the country Given the high variability of species in the genus *Tramea* and lots of synonyms already introduced in the literature, it is preferable at this stage to refer to the specimens from this study with their genus name only. , with *T. t. intersecta* also elevated to species status (*T. Intersecta).* Davies (2002) elevates *T. t. intersecta* to species status (*T. intersecta*), but does not provide any taxonomic studies to support this decision. Further molecular analysis is required to resolve taxonomic uncertainties within the genus *Tramea.*

Chapter 6

Evaluation de la répartition des mammifères exotiques envahissants et leur impact potentiel dans le massif du Panié et les Roches de la Ouaième, Nouvelle-Calédonie

Distribution and ecological impacts of invasive mammals of the Mt. Panié and Roches de la Ouaième region, New Caledonia

Jörn Theuerkauf, François M. Tron et Romain Franquet

MEMBRES DE L'ÉQUIPE

Jean-Jacques Folger (Dayu Biik), Gabriel Teimpouenne (Dayu Biik, Tribu de Haut-Coulna), Jocelyn Teimpouenne (Dayu Biik, Tribu de Haut-Coulna), Romain Franquet (Dayu Biik), Jörn Theuerkauf (Muséum et Institut de Zoologie, Académie Polonaise des Sciences, Team leader) et François M. Tron (Conservation International Nouvelle-Calédonie)

SUMMARY

We assessed the abundance of six invasive species (Ship rats *Rattus rattus*, Pacific rats *R. exulans*, rusa deer *Rusa timorensis russa*, feral pigs *Sus scrofa f. domestica*, feral cats *Felis catus*, and stray dogs *Canis lupus familiaris*) in the Mt. Panié mountains during a Rapid Biological Assessment in 2010, building on research conducted from 2004–2009. Ship rats were heavier and more abundant at several sites in the Mt. Panié mountains than elsewhere in New Caledonia. The other five invasive species presented similar abundance than average populations observed elsewhere in the archipelago. Deer abundance was highest along forest edges, where their ecological impact (browsing and bark stripping) was greatest. We recommend focusing control measures on sites where the density and ecological impacts of these two species are highest.

RÉSUMÉ

En Novembre 2010, l'abondance des rats noirs (*Rattus rattus*), des rats du Pacifique (*R. exulans*), du cerf rusa (*Rusa timorensis russa*), des cochons sauvages (*Sus scrofa f. Domestica*), des chats harets (*Felis catus*) et des chiens errants (*Canis lupus familiaris*) a été évaluée dans la région du Mont Panié, en tenant compte de précédentes recherches réalisées de 2004 à 2009. La plupart de ces mammifères présentaient une abondance comparable à la moyenne en Nouvelle-Calédonie ; les rats noirs étaient particulièrement lourds et abondants sur plusieurs sites prospectés. L'abondance des cerfs (densité de crottes) et leur impact (abroutissement et écorçage) étaient modérés à l'intérieur des blocs forestiers, mais étaient particulièrement forts près des lisières forestières. Nous recommandons de concentrer les mesures de contrôle de ces deux dernières espèces sur les sites présentant les plus forts abondances et impacts.

INTRODUCTION

Les espèces exotiques envahissantes sont considérées comme l'une des principales menaces sur la biodiversité insulaire (Gurevitch et Padilla 2004, Sax et Gaines 2008, Lambertini et al. 2011). En Nouvelle-Calédonie, plus que 400 espèces animales exotiques se sont établies (Gargominy et al. 1996, Beauvais et al. 2006), dont certaines se révèlent envahissantes au sein d'écosystèmes naturels particulièrement riches, comme les forêts humides. Les rats (*Rattus* spp.), le cochon féral (*Sus scrofa f. domestica*), le chat haret (*Felis catus*), le chien errant (*Canis lupus familiaris*) sont autant d'espèces exotiques envahissantes dont l'implication dans les processus d'extinction est connue dans de nombreuses îles tropicales, y compris en Nouvelle-Calédonie (Balouet 1987). Le cerf rusa (*Rusa timorensis russa*) est également connu pour causer d'importants dégâts aux écosystèmes forestiers et de savanes (de Garine-Wichatitsky et al. 2004).

Dans le cadre du RAP, nous avons porté une attention particulière sur les mammifères exotiques, afin de soutenir les décisions en matière de contrôle d'espèces exotiques envahissantes. A travers l'estimation de l'abondance des rats, cerfs, cochons, chiens et chats et de l'impact des cerfs sur chaque site, nous cherchons à comparer et prioriser les différents sites évalués sur le massif du Panié dans le cadre du RAP. Nous avons inclus dans cette évaluation des estimations d'abondance des études précédentes (2004–2009). Des inventaires ornithologiques permettent également de discuter l'impact des rats noirs sur le massif.

MÉTHODES

Estimation d'abondances

Nous avons estimé l'abondance des rats noirs (*Rattus rattus*) et rats polynésiens (*Rattus exulans*) par un indice standardisé basé sur le succès de piégeage (Rouys et Theuerkauf 2003, Theuerkauf et al. 2011). L'évaluation de l'abondance des rats a été réalisée entre 2004 et 2010, à différents mois de l'année. Les tapettes étaient appâtées avec du fromage (2004–2006) ou de la noix de coco (2009–2010). Nous avons déterminé l'espèce (voir Theuerkauf et al. 2010), le sexe et la maturité sexuelle des rats piégés ainsi que leur masse corporelle. L'échantillonnage a duré 2 nuits par site. Nous avons utilisé deux types de piège (Theuerkauf et al. 2011) : des Ka Mate Survey Traps (2009–2010) et des Ezeset Supreme Rat Traps (2004–2010). 50 tapettes à rats (à partir de 2009 la moitié était des pièges Ka Mate) étaient placées par paires espacées de 25 m (mesurés avec un topofil, enlevé après le travail) sur un transect en forme de « U » de 600 m de long (Figure 1, p.25). L'indice d'abondance (AI) pour une espèce de rat est calculé selon Theuerkauf et al. (2011), qui prend en considération non seulement le nombre des pièges utilisés, mais aussi le nombre des pièges non-disponibles après une nuit de piégeage.

Sur chaque ligne de piégeage nous avons compté le nombre de crottiers de cerf et de cochon. Nous avons également mesuré la longueur de fouilles (boutis) de cochons, dans l'axe de la marche le long du transect. Cela donne une estimation de la surface fouillée par les cochons. Nous avons estimé l'abondance des chiens et chats par un simple indice des nombres de crottes trouvées par km de sentiers parcourus sur chaque site. L'évaluation de l'abondance des rats, cerfs et cochons a été réalisée sur 11 lignes de piégeage, celle des chats et chiens le long de 20 km de sentiers.

L'abondance de chaque espèce d'oiseau est basée sur 5 classes d'abondance : absent, rare (moins d'une observation par jour), occasionnel (1–2 observations par jour), fréquent (observations régulières), abondant (observations régulières et en grande quantité).

Impact des cerfs

La méthode utilisée pendant la mission se basait sur : (1) une première expérience d'évaluation de l'impact des cerfs à l'échelle de la Réserve du Mont Panié en se basant essentiellement sur une appréciation qualitative de l'état du milieu par les guides locaux (Dayu Biik et Conservation International 2010) ; (2) la consultation d'experts (P. Barrière – AICA-CREG, J. Parkes – DOC) ; et (3) la bibliographie (de Garine-Wichatitsky et al. 2004, Sweetapple et Nugent 2004, Boscardin 2005, Morellet et al. 2007).

Sur des transects perpendiculaires à la lisière de la forêt, nous avons positionnée au GPS tous les 150 m une placette (n = 158) de 10 m^2 (3,16 m × 3,16 m) et relevé les paramètres suivants : (1) nombre total de jeunes pousses entre 10 et 180 cm de hauteur (pour éviter les grandes quantités de germination occasionnelles) ; (2) nombre de jeunes pousses consommées par les cerfs ; (3) nombre de jeunes pousses d'espèces non consommables par le cerf (pour les espèces connues des guides locaux comme non appétées par le cerf) ; (4) nombre et distance au centre de la placette des arbres « écorcés » ; (5) degré de fermeture de la canopée (appréciation en %) ; (6) clarté du sous-bois (estimation sur une échelle de 0 à100 ; 0 étant un sous-bois très clair et 100 étant un sous-bois très sombre) ; (7) degré de recouvrement du sol par la litière estimation en (%) ; (8) impact général du cerf sur le milieu, tel que perçu par l'observateur (appréciation sur une échelle de 0 à 100) ; et (9) dans les zones de savanes, le degré d'abroutissement de la strate herbacée (appréciation sur une échelle de 0 à 100).

Pour calculer la proportion de jeunes pousses consommées, nous avons divisé le nombre de jeunes pousses consommées par le nombre de jeunes pousses total moins le nombre de jeunes pousses non consommables. L'analyse de l'impact du cerf – et notamment la comparaison des sites – se base ainsi essentiellement sur l'impact perçu et la proportion de jeunes pousses consommées. Nous avons ensuite cherché à évaluer si les autres paramètres mesurés étaient corrélés avec ces deux paramètres.

RÉSULTATS ET DISCUSSION

Estimation d'abondances

Les rats noirs sont en moyenne plus lourds (jusqu'à 290g) et plus abondants sur le massif du Panié, avec l'exception de Dawenia et Wewec, que la moyenne en Nouvelle-Calédonie (Tableau 1). Les rats polynésiens se trouvent probablement dans tous les sites, mais sont en général rares à l'exception du site de Dawenia. Les abondances et les masses des rats dans le massif du Panié varient beaucoup entre les sites (Tableau 1). Pour avoir une bonne idée des abondances moyennes, il faut considérer la variation saisonnière. En général, les rats sont plus abondants à la fin de la saison de reproduction et moins abondants juste avant cette saison (CORE.NC, données non-publiées). Par contre, la masse moyenne est maximale en début de saison de reproduction et minimale à sa fin (à cause des jeunes qui réduisent la masse moyenne). L'autopsie des femelles sur le massif du Panié révèle que la saison de reproduction des rats s'étale de novembre à mars, ce qui explique en partie les fortes abondances de rats noirs au Mont Ignambi en avril et les fortes masses à Tao en novembre. Les basses abondances de rats noirs à Dawenia sont partiellement explicables par un effet saison, cependant les faibles masses de rats noirs et les abondances relativement élevées des rats polynésiens pourraient indiquer que l'abondance et la masse moyenne de rats noirs sont effectivement plus faibles à Dawenia que dans le reste du massif.

En dehors du site de Dawenia, nous avons trouvé relativement peu d'espèces d'oiseaux de forêt (Tableau 2). Une raison pour expliquer cette pauvreté pourrait être que nous avons travaillé en partie en altitude (7 des 11 sites évalués se situent à au moins 600m d'altitude) et depuis des sentiers situés principalement sur les crêtes, alors que beaucoup d'espèces, notamment les pigeons et les perruches, se trouvent dans les vallées et à plus basse altitude. Cela devrait notamment expliquer la pauvreté du site du sommet du Mont Panié à 1 400 m (Figure 2). Une autre raison pourrait être que les rats noirs sont plus lourds et plus abondants sur le massif du Panié que la moyenne en Nouvelle-Calédonie. L'absence ou la faible abondance des échenilleurs de montagne et perruches à front rouge en particulier (en dehors du site de Dawenia) pourrait notamment s'expliquer par cette forte abondance de gros rats noirs. A Dawenia, où les abondances et masses des rats noirs (en lien avec un habitat possiblement moins fertile qu'ailleurs dans le massif du Panié) sont comparables aux moyennes de Nouvelle-Calédonie, nous avons justement pu inventorier la perruche à front rouge et l'échenilleur de montagne. Cependant, il existe des sites (Koghis) où les deux espèces de perruches vivent malgré des abondances de rats noirs comparables avec celles du Mont Ignambi (CORE.NC, données non-publiées).

Les espèces d'oiseaux à priori plus vulnérables à la prédation par les rats noirs devraient être principalement des espèces de petite ou moyenne taille qui nichent dans les cavités ou sur des grosses branches dans les arbres. Au-delà des perruches et échenilleur de montagne, ces espèces pourraient comprendre le monarque brun et le méliphage noir. Des petits passereaux (miro, rhipidures, siffleurs, etc.) pourraient aussi être impactés par la prédation des rats. Cependant, ces espèces construisent leurs nids plutôt sur de petites branches où les rats passent rarement (CORE.NC, données non-publiées). La prédation par les rats pourrait réduire les effectifs de ces passereaux, mais il est peu probable que la prédation soit assez importante pour causer l'extinction de ces espèces, qui se sont adaptées aux rats polynésiens depuis des milliers d'années.

Nous avons trouvé peu de crottes de chiens et de chats (Tableau 1), probablement à cause de la faible densité des sentiers. Cependant, il est probable que les chats vivent dans tout le massif. L'observation d'un chien en train de chasser un cerf à Dawenia (14/11/2010) et la présence de plumes d'un pétrel de Tahiti dans des crottes de chiens découvertes à La Guen (09/01/2006) laissent à penser que des chiens errants peuvent survivre seul un certain temps dans les forêts du Mont Panié. Les guides du Mont Panié témoignent par ailleurs à la fois de la régularité des chiens errants et

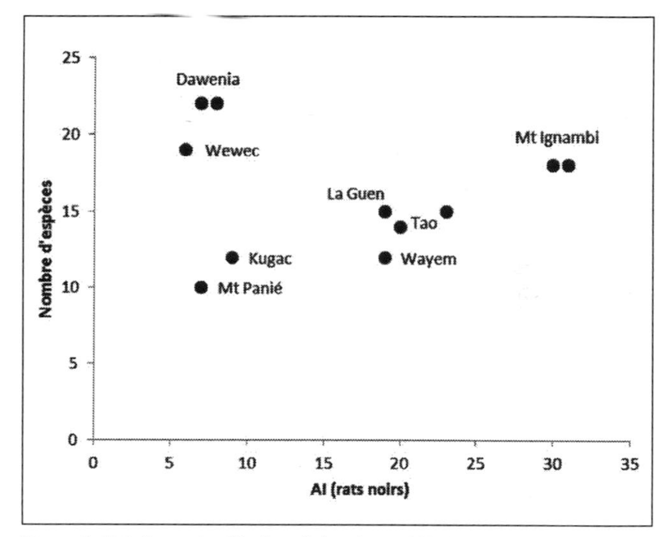

Figure 2: Relation entre l'indice d'abondance (AI) de rats noirs et le nombre d'espèces d'oiseaux de forêt dans le Massif du Panié (à l'exclusion d'espèces non forestières).

Tableau 1: Abondance des crottes de chiens et chats (crottes/km), cochons (pourcentage de la surface fouillée), cerfs (crottiers/km) et rats (AI pour Ezeset et AI pour Ka Mate en parenthèses), ainsi que les masses moyennes (g) des rats dans le massif du Mont Panié comparé avec les moyennes (avec intervalles de confiance de 95%) en Nouvelle-Calédonie (données non-publiées de CORE.NC).

Site	Site ID	Dates	Altitude (m)	Chiens	Chats	Cochons	Cerfs	Rats noirs	Rats polynésiens	Masse rats noirs	Masse rats polynésiens
Ignambi	34	03–05.04.04	700	-	-	0,5%	0	31	2	131	45
Ignambi	35	06–08.04.04	900	-	-	0,9%	0	30	4	132	66
La Guen	57	08–10.01.06	600	2,0	1,0	0,4%	8,7	19	0	149	-
Mont Panié	58	11–13.01.06	1400	-	0.5	0,1%	3,5	7	0	153	-
Dawenia	64	03–05.09.06	600	-	1,0	0,8%	13,9	8	5	143	54
Dawenia	65	05–07.09.06	600	+	1,0	1,4%	3,5	7	9	139	60
Tao	78	08–10.11.09	300	-	-	0,1%	1,7	17 (29)	6 (8)	186	72
Tao	79	10–12.11.09	500	-	-	0,3%	0	15 (24)	3 (0)	155	76
Wewec	82	16–18.11.10	400	1,6	-	0,2%	3,3	0 (12)	2 (0)	187	82
R. de la Ouaième	83	18–20.11.10	600	-	-	2,5%	0	10 (28)	0 (0)	154	-
Kugac	84	20–22.11.10	300	-	-	0,2%	3,3	0 (17)	7 (2)	144	78
NC	**1–85**	**2001–2012**	**0–1400**	**0,6±0,4**	**0,6±0,2**	**1,1±0,5%**	**3,3±1,9**	**10±2 (14±8)**	**10±2 (1±1)**	**125±3**	**58±1**

de la présence occasionnelle de chiens 'sauvages', comme l'attestent la découverte occasionnelle de portées en forêt (A. Couhia et J. Jacques, com. pers.).

Pour la plupart des sites évalués, les densités des fouilles de cochons et des crottes de cerfs étaient proches ou en dessous de la moyenne des sites en Nouvelle-Calédonie (Tableau 1). La densité des fouilles de cochons était cependant élevée aux Roches de la Ouaième et l'abondance des crottes de cerfs était assez élevée à l'est du plateau de Dawenia et à La Guen.

Impact des cerfs

L'impact perçu des cerfs est faible sur le plateau de La Guen, aux Roches de la Ouaième, Dawenia, mais fort à Wewec et sur le piémont de La Guen (Figure 3). L'impact perçu du cerf semble également dépendre de la distance à la lisière de la forêt (Figure 4), ainsi que le laissait déjà suggérer sa biologie : le cerf rusa s'alimente dans les savanes pendant la nuit et passe la journée dans les sous-bois proches (P. Barrière, com. pers.). L'impact perçu était ainsi fort de la lisière extérieure

Tableau 2: Abondance d'oiseaux (1 = rare, 2 = occasionnel, 3 = fréquent, 4 = abondant) observés autour des lignes de piégeage dans le massif du Mont Panié. Les espèces marquées par * sont exclues pour calculer le nombre d'espèces d'oiseaux de forêt.

	Site ID :	34	35	57	58	64	65	78	79	82	83	84
Autour à ventre blanc	*Accipiter haplochrous*	2	2			2	2	2	2	2	2	
Stourne calédonien	*Aplonis striata*	3	3	2		3	3			2		1
Coucou à éventail*	*Cacomantis flabelliformis*					1	1			3		
Coucou cuivré	*Chalcites lucidus*					3	3			3		
Monarque brun	*Clytorhynchus pachycephaloides*	2	2			3	3	2	2			
Salangane soyeuse*	*Collocalia esculenta*	2	2	2	2	2	2	2	2	2		
Collier blanc*	*Columba vitiensis*									2		
Echenilleur de montagne	*Coracina analis*					2	2			1		
Echenilleur calédonien	*Coracina caledonica*	3	3	2		3	3	3	3	2	2	3
Corbeau	*Corvus moneduloides*	4	4	3	2	3	3	3	3	3	4	3
Perruche à front rouge	*Cyanoramphus saisseti*					3	3					
Notou	*Ducula goliath*	2	2	2	1	4	4	3	3	3	3	2
Cardinal*	*Erythrura psittacea*									1		
Faucon pèlerin*	*Falco peregrinus*										1	
Gérygone	*Gerygone flavolateralis*	3	3	3	3	3	3	4	4	3	3	4
Milan siffleur*	*Haliastur sphenurus*	2	2	3		1	1			1		
Echenilleur pie	*Lalage leucopyga*					1	1					
Méliphage à oreillon gris*	*Lichmera incana*			1	1					3	1	
Fauvette calédonienne*	*Megalurulus mariei*									2	2	
Miro à ventre jaune	*Microeca flaviventris*	2	2	1	1	3	3		1	2		
Monarque à large bec	*Myiagra caledonica*	3	3	2		3	3	1		2		
Myzomèle calédonien	*Myzomela caledonica*	3	3	3	3	2	2	4	4	3	4	4
Siffleur calédonien	*Pachycephala caledonica*	3	3	2	1	2	2	4	4	3	4	3
Siffleur à ventre roux*	*Pachycephala rufiventris*			1		1	1			3		
Balbuzard*	*Pandion haliaetus*			1				1				
Polochion moine	*Philemon diemenensis*	3	3	1	1	3	3	1		3	3	1
Méliphage barré	*Phylidoniris undulatus*	2	2	2	2	2	2	2	2	2	3	2
Pétrel de Tahiti*	*Pseudobulweria rostrata*	2	2	1		1	1	1	1			
Pigeon vert	*Ptilinopus holosericeus*	1	1			4	4			3		
Rhipidure à collier	*Rhipidura albiscapa*	4	4	3	3	3	3	3	3	3	3	3
Rhipidure tacheté	*Rhipidura verreauxi*	3	3	2		3	3	4	4	3	3	3
Martin pêcheur*	*Todiramphus sanctus*									2	1	
Loriquet calédonien	*Trichoglossus haematodus*	4	4	1		3	3	1	1	2		
Zostérops à dos vert	*Zosterops xanthochrous*	4	4	4	3	2	2	4	4	3	4	4
	Nombre d'espèces de forêt :	18	18	15	10	22	22	15	14	19	12	12

de la forêt jusqu'à 300 m à l'intérieur, puis semble décroître vers l'intérieur de la forêt.

La densité de jeunes pousses est relativement faible en lisière et croît jusqu'à 200–300 m vers l'intérieur de la forêt (Figure 4). Pourtant, la proportion des jeunes pousses consommées, généralement inférieure à 2%, était maximale à l'extérieur de la forêt et un peu plus élevée à l'intérieur de la forêt à une distance supérieur de 300 m. La densité d'écorçage était maximale à 200–300 m à l'intérieur de la forêt. Cependant, les densités des arbres écorcés et des jeunes pousses consommées étaient en général faibles et les intervalles de confiance très grands. Le seul paramètre corrélé avec

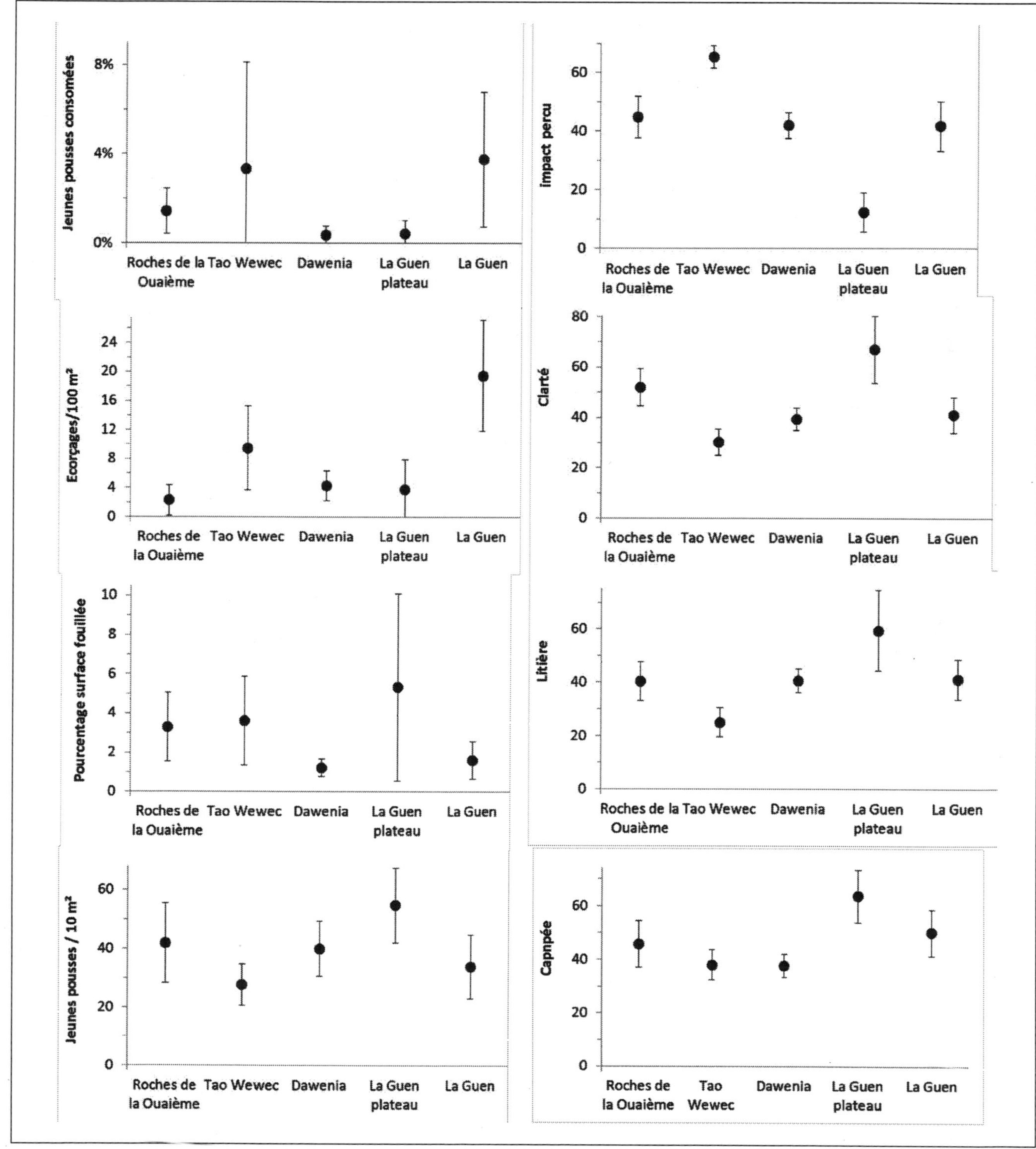

Figure 3: Moyennes (avec intervalles de confiance de 95%) par site de (1) pourcentage de jeunes pousses consommées par les cerfs, (2) densité des arbres « écorcés », (3) pourcentage de la surface fouillée par des cochons, (4) densité des jeunes pousses, (5) indice d'impact général du cerf sur le milieu, tel que perçu par l'observateur, (6) indice de clarté du sous-bois, (7) pourcentage de recouvrement du sol par la litière, (8) pourcentage de fermeture de la canopée.

la proportion des jeunes pousses consommés est l'impact perçu (r_S = 0,226, P = 0,004). A 200–300 m à l'intérieur de la forêt, l'estimation de l'impact perçu semble être influencée par l'écorçage.

La densité des jeunes pousses est corrélée avec la surface fouillée par des cochons (r_S = 0,174, P = 0,029), la clarté du sous-bois (r_S = 0,366, P < 0,001), la litière (r_S = 0,324, P < 0,001), et négativement avec l'impact perçu (r_S = -0,367, P < 0,001). La densité d'écorçage est corrélée avec l'impact

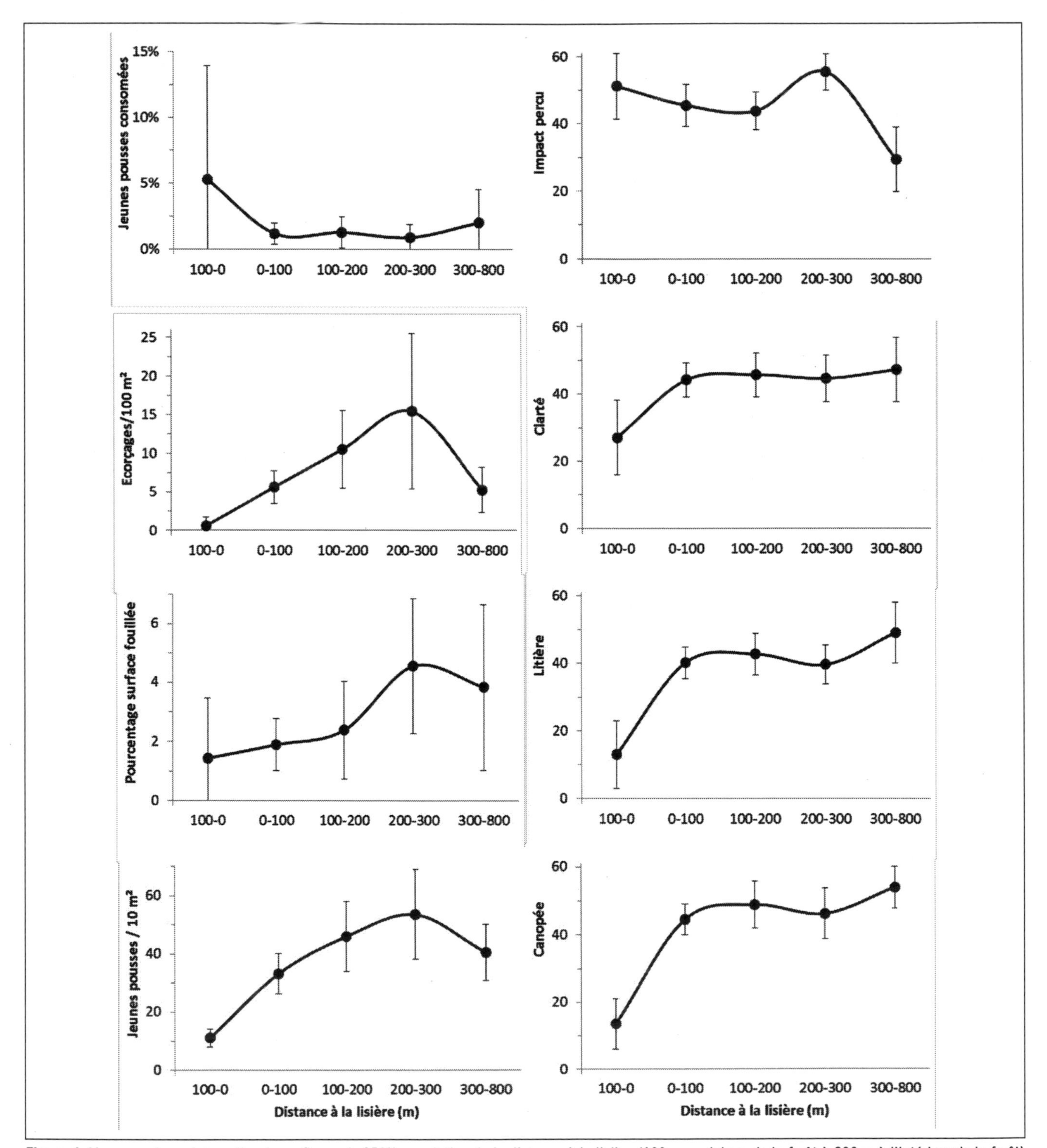

Figure 4: Moyennes (avec intervalles de confiance de 95%) en relation de la distance à la lisière (100 m en dehors de la forêt à 800 m à l'intérieur de la forêt) de (1) pourcentage de jeunes pousses consommées par les cerfs, (2) densité des arbres « écorcés », (3) pourcentage de la surface fouillée par des cochons, (4) densité des jeunes pousses, (5) indice d'impact général du cerf sur le milieu, tel que perçu par l'observateur, (6) indice de clarté du sous-bois, (7) pourcentage de recouvrement du sol par la litière, (8) pourcentage de fermeture de la canopée.

perçu (r_S = 0,163, P = 0,040), et négativement corrélée avec la clarté (r_S = -0,181, P = 0,023).

Les paramètres canopée, clarté et litière sont fortement entre-corrélés (tous P < 0,001), c.à.d. où la canopée est fermée, le sous-bois est peu dense et il y a beaucoup de litière. Ces trois paramètres sont aussi négativement corrélés avec l'impact perçu : là où l'impact était perçu comme important, la canopée était ouverte, le sous-bois peu dense et la litière peu importante.

Parmi les paramètres relevés, seul l'impact perçu semble être suffisamment corrélé avec la proportion de jeunes pousses consommées et la densité d'écorçage. Les paramètres canopée, clarté et litière ne sont par contre pas corrélés avec la proportion de jeunes pousses consommées et la densité d'écorçage et sont donc peu utiles pour caractériser l'impact.

RECOMMANDATIONS

Dans l'état actuel des populations de cochons, cerfs et rats polynésiens et de nos connaissances, nous n'avons pas d'indication que ces espèces envahissantes aient une influence importante sur les populations d'oiseaux du massif du Panié, vu qu'aucune de ces espèces envahissantes n'était négativement corrélée avec le nombre d'oiseaux (Tableaux 1 et 2). Le contrôle de ces espèces ne semble pas indispensable à court terme dans les forêts du massif du Panié pour assurer la conservation de l'avifaune locale. Cependant, il est possible que l'abondance importante de rats noirs relativement lourds soit responsable de l'absence ou de la raréfaction de certaines espèces comme les perruches ou le méliphage noir dans une grande partie du massif. Une réduction de l'abondance des rats noirs pourrait avoir un effet positif sur les populations de ces oiseaux.

Une telle réduction sera plus efficace dans une zone de forêt de moyenne altitude où les abondances de rats noirs sont élevées. Le site de La Guen semble bien convenir pour une telle expérimentation qui doit s'accompagner d'un contrôle des chats. Le contrôle des rats ne devrait pas se faire dans les régions « naturellement » protégées comme à Dawenia (à cause de l'abondance déjà faible des rats noirs) ou à haute altitude où les oiseaux sont naturellement moins nombreux.

Si l'on convient que de fortes abondances d'espèces envahissantes impliquent de fortes dégradations de l'environnement, les sites à forte valeur biologique et à fortes abondances d'espèces envahissantes (ou fortement impactés par ces espèces envahissantes) pourraient faire l'objet de considérations prioritaires pour l'engagement de mesures de conservation (contrôle des espèces envahissantes). Pourtant certains habitats (ex : forêt de lisière) ou espèces (ex : kaoris) peuvent souffrir de dégradations importantes alors même que les abondances d'espèces envahissantes sont faibles (ex : savanes en reforestation et jeunes kaoris sont particulièrement vulnérables au cerf, même à faible densité). L'indice d'abondance ne peut ainsi pas être utilisé seul pour orienter les mesures de gestion conservatoire.

A long terme, les priorités de conservation devraient d'avantage être établies sur la base du statut de conservation des espèces et des habitats (ou à défaut sur une évaluation de leur vulnérabilité). Il se peut en effet que les zones prioritaires pour la conservation d'espèces rares ou d'habitats fragiles soient situées dans des zones à faible niveau d'abondance en espèces envahissantes (Dawenia – perruches, Sommet du Mont Panié – kaoris, Tao – méliphage noir et *Clinosperma*).

L'évaluation de l'impact du cerf suggère de concentrer les efforts de régulation sur les zones de Wewec et du piémont de La Guen. Un suivi devrait également être mis en place sur les autres sites afin de détecter au plus tôt une augmentation sensible de l'impact du Cerf. Les méthodes d'évaluation rapide et de suivi de l'impact mériteraient également d'être approfondies.

L'échantillon des données demeure insuffisant (intervalles de confiance trop grands) ; l'acquisition de données complémentaires est nécessaire pour affiner les résultats et conclusions. Nous recommandons d'intégrer 3 sites sur le versant est (p.ex. Ignambi, Tao, Mont Panié) et 1 site sur le versant ouest (p.ex. à l'est de Dawenia) du massif du Panié.

REMERCIEMENTS

Nous remercions J.-J. Folger, G. Teimpouenne et J. Teimpouenne pour l'aide sur le terrain et Fabrice Brescia, Jean-Jérome Cassan, Nicolas Morellet et Deborah Wilson pour leurs commentaires et suggestions.

RÉFÉRENCES

Balouet, J. C. 1987. Extinctions des vertébrés terrestres en Nouvelle-Calédonie. Mém. Soc. Géol. France (n.s.) 150: 177–183.

Beauvais, M.-L., A. Coléno et H. Jourdan (ed.). 2006. Les espèces envahissantes dans l'archipel néo-calédonien. IRD Editions. Collection Expertise Collégiale, Paris.

Boscardin, Y. 2005. L'indice de consommation. Forêts de France 484: 31–32.

Dayu Biik et Conservation International. 2010. Diagnostic initial pour le Plan de gestion de la réserve de nature sauvage du Mont Panié.

de Garine-Wichatitsky, M., J. Spaggiari et C. Ménard. 2004. Ecologie et impact des ongulés introduits sur la forêt sèche de Nouvelle-Calédonie. IAC, Nouvelle-Calédonie.

Gargominy, O., P. Bouchet, M. Pascal, T. Jaffré et J.-C. Tourneur. 1996. Conséquences des introductions d'espèces animales et végétales sur la biodiversité en Nouvelle-Calédonie. Rev. Ecol. Terre Vie 51: 375–402.

Gurevitch, J. & D. K. Padilla. 2004. Are invasive species a major cause of extinctions? Trends Ecol. Evol. 19: 470–474.

Lambertini, M. J. Leape, J. Marton-Lefèvre, R.A Mittermeier, M. Rose, J. G Robinson, S. N. Stuart, B. Waldman, P. Genevosi. 2011. Invasives : a major conservation threat. Science 333: 404–405.

Morellet, N., J.M. Gaillard, A.J. Mark Hewison, P. Baillon, Y. Boscardin, P. Duncan, F. Klein et D. Maillard. 2007. Indicators of ecological change: new tools for managing populations of large herbivores. J. Appl. Ecol. 44: 634–643.

Rouys, S. et J. Theuerkauf. 2003. Factors determining the distribution of introduced mammals in nature reserves of the southern province, New Caledonia. Wildl. Res. 30: 187–191.

Sax, D. F. et S. D. Gaines. 2008. Species invasions and extinction: the future of native biodiversity on islands. Proc. Natl. Acad. Sci. USA 105: 11490–11497.

Sweetapple P.J et G. Nugent. 2004. Seedling ratios: a simple method for assessing ungulate impacts on forest understories. Wildl. Soc. Bull. 32: 137–147.

Theuerkauf, J., S. Rouys et F. Brescia. 2010. Guide photographique d'identification des rongeurs de Nouvelle-Calédonie et Wallis & Futuna. CORE.NC, Nouméa, Nouvelle-Calédonie. http://corenc.lagoon.nc/publications.html

Theuerkauf, J., S. Rouys, H. Jourdan et R. Gula. 2011. Efficiency of a new reverse-bait trigger snap trap for invasive rats and a new standardised abundance index. Ann. Zool. Fennici 48: 308–318.

Chapter 7

Interannual precipitation and temperature variability near Mt. Panié wilderness reserve and its connection to kauri (*Agathis montana*) die-back

Analyse du régime des précipitations et des températures près de la réserve de nature sauvage du Mont Panié en lien avec le dépérissement du kaori *Agathis montana*

Joseph H. Casola and François M. Tron

SUMMARY

The microendemic and long-living Mt. Panié kauri (*Agathis montana*) currently encounters a significant and recent die-back with 18.1% mature trees already dead (DBH>10cm) and 27.6% of mature live trees in poor health condition. A number of factors have been identified as potentially contributing to this dieback, including drought, pathogens, insects and erosion related to the invasive feral pig growing population. This paper examines recent local precipitation and temperature variability, comparing it to longer-term record and discusses the relevance of the drought stress factor for Mt. Panié vegetation. Overall, the last 20 years were relatively dry, but still within the historical range of precipitation variability. The period between 2003 and 2007 was particularly dry, reflecting the influence of larger-scale climate variability related to El Niño-Southern Oscillation (ENSO) and the Interdecadal Pacific Oscillation (IPO) on rainfall in the region. We also note a warming trend over the last several decades, which may potentially exacerbate the impacts of drought stress on vegetation in the ecosystem. It is thought that the kauri die-back may be an easily detectable symptom of a wider conservation issue on this remarkable mountain ecosystem.

RÉSUMÉ

Le kaori microendémique du Mont Panié (*Agathis montana*) presente un dépérissement récent et significatif avec 18.1% des arbres matures (DBH>10cm) morts et 27.6% des arbres matures dépérissants. Les facteurs de dépérissement préliminairement identifiés incluent des ravageurs, des pathogènes, l'érosion causée par les cochons féraux et des épisodes de sécheresse. L'analyse d'un jeu de données à long terme révèle que les 20 dernières années apparaissent relativement sèches, plus particulièrement de 2003 à 2007, en relation avec El Niño et l'oscillation pacifique interdécennale. La tendance au réchauffement constatée sur ces dernières décennies peut par ailleurs exacerber les effets de sécheresses sur la végétation. Ces facteurs climatiques de stress peuvent se cumuler et renforcer les effets de la perturbation du sol et de l'érosion liées aux cochons féraux, espèce exotique envahissante, dont les populations sont réputées s'accroître localement depuis une vingtaine d'années. Le dépérissement observé du kaori du Mont Panié pourrait être un symptôme aisément détectable d'un problème de conservation plus vaste de ce remarquable écosystème de montagne.

PRECIPITATION DATA AND THE MONTHLY CLIMATOLOGY OF PRECIPITATION

The precipitation data were taken from daily records at two meteorological stations, Galarino (*Météo France Station ID #98824002; latitude 20°31'S, longitude 164°46'E, elevation 4m*) and Hienghène (*Météo France Station ID # 98807001; latitude 20°41'S, longitude 164°57'E, elevation 22m*), respectively located at about 10 and 20 km from Mt. Panié summit (see Figure 1, page 26). The data records begin in August 1959 and January 1959 for Galarino and Hienghène respectively. For this analysis, observations up until December 2010 were used.

The daily data was summed for each month. The mean monthly climatology for the period for each station is shown in Figure 2, along with the standard deviation for each month. The graphs in Figure 2 show that the region receives most of its rainfall between December and April. They also demonstrate that the Galarino station (top panel) is considerably wetter than the Hienghène station (bottom panel) despite their relatively close geographic proximity and comparable elevations. The greater rainfall in Galarino reflects orographic enhancement of precipitation occurring on the eastern flanks of Mt. Panié: since the prevailing winds are from the east, the areas between the mountains range and the coast receive relatively more precipitation as air masses are forced to ascend, leading to cloud formation and condensation.

For all of the monthly averages, the interannual variability (i.e., year-to-year; the differences among the averages for a particular month) is relatively large, based on a comparison of the standard deviation to the mean (i.e., the values of the dashed lines to solid lines in Figure 2). Essentially, for any particular month, the historical record of rainfall is "noisy"; values less than 50% of the mean and values 50% greater than the mean typically fall within one standard deviation of the mean.

The plots have been organized into a "water year," beginning in August and ending in July, as this display maintains continuity through the wet season. Subsequent discussions of annual rainfall totals are also calculated for the period August-July. In this paper, "the water year of 2010," actually refers to the period of August 2009-July 2010.

DATA GAPS AND THE TIMESERIES OF ANNUAL PRECIPITATION

Time series of annual precipitation for Galarino and Hienghène for the water years 1960 through 2010 are shown in Figure 3. Since data were missing for numerous months within the records, a method for filling in the gaps within each record was devised.

Galarino was missing data (i.e., there were no observations of precipitation for any days during the month) for 21 months between August 1959 and July 2010. Hienghène was missing data for 36 months for the same period. Galarino was missing data for 19 days during July 2010. Hienghène was missing data for 13 days in September 2010. Both stations had partial records (10 days missing data for Galarino; 8 days missing data for Hienghène) for June 2010. All other months had data for all days.

Since the monthly precipitation totals for the two stations[1] are highly correlated (R^2= 0.73) with one another, linear regression was used to establish a prediction equation for each station. The two prediction equations are:

$$G_{Pred} = 1.2026*(H_{Obs}) + 87.87 \text{ mm} \quad (1)$$

$$H_{Pred} = 0.611*(G_{Obs}) - 4.01\text{mm} \quad (2)$$

Where G_{Pred} and G_{Obs} represent the predicted and observed monthly precipitation at Galarino, respectively; and H_{Pred} and H_{Obs} represent the predicted and observed monthly precipitation at Hienghène, respectively.

The regression equations were used to estimate the monthly precipitation values for the missing months. Values could not be estimated for October 1992 and June 2010, since those months lacked data for both stations. The annual totals for these months appear as asterisks (*) in Figure 3, since they only include 11 months of data, and are under-estimates. These two years were not used in any subsequent analyses of interannual variability (e.g., calculation of annual mean or standard deviations), and are shown in Figure 3 for illustrative purposes only.

DISCUSSION OF INTERANNUAL PRECIPITATION VARIABILITY

Characterization of interannual variability

As was the case for the monthly precipitation (Figure 2), the time series of annual precipitation (Figure 3) demonstrates large interannual variability in rainfall for the both stations. Figure 3 further demonstrates the relatively large difference between precipitation at Galarino, which has a mean annual precipitation of over 3700 mm, compared to the precipitation at Hienghène, which has a mean annual precipitation of just below 2300 mm. Some of the driest years at Galarino

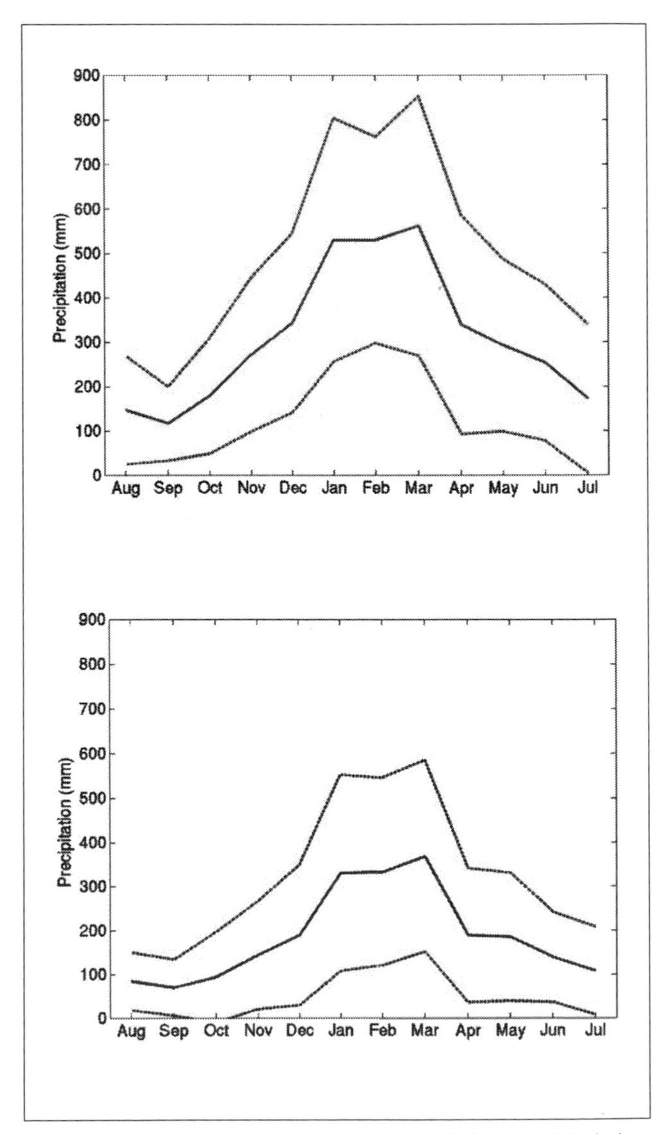

Figure 2: Monthly mean precipitation (bold) and +/- 1 standard deviation (dashed), based on data representing 1959–2010 at the Galarino station (top panel) and the Hienghène station (bottom panel)

1 The correlation was performed on the 558 months within the record in which both stations had data.

exhibit rainfall that is approximately equivalent to the long-term mean of precipitation at Hienghène.

Figure 3 illustrates the relatively high correlation between the two stations. As mentioned previously, this relationship was exploited to develop the prediction equations for filling missing data. In general, both stations are experiencing the same relatively wet years and dry years. This correlation validates the use of the variability of rainfall observed at the stations as a proxy for the variability of the rainfall occurring within the Mt. Panié wilderness reserve, including for the mountain cloud forest above 1000 m where the kauris live. Essentially, the region as a whole is experiencing the same *relative* wet and dry years, even though local factors, such as elevation and aspect (the direction a slope faces), may enhance and or reduce the total amount of precipitation falling in one location compared to another location.

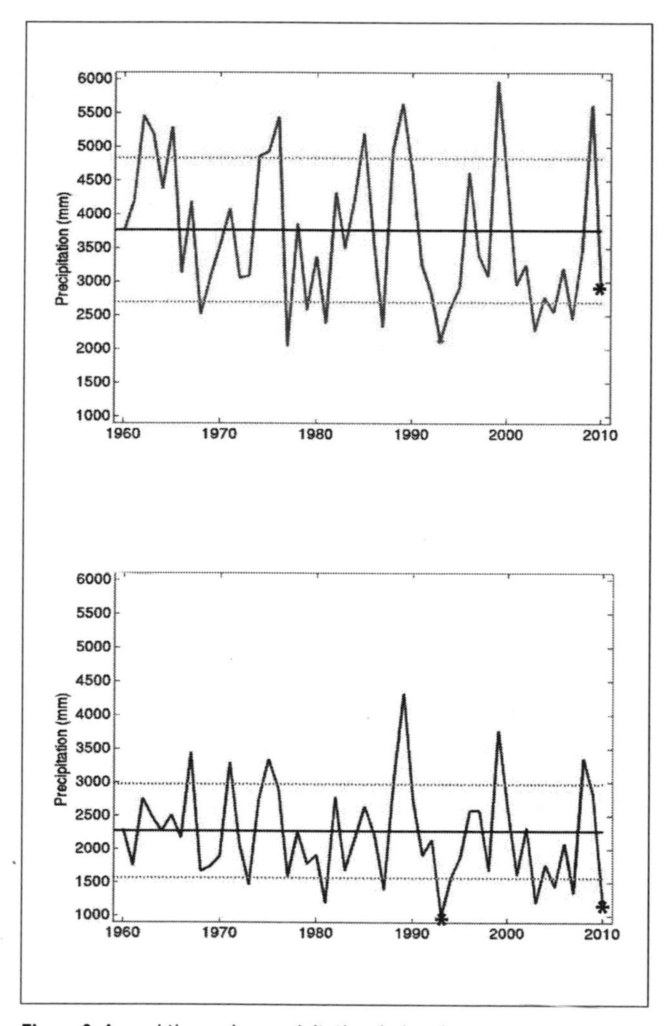

Figure 3: Annual timeseries precipitation during the water year (August–July) for 1960–2010 at Galarino (top panel) and Hienghène (bottom panel). The respective means for the period are shown by the bold horizontal lines. The thin dashed lines show the mean values +/- 1 standards deviation. Asterisks represent years in which months are missing (water year 1993 and 2010) – these two values are underestimates of the annual precipitation.

Of particular interest within the last 20 years of the station records is the relatively dry period experienced between August 2002 and July 2007. At Galarino, the mean of these five water years was approximately 2650 mm (about 70% of the long-term mean), and only one year experienced more than 3000 mm of rainfall (over 70% of the years between 1960–2009 exceeded 3000 mm, see Figure 4). At Hienghène, the mean was approximately 1570 mm for these water years (also about 70% of the long-term mean) and only one year experienced more than 2000 mm of rainfall (over 60% of the years between 1960–2009 exceeded 2000 mm, see Figure 4). There was a similar dry period occurring between August 1976 and July 1981; however, the mean values for those periods were slightly wetter than 2002–2007 period. To put this in perspective of the full record, Figure 4 shows the relative frequency[2] of rainfall amounts of different magnitudes for each of the stations.

Physical drivers of interannual variability

New Caledonia's rainfall is heavily influenced by the El Niño-Southern Oscillation (ENSO), which is a phenomenon that affects atmospheric and oceanic circulations at the global scale. In addition to ENSO, which has a period of approximately 2–7 years (i.e., within the span of 2–7 years, it is typical for both an El Niño and a La Niña event to occur), the Pacific Ocean basin is subject to climate oscillations on multi-decadal time scales. This latter oscillatory behavior has been named the Interdecadal Pacific Oscillation (IPO) [2, 3].

During El Niño events, areas of heavy precipitation in the South Pacific in the austral summer and fall tend to shift to the northeast of their mean locations, leading to wet anomalies along the equator, around and east of the international dateline, and dry anomalies to the west, extending northward from eastern Australia to the Southeast Asia. For New Caledonia, El Niño events are typically associated with below-average rainfall; while La Niña events are associated with above-average rainfall [2,3].

The IPO also has an important influence on the location of rainfall in the tropical Pacific [4, 5]. Its negative phase, which was prevalent during the period 1946–1977 [4] is considered to have influenced precipitation patterns in the southwestern Pacific Ocean in a fashion similar to La Niña [5]. Conversely, its positive phase, which has been prevalent since 1977, is considered to displace areas of maximum rainfall in the tropical western Pacific toward the northeast, somewhat similar to an El Niño event. It has also been suggested that the IPO interacts with ENSO, such that El Niño

2 It appears that the annual rainfall does not follow a normal distribution – both distributions exhibit a "long tail" with respect to extremely wet years, and a comparatively higher frequency of events less than one standard deviation drier than the mean value. Given the shape of the distribution, and the role of decadal variability in the regional climate (explained in section 4.2), no significance testing was performed on the annual or multi-year rainfall anomalies.

Table 1: Average annual rainfall estimates (in mm) for specified subsets of water years

	1960–2009	1960–1976	1977–2010	1990–2009	2003–2007
Galarino	3767	4127	3576	3492	2654
Hienghène	2272	2402	2203	2184	1570

The first column shows the average for the entire period. The second and third columns show the averages for the years before and after the change in sign of the IPO phase. The last two columns show averages for the last twenty years during which significant kauri die-back was observed, and the particularly dry period from 2003–2007. As noted in the text, no significance testing was performed on the anomalies, since there are periods of dryness similar to 2003–3007 within the climate record. The averages are presented to support the argument that the 2003–2007 period can be considered relatively dry and that the kauri were likely subject to drought conditions. Note: water years 1992 and 2010 were excluded from all totals, since those years had incomplete data.

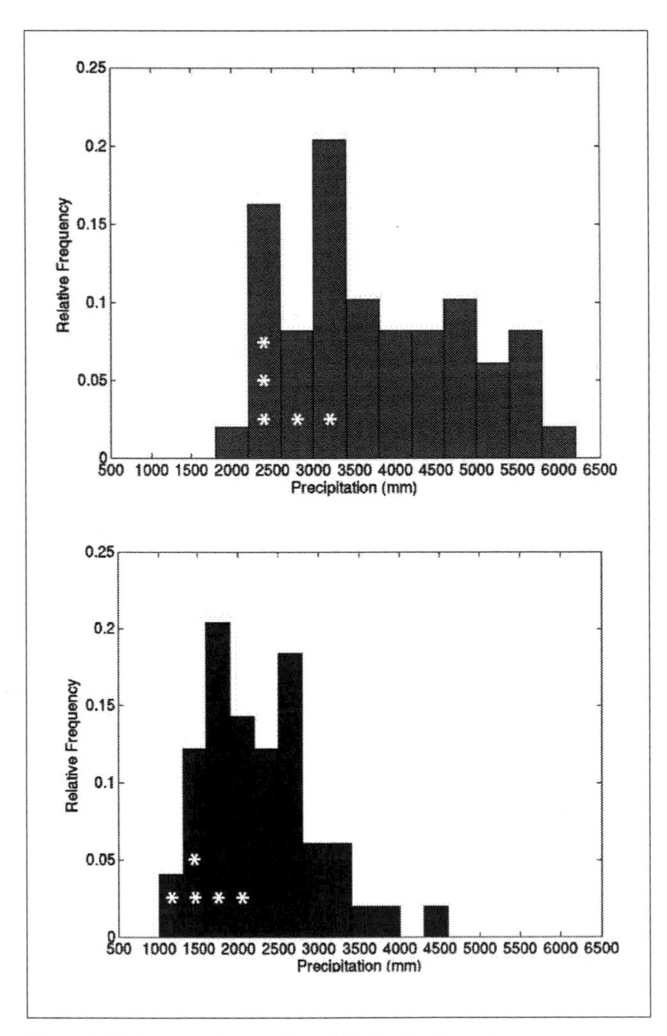

Figure 4: Histograms of annual precipitation for the water years 1960–2009. 1960–2009 at Galarino (top panel) and Hienghène (bottom panel). Asterisks indicates the bins that correspond to the annual precipitation for each of the years 2003–2007 for each station (i.e., each asterisk represents one year from the 5-year period). The years 1993 and 2010 were not included in the analysis since those years did not have data for all months. Bin widths for Galarino are 400mm; bin width for Hienghène 300mm.

events may be more frequent during the positive phase of the IPO [4].

Table 1 shows a summary of average rainfall values for various subsets of years, showing how the recent dry period (2003–2007) and the last twenty years (1990–2009) compare to the record as a whole, and to the period prior to 1977.

Comparison of rainfall variability to the southern oscillation index and assessment of recent dry period (water years 2003–2007)

The Southern Oscillation Index (SOI) is one measure of the atmospheric circulation in the tropical Pacific. The SOI is based on the difference in sea level pressure between Darwin, Australia and Tahiti, French Polynesia. In simple terms, negative values of the SOI correspond to weaker-than-normal trade winds and positive values of the SOI correspond to stronger-than-normal trade winds. Negative (positive) SOI values are typical for an El Niño (La Niña) event, as well as the positive (negative) phase of the IPO.

Using values of the monthly SOI from the Australian Bureau of Meteorology (ftp://ftp.bom.gov.au/anon/home/ncc/www/sco/soi/soiplaintext.html), a timeseries for the wet-season (November-April) mean SOI was calculated. This timeseries explained a relatively large portion of the interannual variance in both the Galarino (R^2 = 0.30) and Hienghène (R^2 = 0.40) station records.

Closer examination of the 2003–2007 water years shows that weak to moderate El Niño events affected water years 2003 and 2007 (Table 2). Within this period, four of the five years exhibited negative SOI values during the wet season. No La Niña events occurred during this period. However, none of these years exhibited particularly large El Niño events, based on the magnitude of the SOI values. For example, the SOI values for the 1982–1983 and the 1997–1998 El Niño events were larger than any of the years from 2002–2007 by a factor of two. This discrepancy is consistent with the findings of Nicet and Delcroix [3]: the SOI often matches the direction of the annual precipitation anomalies, but the Index does not always capture the relative magnitude of the precipitation anomalies. It is also consistent with the impacts of ENSO on rainfall in the region, as shown by the dry conditions experienced in Australia during the two El Niño events (Table 2). In other words, the SOI can be related to the occurrence of a relatively wet or dry year will occur, but may not indicate the magnitude of the wet or dry anomalies.

Even though the SOI may not be a precise predictor for annual precipitation, its ability to explain a large portion of the variance, and to reliably indicate the sign of the precipitation anomalies demonstrates the strong influence of ENSO and the IPO on rainfall in New Caledonia and around Mt. Panié.

The above analysis demonstrates that:

- The occurrence of an El Niño event typically reduces rainfall around Mt. Panié.[3] The positive phase of the IPO also appears to suppress rainfall in the region
- The recent dryness from 2003–2007 appears to be the product of the above – a string of El Niño-like conditions occurring while the IPO presumably remains in its positive phase. However, the annual rainfall totals during this period are not outside of the range of historical variability (i.e., there have been other dry years and similar periods of dry years). Climate change does not appear to be playing a detectable role in the regional rainfall, based solely on observations from these two stations.
- Although drought may have contributed to the Mt. Panié kauri die-back, conservation concerns related to droughts should be discussed in regards to species and ecosystem vulnerability and resilience capacity. Drought is essentially a contributing stressor, acting alongside, and likely synergistically with other environmental stressors.

TEMPERATURE DATA AND RECENT WARMING

Since heat-stress can also interact with drought to affect vegetation, it would have been ideal to present an analysis of the temperature variability for the region for the period 1960–2009 to accompany the discussion of the precipitation records. Unfortunately, the Galarino station lacks temperature data, and the Hienghène one is also missing some data during the period.

We were able to obtain monthly temperature data for the period 1970–2009 from the Poindimié station (*Météo France Station ID # 98822001; latitude 20°56'S, longitude 164°20', elevation 13m*), which is located 70 km to the south of Mt. Panié and the related two meteorological stations. A plot of the mean temperatures for the water years 1971–2009 is shown in Figure 5. There is a clear warming trend – the rate of warming is approximately 0.25°C/decade, and the trend explains just over 50% of the variance of the time series. This warming rate is slightly greater than the globally averaged

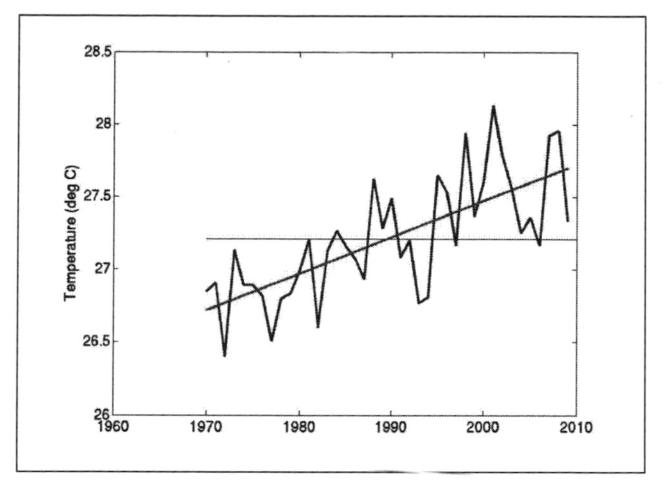

Figure 5: Mean annual temperature for water years 1971–2009 at Poindimié station. The mean for the entire period shown by the thin horizontal line; the sloped line shows the linear trend through the period (+0.25°C per decade).

rate for the recent decades (0.15–0.20 °C/decade since the late 1970's [7]), but much less than rates observed at higher latitudes over land. The warming is likely a product of the influence of the IPO [4] and global-scale warming.

Interestingly, the water years 2003–2007 were relatively cool compared to some of the other years in the 1990's and 2000's (see Figure 5). The role of heat-stress was unlikely to play a major role in worsening the 2003–2007 drought period. However, the strength of the warming trend does suggest that future conditions are likely to be warmer than past conditions, and in turn, future droughts could be accompanied by higher temperatures.[4]

DROUGHT AS A STRESSOR AND SECONDARY AGENT OF DIE-BACK

Over the past 10–20 years, significant die-back of the Mt. Panié kauri (*Agathis montana*) and a reduction of mosses have been observed within the higher altitudes of the Mt. Panié wilderness reserve [1]. A number of stressors have been identified as potentially contributing to this die-back, including drought, erosion related to invasive feral pigs, pathogens, and insects.

As this is the case of the die-back sensitive *Agathis australis* in New Zealand [9], *Agathis montana* has a mycorhized root system dominantly situated in the top soil ; it is therefore particularly vulnerable to changing climatic and edaphic conditions.

Given the recent sequence of relatively dry years, it is likely that drought may have contributed to the kauri die-back. Several of the frameworks for drought-disease

3 Recent work suggests that rainfall in New Caledonia could be sensitive to the spatial structure of the El Niño events, i.e., that precipitation in New Caledonia responds more strongly to sea surface temperature anomalies located in the Central Pacific Ocean, as opposed to those in the East Pacific that are associated with a "canonical" El Niño event [6].

4 The interaction between warming and drought has been discussed as an important driver of vegetation die-off for the piñon pine (*Pinus edulis*), in the North American southwest [8]

Table 2: Recent ENSO events

Years of Event	Water Year Affected	Event Type	Notable Australian Impact
1991–1992	1992	El Niño	Extreme dry conditions through much of 1991, especially in New South Wales.
1994–1995	1995	El Niño	Dry conditions through much of 1994 and February-April 1995
1997–1998	1998	El Niño	Some areas of reduced rainfall in the southeastern portion of the continent, but effects were not as large-scale or severe as other El Nino events
1998–2001	1999–2001	La Niña	Strong wet anomalies across Australia for the period May 1998-March 2001; numerous tropical storms caused significant flooding
2002–2003	2003	El Niño	Major drought across much of the country
2006–2007	2007	El Niño	Large regions experienced rainfall in lowest decile (lowest 10% of events); some of the longest running brushfires in Victoria's history
2007–2008	2008	La Niña	Much of eastern Australia was relatively wet from June 2007 through February 2008
2008–2009	2009	La Niña	Wet anomalies across a large portion of Australia in November and December of 2008; early 2009 was quite dry, however
2009–2010	2010	El Niño	Widespread areas of below average rainfall across Western Australia, but weaker than previous El Nino events

The classifications of the years and descriptions are taken directly from the Bureau of Meteorology, Australia [14]. These can be found online (El Niño http://www.bom.gov.au/climate/enso/enlist/; La Niña http://www.bom.gov.au/climate/enso/lnlist/). As noted on the Bureau of Meteorology's website, there are several ways to determine and classify an ENSO event using measures of sea surface temperature (such as the Oceanic Niño Index) or the atmospheric circulation (such as the SOI). These different measures may provide a different picture of when the above events began or ended and their relative magnitudes. The table includes events that had a substantial impact on Australian rainfall and/or were of relatively large magnitude based on the oceanic and atmospheric indices.

interaction presented by Desprez-Loustau et al. [10] appear applicable to the case of the Mt. Panié kauri:

- *Direct effect of drought on pathogens* – Although many pathogens, especially fungal pathogens, require moisture to be spread effectively, they are also capable of thriving at water potentials well below their optimal value.
- *Drought and tree predisposition* – Drought-stressed trees undergo metabolic changes that improve conditions for pathogen establishment and growth, or that inhibit the maintenance of biophysical resistance (e.g., production of enzymes that kill fungus).
- *Drought in a multiple stress context* – Combinations of stressors can act synergistically, magnifying the cumulative impact experienced by trees. This framework can also be extended beyond just drought-disease interaction. For example, the effects and interactions associated with drought and fungal pathogens are likely enhanced by soil disturbances and erosion ; all of them can be related to feral pig foraging on Mt. Panié.[5]

In the coming decades, the distribution of particular vegetation types is also expected to shift according to changes in temperature and precipitation regimes [11]. In some cases this will likely involve gradual transformation to new ecosystem types, such as transformation of the Amazon rainforest to seasonal forest or savannah in Brazil [12].

CONCLUSIONS

We present some conclusions based on the analyses and discussion presented above.

- *Local precipitation in Mt. Panié region is subject to considerable interannual and decadal variability.* Analysis of the precipitation records show that the dry period experienced between August 2002 and July 2007 was relatively long in duration and large in magnitude, although not entirely unprecedented. Its duration and intensity illustrate how climate variability, associated with ENSO and the IPO can affect precipitation in New Caledonia. In particular, the positive phase of the IPO combined with El Niño conditions, can enhance the probability and perhaps the duration of droughts chances.
- *Drought is likely to have played a role in the recently observed kauri die-back.* The recent dry period from 2002–2007 is likely to have caused stress to the Mt. Panié kauri and the wider cloud mountain ecosystem. However, we contend that the recent drought should be considered as a secondary factor that exacerbated the impacts of feral pigs. This

5 The multiple stress framework is not entirely distinct from a predisposition mechanism; however, the sequence relating a particular predisposing factor to the ultimate outcome is less stringent. In a multiple stress context, any of the stresses could theoretically function as a predisposing factor (not just drought). Furthermore, the predisposing factor may also act to enhance or reinforce effects of other stressors; it is not simply an initiating factor.

is further supported by a kauri die-back that started well before 2002, as witnessed by the local guides.

- *It may be possible to use recent observations or forecast information about precipitation as part of an adaptive management scheme.* The potential for drought in the southwest Pacific region, and the particular difficulty associated with making decisions in the context of large interannual and multi-decadal variability, has been recognized by water managers [13]. Although conservationists may not have the same tools as water managers, there are several steps that could be taken to help prepare or cope with potential precipitation deficits:
  - Management resources could be devoted to protecting portions of the forest with relatively healthy trees, which may be found on the eastern face (windward and therefore more rainy) of Mt. Panié. Focusing on areas likely to receive more precipitation and less likely to be affected by drought represents one way to "climate-proof" conservation efforts.
  - Recognition of the phase of the IPO and use of ENSO forecasts, the latter of which may be useful 6 months in advance of an ENSO event, may provide prognostic information about future drought. Such information may help guide some sort of triage process, or the timing of management or monitoring activities (e.g., surveys that would be taken before and after the wet season, or protective measures, such as culling the pig population, prior to an anticipated drought)
  - Establish a meteorological monitoring plan in the cloud mountain forest where the kauri lives. This data could contribute to the monitoring efforts associated with conservation management.
  - To facilitate the above steps, partnerships could be forged with local and regional meteorological organizations or research institutes. The understanding of climate variability and the ability to make seasonal and annual forecasts are dynamic and improving; members of the meteorological community may be able to assist conservation planners in translating the latest available information for use in conservation planning.

REFERENCES

1. Tron, F. and J.-J. Folger, 2011. Diagnostic préliminaire du dépérissement des Dayu biik, Kaori du Mt. Panié (*Agathis montana).* Field report from 20–22 June 2011. Conservation International and Dayu Biik (Nouvelle-Calédonie).
2. Morlière, A., and J. P. Rébert, 1986: Rainfall shortage and El Niño Southern Oscillation in New Caledonia, southwestern Pacific. *Monthly Weather Review,* **114**, 1131–1137.
3. Nicet, J. B. and T. Delcroix, 2000: ENSO-Related Precipitation Changes in New Caledonia, Southwestern Tropical Pacific: 1969–98. *Monthly Weather Review,* **128**, 3001–3006.
4. Salinger, M.J., J.A. Renwick, and A.B. Mullan, 2001. Interdecadal Pacific Oscillation And South Pacific Climate. *International Journal Of Climatology,* **21**: 1705–1721 (2001) DOI: 10.1002/joc.691
5. Folland, C.K., J. A. Renwick, M. J. Salinger, and A. B. Mullan, 2002. Relative influences of the Interdecadal Pacific Oscillation and ENSO on the South Pacific Convergence Zone. *Geophysical Research Letters,* **29**, (13) 1643, 10.1029/2001GL014201
6. Barbero, R. and V. Moron, 2011. Seasonal to decadal modulation of the impact of El Niño–Southern Oscillation on New Caledonia (SW Pacific) rainfall (1950–2010). *Journal Of Geophysical Research,* 116, D23111, 17 PP. doi:10.1029/2011JD016577
7. Hansen, J., R. Ruedy, M. Sato, and K. Lo, 2010. Global Surface Temperature Change. *Reviews of Geophysics.* 48, RG4004, doi:10.1029/2010RG000345
8. Breshears, D.D., N.S. Cobb, P.M. Rich, K.P. Price, C.D. Allen, R.G. Balice, W.H. Romme, J.H. Kastens, M.L. Floyd, J. Belnap, J.J. Anderson, O.B. Myers, and C.W. Meyer. Regional vegetation die-off in response to global-change-type drought. *Proceedings of the National Academy of Sciences.* **102** (*42*), 15144–15148.
9. Waipara, N., J. Craw, A. Davis, J. Barr, B. Sheeran, A. Peart, S. Hill, A. Campion, B. Osborne, P. Lee, J. Brooks, G. Walters, S. Bellgard and R. Beever 2011. Management of Kauri die-back. Landcare Research
10. Desprez-Loustau, M.-L., B. Marçais, L.-M. Nageleisen, D. Piou, and A. Vannini, 2006. Interactive effects of drought and pathogens in forest trees. *Annals of Forest Science.* 63, 597–612, DOI: 10.1051/forest:2006040
11. Hannah, Lee (2011). Climate Change Biology. Academic Press Publications.
12. Malhi, Y., Aragão, L.E.O.C., Galbraith, D., Huntingford, C., Fisher, R., Zelazowski, P., Sitch, S., McSweeney, C. and Meir, P. (2009) Exploring the likelihood and mechanism of a climate-change-induced dieback of the Amazon rainforest. Proceedings of the National Academy of Sciences.
13. Anthony S. Kiem, A.S. and S. W. Franks, 2004. Multi-decadal variability of drought risk, eastern Australia. *Hydrological Processes,* **18** (11), 2039–2050, DOI: 10.1002/hyp.1460
14. Bureau of Meteorology, Australia. *El Niño – Detailed Australian Analysis* and *La Niña – Detailed Australian Analysis.* http://www.bom.gov.au/climate/enso/enlist/ and http://www.bom.gov.au/climate/enso/lnlist/ . Accessed March 13, 2012.

Chapter 8

Twenty year changes in forest cover in North-East New Caledonia (1989-2000-2009)

Evolution du couvert forestier au Nord-Est de la Nouvelle-Calédonie (1989-2000-2009)

Ralf-D. Schroers and François M. Tron

SUMMARY

This study developed a method to detect changes of forest cover, within a study area of ca. 1,500 km² covering the communes of Hienghène, Pouébo and Ouégoa in north-eastern New Caledonia. It includes the Mt. Panié wilderness reserve and the 2010 RAP sites.

Detected changes were based on image sequences from the years 1989 (Landsat TM5), 2000 (Landsat TM7) and 2008/09 (SPOT5). The imagery was geo-referenced, Landsat TM7 serving as a reference for an image-to-image registration. Supervised classification using the RandomForest approach produced a sequence of landcover representations, which then were used as a base for detecting changes. Changes based on SPOT5 data were affected by a root mean square (RMS) registration error data of 2 pixels (ca 60 meters) due to poor registration of the image product as well as distortions derived from the nature of hilly terrain. Field assessments of landcover representations provided an overall accuracy of 85% for the year 1989, 88% for the year 2000 and 74% for the 2008/9 maps.

The results show a forest loss of 26 630 hectares over 20 years, representing a 29.8% decline of the 1989 forest cover estimate. This deforestation appears to be more active in the period 2000–2008/9 than in the period 1989–2000, with an average annual deforestation rate of 1.9%/year. Native lowland forests are more threatened by deforestation. Deforestation mostly occurs outside mining, urban or major agricultural areas, while local evidence was demonstrated of forest destruction occurring on burnt areas by human induced bushfires. Reforestation of savannah is however identified in significant extent.

This study provides new evidence to significant modern deforestation in New Caledonia. This should lead to further investigation of the potential role of bushfire in this process and support the development of bushfire management policy and practice, including related conservation activities, noteworthy invasive species management.

RÉSUMÉ

Cette étude propose une méthode d'évaluation du changement du couvert forestier sur une région d'environ 1500 km² comprenant les communes de Hienghène, Pouébo, Ouégoa au nord-est de la Nouvelle-Calédonie. Cette zone d'étude comprend la réserve de nature sauvage du Mont Panié et les sites RAP 2010.

Les changements détectés sont basées sur une analyse d'images satellites pour les années 1989 (Landsat TM5), 2000 (Landsat TM7) et 2008/2009 (SPOT5). Ces images ont été géoréférencées en utilisant celle de Landsat TM7 comme référence pour une registration d'image à image. Une classification supervisée en utilisant l'approche ForestRandom a produit trois représentations cartographiques de la végétation qui ont ensuite été utilisées pour détecter les changements de végétation. Les changements impliquant l'utilisation des images de SPOT5 ont une erreur carrée moyenne (RMS) de deux pixels (environ 60 mètres) à cause d'une mauvaise registration de l'image, ainsi que de distorsions due à la forte topographie de la zone d'étude. La vérification terrain (pour la carte 2008/2009) ou d'après des photos aériennes (pour les cartes 1989 et 2000) des représentations cartographiques de la végétation fournissent une validité à 85% pour 1989, 88% pour 2000 et 74% pour 2008/2009.

Les résultats révèlent une perte de forêts de 26 630 hectares au cours des vingt années couvertes par l'étude, représentant un taux de déforestation de 29,8 % de déclin par rapport à l'estimation du couvert forestier de 1989. Cette déforestation apparait plus active sur la période 2000–2008/2009, avec un taux moyen de déforestation de 1,9%/an. Les forêts primaires de basse altitude sont plus menacées par cette déforestation. La déforestation implique principalement des zones éloignées des activités minières, agricoles ou urbaines. Cette déforestation a pu être localement mise en relation avec des feux d'origine anthropique. La reforestation spontanée des savanes est par ailleurs démontrée sur des surfaces conséquentes.

Cette étude fournit une nouvelle démonstration de l'importance actuelle de la déforestation en Nouvelle-Calédonie.

Les résultats soutiennent l'approfondissement des investigations sur les feux de brousse d'origine anthropique et le développement de leur gestion, sur un plan pratique et réglementaire, y compris dans le cadre d'activités de conservation impliquant la gestion des espèces envahissantes.

INTRODUCTION

New Caledonia is considered a hotspot among tropical islands that are richest in biodiversity (Kier et al. 2009). It is particularly remarkable and recognised for its unique forests (Mittermeier et al. 2004) and lagoons, listed as a world heritage site in 2008 (UNESCO 2008).

The vascular flora of New Caledonia is characterised by its high level of richness with 3371 species, and especially by its remarkable distinctiveness with endemism at the species level reaching 74,7% (Morat et al. 2012).

New Caledonian forest ecosystems are not only important for the many endemic plants, reptiles, birds and other wildlife species, but they also provide significant ecosystem services to the society, including game and medicine provision, climate and water regulation, erosion control and various cultural, touristic and spiritual services (Papineau 2006, CI, 2011). The north-eastern coast, focus of this study, has been identified as a buffer zone for the lagoon as several of the main environmental pressure over the lagoon and reef have a terrestrial origin (UNESCO op cit).

Habitat loss, and especially deforestation -forest loss- or forest degradation, is commonly considered as a major cause of species extinction and ecosystem services degradation, particularly on tropical islands (Brooks et al, 2002), including New Caledonia (Jaffré et al, 2010). Efforts to reduce deforestation are bound in New Caledonia to sectoral or provincial legislation. Some efforts are being developed to control the main pressures over the environment such as: mining regulation (DIMENC, 2009), agricultural and urban development, bushfires and invasive species management and protected areas development (DDEE 2012).

There is, however, very limited data on historical trends on deforestation and on critical areas currently being deforested in New Caledonia. Ibanez et al. (2012) analysed aerial photos over an area of 2.4 km^2 in Mt. Aoupinié over the period 1976–2000; the deforestation was estimated to be 24% of original forest cover extent. There is also very limited (spatially explicit) evidence on deforestation causes.

In this study, forest types are not distinguished, and the change detection of forest cover has been based on the use of multispectral satellite imagery over the area of investigation. Remote sensing has been a proven tool for landcover assessments and monitoring over the past decades, including over large areas (Lathem, 2006, Redo, D. et al., 2012). This also accounts for detecting changes of the landcover based on the analysis of image time series using both Spot and Landsat data (Bontemps et al., 2012; Griffiths, P., 2012).

Deforestation areas are overlayed with land-use data (DTSI, 2008) to discuss its origin.

STUDY AREA

The study area covers 149,382 ha, including the communes of Hienghène and Pouébo as well as part of Ouégoa, to the East of the Diahot river and to South of the main road. The recorded mean annual rainfall between the years 1991 to 2000 (DTSI, 2002) is 2254 mm/year within the study area, with a relatively dry period between 2003 and 2007 (Casola et Tron, 2013). It ranges from 720 mm/year as minimum to a maximum of 4820 mm/year. The altitude within the area ranges from sea level up to 1629 m (Mt. Panié summit), with a mean elevation of 406m.

See Figure 1 on p. 27.

According to the latest landcover assessment (DTSI, 2008) the study area is mainly composed of forest, and shrub land on volcano sedimentary substrate, as well as savannah. The southern parts of the commune of Hienghène are composed of forests and 'Maquis' on ultramaphic substrate.

DATA

The data employed for the study was multispectral imagery, with a spatial resolution ranging between 10m (SPOT5) and 30m (Landsat TM5 and TM7).

SPOT5 images were acquired for the years 2008 and 2009 as the most recent snapshot available from the Asterium Geo "Planet Action" project. SPOT5 is multispectral imagery with 4 bands in near-infrared (NIR), red, green and mid-wave infrared, with minimum cloud occurrence. For this reason, the SPOT5 scenes from July 31st, 2008, and May 12th, 2009, were obtained. The 2009 scene covered the southern part, approximately 20% of the study area, showing 4% of cloud cover. The remaining area was represented by the 2008 scene, with almost no cloud cover. Both SPOT5 images were received with the processing level 2A.

Two Landsat images were acquired, one each for the year 2000 and 1989 (Landsat TM5 for 1989 and TM7 for 2000). The former was Landsat TM7 dated May 4th, 2000. The scene for 1989 was Landsat TM5 from April 7th, 1989. Landsat scenes were acquired with processing level 1T. Cloud cover of the Landsat scenes ranges between 10% for 2000 and 15% for 1989. The southernmost area of Hienghène commune were cuts off from the Landsat TM5 scene and therefore are not considered in the change assessment review.

METHODS

The change detection using satellite imagery requires image preparation in form of geo-referencing, ortho-rectification, as well as atmospheric and radiometric correction. All image data were acquired with standard processing levels (Spot5 Level 2A, Landsat level 1T) with applied radiometric and atmospheric correction.

Landsat TM7 (year 2000) was chosen as a reference for all other imagery using an image-to-image registration because of its high level of georeferencing accuracy. However, this report concentrates on presenting results of detected changes between 1989 and 2008/09.

Although more sensitive to errors, the change detection was based on comparing supervised classification results (instead of generating change classes) as the generation of land cover maps of individual dates was desired as a useful resource for planning purposes.

Data preparation

The data preparation included georeferencing, ortho-rectification, mosaicking, and histogram equalisation. GPS field points were collected with a hand held unit (positional accuracy of 3 to 5m) to establish a reference source for geocorrection.

Change detection relies on high geometric registration accuracy of all temporal image sequences in order to eliminate potential spurious results when detecting changes in reflectance for land cover (Phinn and Rowland, 2001). The imagery was geometrically corrected by using ground control points (GCPs) that were collected on prominent positions (eg. crossroads, river bridges).

Both Landsat images were relatively well registered with a RMS error for Landsat TM7 of 16.0 m. An image-to-image registration of Landsat TM5 revealed an RMS error of 5.9 m. Both results showed a geometric reference accuracy of sub-pixel level.

The SPOT5 images were 2A level processing products with a location accuracy of around 30m regardless of errors induced through relief. They are georeferenced without using GCPs based on global DEM grid with 1 km resolution (Spot image, 2010). As the two SPOT5 images were acquired with different viewing angles, distortions occurred especially within hilly regions of the scenes. Both SPOT5 images were ortho-rectified using the 10m DEM (DTSI, 2009), and an image-to-image registration was based on 707 registration points with the pan sharpened Landsat TM7 scene as reference. As mis-registration of the SPOT5 images was not systematic, the geometric offset between the SPOT5 scenes themselves and SPOT5 with the Landsat TM7 were geometrically rectified by "forcing" the map and source points being congruent. This resulted generally in some distortion of SPOT5 images but helped to improve the overall quality of registration with the Landsat TM7 scene.

The SPOT5 images were then mosaicked using The Geospatial Data Abstraction Library (gdal 1.7). A histogram equalisation was performed in order to adjust contrast values of both scenes.

The mosaic was resampled to 30m using a low-pass kernel in order to match the spatial resolution of both Landsat scenes.

All images were then clipped to the study area extent.

Supervised classification

A supervised image classification was conducted with assistance from the local organization Dayu Biik, supporting the establishment of training areas through detailed local knowledge of the terrain. This was especially useful when relating current field data of 2012 to 2008/09 SPOT5 derived imagery.

Training classes

The following classification was established (shown in Table 1) to be compatible with DTSI 2008 landcover map.

The spatial distribution of the training areas (hand drawn polygons of homogenous vegetation classes) concentrated to accessible areas within Hienghène commune, but also on forested areas that were characterized by their visual homogeneity in the reference photos and imagery. The latter described delineation was always backed up by local knowledge. As reference data, aerial photos from 2011 and 2006 were available (Source: DITTT, Province nord, DTSI). Accuracy of the aerial photography was verified with collected GCPs. The accuracy ranged below 10m (RMS error).

Training areas for Landsat imagery were established for the years 2000 (TM7) and 1989 (TM5) with help of aerial photography from 1991, 2000, 2001 and 2002 (Source : Province nord, DTSI, DITTT) and Google Earth historical imagery from 2002.

The 1991 photos were georeferenced based on larger visual feature recognition on both photos and the georeferenced Landsat TM5 true-colour image. The result was sufficient for visual identification of landcover information and for establishing training areas for the 1989 image classification. These photos then later also served as reference for validation.

Classifiers

The classifier "RandomForest" (Liaw et Wiener. 2002) in the statistical software R (r-project.org) was used to perform a supervised classification. "RandomForest" (Breiman and Cutler, 2001) is a classification method that consists of several uncorrelated decision trees (contrary to single decision tree algorithms). All decision trees in "RandomForest" grow in a way of randomisation during a learning process. Every tree established can make a decision so that eventually a class will be created when it was mostly voted for.

For this study the sampling for a classification was set to select 1000 random sample points within each class, over an area which is represented by several polygons (ie training areas). Some data within the training areas is kept to undertake predictive testing and establishing a final decision tree.

Error assessment and reduction

Errors of change detection in this study were identified mainly as a result of geometric mis-registration of SPOT5 imagery and clouds and haze.

Table 1: Classes established for the supervised classification

Vegetation classes	Definition
Clouds	Clouds.
Cloud shade	Clouds or steep slopes shade.
Water	Open water bodies, such as rivers.
Bare soil	Bare soil such as crags, rocks, landslides, bare ridges, rocky river bed and tracks.
Forest	Forest with closed canopy.
Tree savannah	Savannah with trees, with a canopy covering at least 20% of ground surface.
Herbaceous savannah	Savannah of grassland, with less than 20% of ground surface covered by sparse tree canopy.

Geometric mis-registration of imagery

As mentioned earlier, both Landsat images showed a geometric reference accuracy of sub-pixel level.

Skewed appearance of hilltops based on varying viewing angles between the SPOT5 and Landsat TM7 scenes was identified as a major cause of mis-registration. By setting 50 randomly distributed points pairs across the 30m resampled SPOT5 image and referencing it to the Landsat TM7 image, the mean error was of 63m (i.e. 2 pixels).

Change detection results imply errors due to comparing different image acquisition parameters, especially within areas of hilly terrain as view angles vary between images. This also accounts for images acquired by different sensors or instruments. Geo-referencing Level2A SPOT5 imagery was a difficult task as correction had been already applied by the producers. Through applying appropriate geometric models, ortho-rectification and ground control point registration the geo-referencing errors were reduced (see *Data preparation* chapter and section above).

Clouds and haze

Haze can lead to misclassification, especially at the edge of clouds.

The multispectral reflectance characteristics of bare soil and clouds are indeed relatively similar (Fisher and Danaher. 2011). In order to reduce such misclassification and errors, a post classification correction therefore concentrated around the immediate areas around clouds and was applied for all images. A directed region grow (expand following shrink) by up to 5 pixels (150m) was applied as these feature representations were assumed to account for haze.

Even in the absence of clouds, hazy areas may occur, especially in 1989 on eastern slopes of the Mt. Panié. Tree savannas appear in these areas where old-growth native forest was visible from the ground in 2012, suggesting a misclassification. An attempt to run a classification using "Forest" training areas from these hazy areas resulted in obviously erroneous classification at a wider scale. Reforestation is therefore likely to be overestimated in this area.

Assessment of training classes

Supervised classification results are first assessed looking at spectral feature spaces and confusion matrices of the "RandomForest" tree classifier method.

The established classes generally appeared as relatively distinct spectral areas, looking at the NIR/RED two dimensional feature space (Figure 2, p. 27 for an example).

The overlaps between "Tree savannah" on one hand and "Herbaceous savannah" and "Forest" on another hand is visible in the feature plot and occurs in the confusion matrix below (Table 2 and Figure 2, p. 27).

Explanatory variables included the 6 bands of the Landsat TM5 image. With 500 decision trees and 2 variables tried at each split, the classification resulted in an out-of-bag estimate of error rate of 1.9%.

A similar process was used for 2008/9 image:

Explanatory variable for this 2008/9 classification included the 4 bands of the SPOT5 mosaic. With 500 decision trees and 2 variables tried at each split, the classification resulted in an out-of-bag estimate of error rate of 10.32%.

The overlaps between these vegetation classes can be explained by a continuous gradient between "Herbaceous savannah", "Tree savannah" and "Forest". These errors could also be the result of employing ground reference data (2012) being collected a few years later than the time of image acquisition (2008/09).

Validation of classification results

Using field data for the 2008/9 classification and visual interpretation of historical aerial pictures for 1989 and

Table 2: Confusion matrix for the RandomForest classification, year 1989

Observed/ Predicted	Water	Forest	Shade	Cloud	Tree savannah	Herbaceous Savannah	Bare soil	Class error
Water	751	0	0	0	0	0	0	<0.000001
Forest	0	728	4	0	34	1	0	0.050847
Shade	0	0	752	0	0	0	0	<0.000001
Cloud	0	0	0	749	0	2	0	0.002663
Tree savannah	0	42	0	0	705	8	0	0.066225
Herbaceous Savannah	0	0	0	1	8	745	0	0.011936
Bare soil	0	0	0	0	0	0	750	<0.000001

2000 classifications, error matrices were generated and used for final validation of results.

The points were distributed in a random stratified manner, allowing in each vegetation class at least one point, and a minimum distance of 45 m from each other (due to 30m spatial resolution).

Years 1989 and 2000

100 points were randomly stratified over the five classes ("Forest", "Tree savanna", "Herbaceous savannah", "Water" and "Bare soil"), within the extent of aerial photographs of 1991 outside of training areas initially delineated and used for the classification. Areas consisting of cloud and shade were not selected and excluded from this validation. A matrix including user and producer accuracy is shown below (Table 3).

The validation of the landcover classification for the year 1989 showed an overall accuracy of 85%.

A similar process provides 88% of accuracy for the classification of the year 2000.

Year 2008/9

The validation of the SPOT5 2008/09 classification results had been composed of two exercises: A field survey with sampling 32 points in August 2012 in Hienghene valley near Thoven, and additional field data taken in December 2012 in form of sampling polygons south of Mt. Panié. These polygons were delineating homogenous areas, mainly tree and herbaceous savannah (18, 13), and also a few large forest patches (5). The sampling was set to 78 points to be stratified throughout these polygons, with calculated points per area size, with at least one, maximum 4 points in each polygon. The result is shown in the error matrix below (Table 4).

The validation of the landcover classification for the SPOT5 image of 2008/9showed an overall accuracy of 74%.

Assessing NDVI within deforestation classes

Change detection errors resulting from comparing landcover classification (i.e. errors of commission or omission of individual classification results) were further examined by looking at Normalized Difference Vegetation Index (NDVI) differencing results within individual change classes. The NDVI is a measure of photosynthetic activity and NDVI differencing is commonly used to highlight changes in active vegetation cover over time.

Assessing deforestation classes using ancillary data

Ancillary data such as landcover, mining and bushfire occurrence information was overlayed on areas of detected forest decrease in order to identify potential deforestation causes. This overlay data included:

- the mining cadastre information (active, prospective and mining areas under investigation; DITTT 2010),
- agricultural and urban areas (Occupation du sol, DTSI 2008) and
- 2009 bushfire data in part of Hienghène commune (Tron et al, 2011). Bushfire occurrence using MODIS data was

Table 3: User/producer matrix for the classification of Landsat TM5 image (year 1989)

Field/Map	Forest	Tree savannah	Herbaceous savannah	Water	Bare soil	*Total*	Producer
Forest	40	2		1		43	0.93
Tree savannah	6	21	5			32	0.66
Herbaceous savannah			19		1	20	0.95
Water				4		4	1
Bare soil					1	1	1
Total	46	23	24	5	2	100	
User	0.87	0.88	0.79	0.8	0.5		**85%**

Table 4: User/producer matrix for the SPOT5 classification (year 2008/9)

Field/Map	Water	Forest	Tree savannah	Herbaceous savannah	Bare soil	*Total*	Producer
Water	1	1			1	2	0
Forest		19	1	1		21	0.91
Tree savannah		8	36	10		54	0.67
Herbaceous savannah			6	23		29	
Bare soil				1	2	3	0.67
Total	1	28	43	35	3	110	
User		0.68	0.84	0.66	0.67		**73.6%**

initially considered as too broad and insensitive in relation to field observations and could therefore not be used for this analysis.

CHANGE DETECTION RESULTS 1989 – 2008/09

Change 1989 – 2008/09

The results showing changes over the entire time interval based on SPOT5 (2008/09) and Landsat TM5 (1989) is shown in Figure 3.

Associated area with vegetation changes are listed in Table 5, and absolute area changes stratified by altitude classes are shown in Figure 4 and Table 6.

Table 5: Forest cover change (in hectares) over the two periods

	1989–2000 (ha)	2000–2008/09 (ha)
Deforestation	9,734	16,896
Reforestation	13,943	9,202

Table 6: Vegetation changes between 1989 and 2008/09

Deforestation 1989–2008/09	Area (ha)
Forest ---> Tree savannah	12,092.3
Forest ---> Herbaceous savannah	4,287.8
Forest ---> Bare soil	136.8
Total	16,516.89
Reforestation 1989–2008/09	
Tree savannah ---> Forest	11,674.6
Herbaceous savannah ---> Forest	1,217.6
Bare soil ---> Forest	26.6
Total	12,918.8

Table 7 illustrates absolute forest cover changes according to altitude class ranges.

Table 7: Absolute area changes 1989–2008/09 per Altitude class

Altitude (m)	Absolute area change 1989–2008/09 (ha)
0–300	Deforestation 3,941.7
301–600	Deforestation 1,346.0
601–900	Reforestation 1,381.8
901–1200	Reforestation 267.1
> 1200	Reforestation 40.8

Potential causes of deforestation

The overlap of forest cover change (1989–2008/9) with mining, agricultural and urban area development shows insignificant (between 1 and 5%) intersections. It is therefore estimated that most of the change is resulting from other causes, most likely bush fires.

See Figure 3 on p. 28.

Out of 626 ha affected by fire in 2009 around Hienghène (Tron et al, 2011), 5.6% were forests (40 ha) that turned into savannah over the period 2000–2009. Remaining forests in fire affected areas are generally invasive pine (*Pinus caribaea*) forests that are more resistant to fire.

DISCUSSION AND RECOMMENDATION

The validation of classifications results provides an overall accuracy of 85% for the 1989 classification, 88% for 2000 and 74% for 2008/09. For the period 1989 to 2008/09 around 98% of detected deforestation also showed NDVI decrease.

According to our results, deforestation is still an active and major phenomenon in northeast New Caledonia. Over the two decades, 26,630 hectares of forest have been lost, representing a loss of 29.8% of the original forest (1989 estimate of 89,347 hectares), 16,896 hectares of it having disappeared in the last decade, thus being more active (Table 7). The deforestation rate is therefore around 1.9% per year.

Lowland forests (<300m) are particularly vulnerable to deforestation. They cover only 30.2% of the total lowland area and a large part of them is likely to be shade forest for crops or secondary forest of lower biological value. Large blocks of the native and rare old-growth lowland forest have the potential of high biological value and should be specifically considered for conservation priorities setting. This could be further explored through biological surveys.

Such significant deforestation is likely to have a negative impact on ecosystem services, including on soil erosion, water regulation and therefore on rivers, mangroves and reef ecosystems. Poor water quality will affect human wellbeing, the economic and public sectors. Deforestation will put pressure on coastal protection, related infrastructures and fisheries.

According to a conservative estimate, 146 t of Carbon are stored in 1ha of forest in New Caledonia (Durrieu de Madron, 2009). The deforestation detected in this study therefore equals to 14.3 $MtCO_2$ released over a period of approximately 9 years (2000–2008/09), which is approximately three times more than all emissions of economic activities of province Nord over the same period of time (Guerrere, 2009). Research into carbon dynamic in ecosystems is required to establish the national greenhouse gases inventory. It will also support the development of ecosystem-based carbon mitigation projects.

Strong NDVI reduction was noticed in some areas of the 'chaine centrale' (western part of this study area) and it has been suggested by local expertise that this could derive from the invasive fire ant (*Wasmannia auropunctata*) in forested areas and the invasive deer (*Rusa timorensis*) in grassland regions. The development of the fire ant induced *fumagine fungi* does indeed reduce the photosynthetic activity of the forested vegetation visible as black leaf cover in the landscape. The browsing pressure of deer on grasses, especially

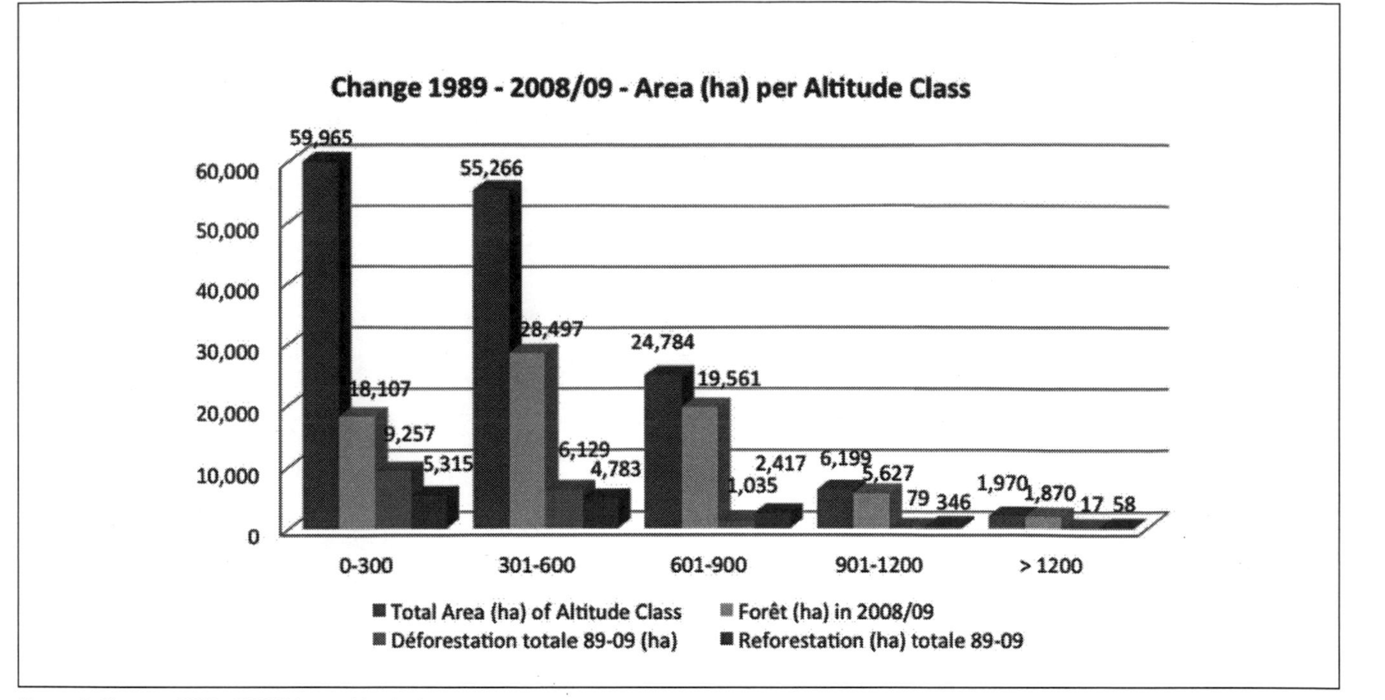

Figure 4: Changes 1989–2008/09 per altitude class

the softer -and more palatable- species may also reduce the overall photosynthetic activity of the herbaceous vegetation.

Reforestation of savannah appears to be significant. Field observations indicate that the Niaouli tree (*Melaleuca quinquenervia*) is the main species involved in early stages of the reforestation process. Other pioneer species are also observed within older stands of Niaoulis as well as on landslide areas. According to preliminary observations and traditional knowledge, it is thought that the biological value of secondary forests is less than primary ones, at least over the first few decades; spontaneous reforestation or resilience should therefore not be considered as an effective mitigation of deforestation.

It has been estimated that man-made bushfires are a main cause for deforestation in New Caledonia (Jaffré et Veillon 1994, Ibanez et al 2012). Traditional management of invasive species (such as deer, pigs, pine trees) is widely recognised as a major motivation to light fires in New Caledonia (Bompy 2009). This study demonstrates that forest loss assessed by remote sensing does overlap at places with bushfire. Therefore, efforts to manage invasive species with appropriate techniques coupled with community involvement are recommended for achieving bushfire and deforestation reduction. Projects and programs targeting invasive species control should consider and monitor bushfire activities.

ACKNOWLEDGMENTS

We are especially thankful to Jean-Jacques Folger, from Dayu Biik, to have provided field assistance in the acquisition of field validation data and to Patrice Corre and Martin Brinkert (Province nord) for various GIS support, as well as to Planet Action and NASA for provision of SPOT5 and Landsat images.

REFERENCES

Breiman, Leo ,2001. "Random Forests". Machine Learning 45 (1): 5–32.

Brooks T. M., Mittermeier R. A., Mittermeier C. G., da Fonseca G. A. B., Rylands A. 567 B., Konstant W. R., Flick P., Pilgrim J., Oldfield S., Magin G. & Hilton-Taylor C. 568 (2002) Habitat loss and extinction in the hotspots of biodiversity. Conservation Biology 569 16, 909–23.

Bompy, F. 2009. Reboisements, Contrôle du feu et Régénération Naturelle Assistée en province Nord, Nouvelle-Calédonie. Quelle stratégie pour une compensation carbone forestière ? Rapport de MFE ENGREF-Conservation International. pp125.

Bontemps, S., Langner, A., Defourny, P., 2012. Monitoring forest changes in Borneo on a yearly basis by an object-based change detection algorithm using SPOT-VEGETATION time series, International Journal of Remote Sensing, 33, 15, 4673–4699

Cassan, J.J., 2006. Feu. In Capecci, B., Editor, L'environnement de la Nouvelle-Calédonie. Pp 228.

Conservation International. 2011. Profil d'ecosystemes de la Nouvelle Caledonie. 176pp.

Direction des Infrastructures de la Topographie et des Transports Terrestres (DITTT), Nouméa. Supply of aerial photos ranging from 1970 to 2011.

Direction des Mines et de l'Energie de Nouvelle-Calédonie (DIMENC). 2009. Le schéma de mise en valeur des richesses minières de la Nouvelle-Calédonie. 268pp. Noumea.

Direction des Technologies et Services de l'Information (DTSI), Nouméa. Various data sources accessed 06/2012 : MNT 50m, Precipitation data 1991–2000, Occupation du sol 2008

Direction du Développement Economique et de l'Environnement (DDEE). 2012. Plan d'action environnemental. Edition 2011. Pp126.

Durrieu de Madron, L., 2009. Expertise sur les références dendrométriques nécessaires au renseignement de l'inventaire national de gaz à effet de serre pour les forêts de St Pierre et Miquelon, de la Nouvelle-Calédonie et de Wallis et Futuna. Convention N° G 13 - 2008 entre le Ministère de l'Agriculture et de la Pêche et l'ONF (Office National des Forêts), Rapport provisoire.

Endemia New Caledonia, Fauna and Flora of New Caledonia, http://www.endemia.nc/, accessed 06/2012

Fisher, AG and Danaher, T., 2011. Automating woody vegetation change detection at regional scales: the problem of clouds and cloud shadows. 34th International Symposium on Remote Sensing of Environment, Sydney, Australia, April 2011.

Geospatial Data Abstraction Library (GDAL), http://gdal.org, accessed 06/2012

Griffiths, P., Kuemmerle, T., Kennedy, R.E., Abrudan, I.V., Knorn, J., Hostert, P., 2012. Using annual time-series of Landsat images to assess the effects of forest restitution in post-socialist Romania, Remote Sensing of Environment, 118, 199–214.

Guerrere, V., 2009. Etude préliminaire à un plan Carbone en province Nord, Nouvelle-Calédonie. Mémoire de fin d'études. CI/province Nord/Dijon Sup Agro.

Ibanez, T., Curt, T., Hely, C., 2012. Low tolerance of New Caledonian secondary forest species to savanna fires. Journal of Vegetation Science. doi: 10.1111/j.1654–1103.2012.01448.x

Jaffré, T. & Veillon, J. M., 1994. Les principales formations végétales autochtones en Nouvelle-Calédonie : caractéristiques, vulnérabilité, mesures de sauvegardes. In:Sciences de la vie, biodiversité (ed R. d. synthèses). ORSTOM (IRD), Nouméa.

Jaffré, T., Munzinger, J. & Lowry, P. P.II, 2010. Threats to the conifer species found on New Caledonia's ultramafic massifs and proposals for urgently needed measures to improve their protection. Biodivers Cons. DOI 10.1007/s10531-010–9780-6

Kier, G., Kreft, H., Lee, T. M., Jetz, W., Ibisch, P., Nowicki, C., Mutke, J. & W. Barthlott, 2009. A global assessment of endemism and species richness across island and mainland regions. PNAS 106(23): 9322–9327

Liaw, A. & Wiener, M. 2002. Classification and Regression by randomForest. R News 2(3), 18--22.

Lathem, John, 2006. Fao Land Cover Mapping Initiatives. Environment and Natural Resources Service, North America Land Cover Summit 2006, Food and Agriculture Organization of the United Nations (FAO),. GTOS Secretariat, Rome.

Mittermeier RA, Robles Gil P, Hoffmann M, Pilgrim J, Brooks T, Mittermeier CG, Lamoreux J, da Fonseca GAB, 2004. Hotspots Revisited: Earth's Biologically Richest and Most Endangered Terrestrial Ecoregions. CEMEX.

Morat P., Jaffré T., Tronchet F., Munzinger J., Pillon Y., Veillon J.-M. & Chalopin M. 2012. — Le référentiel taxonomique Florical et les caractéristiques de la flore vasculaire indigène de la Nouvelle-Calédonie. Adansonia, sér. 3, 34 (2): 179–221.

NASA Landsat Program, 1989 Landsat TM5, U.S. Geological Survey (USGS), Sioux Falls, 07/04/1989

NASA Landsat Program, 2000 Landsat TM7 (SLC on), U.S. Geological Survey (USGS), Sioux Falls, 04/05/2000

Papineau, C., 2006. Foret. In Capecci, B., Editor, L'environnement de la Nouvelle-Calédonie. Pp 228.

Phinn, S. & Rowland, T., 2001. Geometric misregistration of Landsat TM image data and its effects on change detection accuracy. Asia-Pacific Remote Sensing Journal, 14, 41–54.

R Core Team 2012. R: A language and environment for statistical computing. R Foundation for Statistical Computing, Vienna, Austria. ISBN 3–900051-07–0, URL http://www.R-project.org/.

Redo, D., 2012. Mapping land-use and land-cover change along Bolivia's Corredor Bioceánico with CBERS and the Landsat series: 1975–2008, International Journal of Remote Sensing, 33, 6, 1881–1904.

SPOT 123–4-5. Geometry Handbook 2004. Serge Riazanoff, GAEL Consultant, 20/08/2004

Spot Image, 2010. "Preprocessing levels and location accuracy" 09/2010 - Spot Image - Satellite images: Cnes 2005

Tron F., Franquet R., Folger J.J. 2010. Cartographie 2009 des feux a Hyehen. 8pp . Rapport d'etude,.Conservation International

UNESCO. 2008. Lagons de Nouvelle-Calédonie : diversité récifale et écosystèmes associés. http://whc.unesco.org/fr/list/1115/

U.S. Geological Survey (USGS), Landsat Enhanced Thematic Mapper Plus (ETM+), Product Description, http://eros.usgs.gov/#/Find_Data/Products_and_Data_Available/ETM, accessed 06/2012